集人文社科之思 刊专业学术之声

集 刊 名：环境社会学
主　　编：陈阿江
副主编：陈　涛
主办单位：河海大学环境与社会研究中心
　　　　　河海大学社会科学研究院
　　　　　中国社会学会环境社会学专业委员会

ENVIRONMENTAL SOCIOLOGY RESEARCH Vol.1 No.1 2022

2022年春季号（总第1辑）

集刊序列号：PIJ-2021-436
中国集刊网：www.jikan.com.cn
集刊投约稿平台：www.iedol.cn

2022 年春季号（总第 1 辑）

陈阿江 主编

环境社会学

ENVIRONMENTAL
SOCIOLOGY
RESEARCH
Vol.1 No.1 2022

社会科学文献出版社
SOCIAL SCIENCES ACADEMIC PRESS (CHINA)

河海大学中央高校基本科研业务费"《环境社会学》（集刊）编辑与出版"（B210207037）

"十四五"江苏省重点学科河海大学社会学学科建设经费

发刊词

自改革开放以来，中国经济快速增长，人民生活水平稳步提高，与此同时，环境问题也逐渐凸显，并日益成为困扰国家与民众的社会问题。从某种意义上说，中国环境社会学诞生于生态环境的危难之际。费孝通1984年发表的《赤峰篇》或可视为中国环境社会学的开篇之作，但学科自觉的环境社会学研究，在中国只有二十来年的时间。其间，环境社会学研究者扎根于中国社会，研究现实环境议题，学习、借鉴国外优秀的环境社会学成果，并推动中国环境社会学学科建设。随着国家"五位一体"总体布局的推进，兼具社会建设与生态文明建设两大属性的环境社会学，已从以研究环境社会问题为重心转向了以环境社会治理为重心的新阶段。

经过多年努力，中国环境社会学在科学研究、人才培养、学术交流等方面已经呈现制度化特点。随着学术共同体规模的不断扩大，中青年学者的快速成长，共同体内部交流的加深，作为学科"五脏六腑"之一的专业期刊建设日显重要。创办一本属于中国环境社会学同人的专业期刊，既是学科发展的内在需要，也是推进学术共同体建设的重要平台。河海大学环境与社会研究中心经与河海大学社会科学研究院、中国社会学会环境社会学专业委员会协商，决定联合创办《环境社会学》集刊，并作为环境社会学专业委员会的会刊，于2022年春季正式出版。

　　本集刊定位于环境社会学研究，取其广义。集刊栏目包括环境社会学的理论与方法、环境问题、环境治理、水与社会、环境史和生态文明建设等，受众对象包括高校师生、专业研究人员及相关管理人员等。每年春秋各一期。

　　值《环境社会学》集刊诞生之际，做几点畅想。首先，我们希望把"产品"做好，即选好每篇文章，办好每期集刊。其次，在实践与交流中探索学术"标准"，即探索什么样的研究是值得倡导的，什么样的表达方式是适宜的。最后，与同人一道，借由集刊平台，倡导独立探索的学术精神，优化学术"生态"，促进学术可持续发展。

《环境社会学》编辑部

2021 年 10 月

目　　录

理论研究

水与社会

环境治理

环境关心与环境行为

学术访谈

迈进中国环境社会学的新时代[*]

洪大用^{**}

摘　要：中国环境社会学在快速成长的基础上正在迈进新时代，这是学科环境发生重大变化的时代，也是学科内涵迈向高质量发展的时代。中国环境社会学要更加深入地扎根于中国生态文明建设实践，强化问题意识、理论思维和实践导向，不断改进科学研究和人才培养，持续提升服务支撑生态文明建设实践的能力。

关键词：环境社会学　问题意识　理论思维　实践导向

环境社会学是社会学的分支学科，也是环境科学的分支学科，旨在从探讨当代环境问题产生的社会原因、造成的社会影响以及引发的社会应对及其效果入手，揭示环境与社会密切联系、相互作用的复杂机制和规律性。这一领域的研究成果对社会学、环境科学等学科的变革与发展有着重要影响。将近四分之一世纪以来，中国环境社会学快速成长，目前已经迈进高质量发展的新时代，迫切需要进一步强化问题意识、理

---

* 本文在笔者为"中国乡村生态文明建设实践研究丛书"所作序言的基础上改写。丛书由河海大学出版社 2021 年出版。

** 洪大用，中国人民大学社会学理论与方法研究中心教授。

论思维和实践导向，持续提升服务支撑生态文明建设实践的能力。

一 快速成长的中国环境社会学

中国的环境科学研究几乎是与世界同步的，并且有着重要的国际影响。中国大陆社会学自 20 世纪 70 年代末恢复重建后，也比较早地关注了环境研究。狄菊馨、沈健 1982 年编译的美国环境社会学家邓拉普和卡顿发表在《社会学年评》（1979 年第 5 卷）上的综述文章，是社会学恢复重建以来环境社会学领域的第一篇文献。费孝通在 1984 年《水土保持通报》第 2 期和 1988 年《瞭望》周刊第 14、16 期上分别撰文讨论了小城镇的环境污染问题和呼伦贝尔森林保护问题。郑杭生将环境资源作为社会运行的重要条件，并在其 1993 年出版的《社会运行导论——有中国特色的社会学基本理论的一种探索》一书中专门进行了论述。

在 2006 年召开的首届中国环境社会学学术研讨会上，洪大用曾提出以 20 世纪 90 年代中期为界，将中国环境社会学的发展大致区分为"无学科意识的自发介绍和研究"与"有学科意识的自觉研究和建构"前后两个阶段。从文献发表情况来看，2000 年以后中国环境社会学确实进入了快速成长时期。顾金土等指出，相比 2000 年之前所发表的 15 篇环境社会学方向学术论文，2000～2010 年发表了 155 篇。[①] 洪大用等对 2011～2019 年中国环境社会学研究文献的考察表明，该学科的研究成果有了极大增加，呈现加速发展之势。[②] 有学者指出，中国环境社会学已经出现了对社会转型范式、"次生焦虑"、政经一体化开发机制、

① 顾金土、邓玲、吴金芳、李琦、杨贺春：《中国环境社会学十年回眸》，《河海大学学报》（哲学社会科学版）2011 年第 2 期。

② 这项工作是在我的指导下由龚文娟博士于 2020 年初协助完成的。我们以"环境社会学"为检索词，检索了中国学术期刊网络出版总库、中国优秀硕士学位论文全文数据库、中国博士学位论文全文数据库、国家图书馆和当当图书网中收录的 2011～2019 年所发表的中国环境社会学学术研究成果，凡全文中出现"环境社会学"字样的文献均收集，再逐一甄别，剔除重复和明显不符合环境社会学学科定义的文献，最后得到期刊论文 834 篇、硕士学位论文 296 篇、博士学位论文 44 篇、专著 58 部，共计 1232 篇（部）学术研究成果。

理性困境等理论建构的探索。① 从承担科研课题和发表研究成果等情况来看，中国人民大学环境社会学研究所、河海大学社会学系、中央民族大学社会学系、中国社会科学院城市发展与环境研究所、厦门大学人口与生态研究所、南京大学社会学系、吉林大学社会学系、中南大学社会学系、云南民族大学社会学系等，已经成为国内主要的环境社会学人才培养和科学研究机构。

从中国环境社会学的研究领域来看，按照理论与方法研究、经验研究、政策研究和综述的大致归类，研究成果分别占 10.24%、80.66%、3.17% 和 5.93%。其中，经验研究可以分为专项环境问题②、环境意识与环境关心、环境行为、环境风险与健康、环境纠纷、环境运动、环境信息传播、环境治理、生态文明等内容，专项环境问题、环境行为、环境治理方面的研究占到了经验研究的 60.7%，聚焦生态文明的研究占到 7.1%。③ 与此同时，我们通过登录全国哲学社会科学工作办公室网站和中国高校人文社会科学信息网（教育部人文社会科学研究管理平台），统计了 2011～2019 年国家社会科学基金和教育部人文社科基金中环境社会学方向的立项数目，合计 182 项。其中，国家社会科学基金立项 99 项，研究范围涵盖环境社会学理论、环境关心、环境行为、环境抗争与环境运动、环境风险、环境治理、气候变化、生态移民、少数民族村落环境问题、环境政策等。教育部人文社科基金立项 83 项，研究范围覆盖了自然灾害（如极端气候、地震、洪涝、核污染等）应急机制、农村面源污染、生态补偿机制、农民环境维权、环境集群行为、风险评价、公众参与、环境非政府组织、海洋环境、全球气候变迁等，议题非常广泛。

---

① 卢春天、马溯川：《中日环境社会学理论综述及其比较》，《南京工业大学学报》（社会科学版）2017 年第 3 期。
② 指针对某一类型环境问题展开的研究，如水体、大气、土壤、城市生活垃圾、核污染、沙漠化、海洋环境、气候变迁等。
③ 洪大用主编《环境社会学》，北京：中国人民大学出版社，2021 年，第 23～24 页。

在学术社区的制度化方面，中国环境社会学在中国社会学共同体中的地位日益巩固，影响不断扩大。中国社会学会 2009 年将原人口与环境社会学专业委员会更名重建为环境社会学专业委员会，该专业委员会创建了"中国环境社会学网"，确立了中国环境社会学学术年会制度，迄今为止已经成功举办了 7 届年会。与此同时，环境社会学专业委员会加强与日本、韩国和中国台湾地区环境社会学学者之间的联系，从 2008 年开始，已经共同举办 7 届东亚环境社会学国际学术研讨会。结合中国环境社会学学术年会的举办，环境社会学专业委员会还和承办单位一起编辑出版《中国环境社会学》，以书代刊呈现代表性研究成果，现已正式出版了 4 辑。收录本文的《环境社会学》则是一本正式的环境社会学集刊。除此之外，关心支持环境社会学研究成果发表的正式学术刊物也越来越多，如《中国社会科学》《社会学研究》《社会》《社会学评论》等主流期刊和《中国地质大学学报》（社会科学版）、《河海大学学报》（哲学社会科学版）、《南京工业大学学报》（社会科学版）、《鄱阳湖学刊》等都是比较关注支持环境社会学的杂志，有些还开辟了环境社会学专栏。自 2007 年中国人民大学联合国际社会学会环境与社会研究委员会举办中国环境社会学国际学术研讨会以来，中国环境社会学与全球环境社会学社区的联系也日益加强。洪大用于 2010～2014 年、2018～2022 年两次担任国际社会学会环境与社会研究委员会执行理事，同时还担任《环境社会学研究》学术杂志编委。随着中国环境社会学的快速成长，相信未来中国环境社会学社区会成为中国和国际学术共同体的重要成员并贡献特色知识与智慧。

中国环境社会学的快速成长离不开党和政府的关心支持，离不开中国社会学社区的关怀指导，离不开广大同人的努力工作。就其内在作用机制而言，大概有四个方面：一是中国严峻的环境问题和不断深入的环境治理实践，产生了大量迫切的研究需求；二是中国社会学不断发展，研究优势凸显，研究议题不断增多，学科分化不断加速；三是跨学科研究和学科交叉成为问题导向、目标导向研究的客观需要；四是国际学术交流导致知识扩散和范式借鉴。这些方面的综合作用培育了中国环境社会学发展的强劲动力。

二　中国环境社会学的新时代

尽管中国环境社会学取得了快速发展，但是，整体来说中国环境社会学还是比较弱小的分支学科，相比中国社会学共同体的快速发展、中国特色社会主义新时代的要求和快速推进的生态文明建设实践，还有很大差距。中国环境社会学还需要广大学人特别是越来越多年轻人认识新时代，把握新时代，不断适应新时代的要求，在推动学科高质量发展中成就自己的事业，服务于党和国家事业发展的需要。

中国环境社会学的新时代是我们面对更加充分的环保社会共识的时代。党的十九大报告提出，"中国特色社会主义进入新时代，我国社会主要矛盾已经转化为人民日益增长的美好生活需要和不平衡不充分的发展之间的矛盾"，"人民美好生活需要日益广泛，不仅对物质文化生活提出了更高要求，而且在民主、法治、公平、正义、安全、环境等方面的要求日益增长"。[①] 从不断普及的环境知识、不断强化的环境保护意识、不断提高的环境质量要求、不断增加的环境维权和风险规避行动、日渐普遍的自觉环保行为、日趋活跃的民间环保团体等方面来看，更大力度、更加有效地加强环境保护、推进生态文明建设，为人民群众创造更多优质的生态产品和更加舒适的生活环境，已经有了更加广泛的社会共识，由此也更加凸显加强中国环境社会学研究的迫切性和重要性。

中国环境社会学的新时代是我们面对更加充分的环保政治共识的时代。可以说，党和国家一直重视推进环境保护，但是今天有着更加高

[①] 习近平：《决胜全面建成小康社会　夺取新时代中国特色社会主义伟大胜利——在中国共产党第十九次全国代表大会上的报告》，参见中国政府网，http://www.gov.cn/zhuanti/2017 - 10/27/content_ 5234876.htm。

远的战略站位、清晰的"人与自然生命共同体"意识、系统的生态文明思想指导、坚定的"人与自然和谐共生的现代化"导向、明确的工作目标规划、扎实的系列制度建设和有力的持续推进举措。党的十八大以来，在习近平生态文明思想指引下，生态文明建设被放在了关乎党和国家事业发展、人民福祉与引领文明发展新方向的更加突出的地位，越来越深入地融入经济建设、政治建设、文化建设、社会建设各方面和全过程，成为中国特色社会主义事业总体布局的有机组成部分。随着政治共识的深入贯彻，各级党委和政府，各个部门，各条战线，都前所未有地重视推进生态文明建设，习近平生态文明思想正在全国各地落地生根、开花结果，这是中国环境社会学最为鲜活、最为丰富的研究对象，也对加强环境社会学研究提出了新要求。

中国环境社会学的新时代是我们面对环保政策设计更加重视环境社会治理的时代，这是体现新的环保政策共识的时代。党的十八届三中全会提出国家治理现代化的命题，驱动了各条战线、各个领域的治理变革。党的十八届五中全会通过的《中共中央关于制定国民经济和社会发展第十三个五年规划的建议》明确提出要"以提高环境质量为核心，实行最严格的环境保护制度，形成政府、企业、公众共治的环境治理体系"。党的十九大报告提出"坚持全民共治、源头防治"，"构建政府为主导、企业为主体、社会组织和公众共同参与的环境治理体系"。2020年，中共中央办公厅、国务院办公厅联合印发《关于构建现代环境治理体系的指导意见》，进一步明确提出了"构建党委领导、政府主导、企业主体、社会组织和公众共同参与的现代环境治理体系"，"到2025年，建立健全环境治理的领导责任体系、企业责任体系、全民行动体系、监管体系、市场体系、信用体系、法律法规政策体系"，"形成全社会共同推进环境治理的良好格局"。显然，在持续推进国家治理现代化的进程中，环境治理体系的现代化越来越多、越来越深地包括了社会治理的内涵，出现了新的政策共识。这已经催生了相关的一些研究和专业组织，集聚了一些专业人才，形成了初步的政策路线图和工作重点。

环境社会治理应是中国环境社会学做出贡献的重要领域。

中国环境社会学的新时代是生态文明建设实践日趋深入地影响社会运行和发展的时代。自20世纪70年代以来，我国环境保护的体制化、制度化水平不断提高，环保制度、组织、设施和价值逐渐成为社会系统的重要组成部分。党的十七大将环境保护提升到建设生态文明的层次。党的十八大以来，人与自然生命共同体的观念不断强化，我国生态文明建设得到全方位推进，融入社会各方面、全过程，正在向纵深发展。小到家庭垃圾分类，大到全球气候变化治理，特别是我国低碳发展"3060目标"（二氧化碳排放力争2030年前达到峰值，力争2060年前实现碳中和）的推进行动，正在从方方面面重塑中国社会格局、制度结构、生产方式、生活方式、价值观念和发展导向，创造前所未有的社会图景、机会结构和行为选择。从社会学的角度来看，生态环境因素已经在人的理性自觉下更深地嵌入社会运行和发展的条件与机制中，成为我们研究和认知社会现象不可回避的重要变量。与此同时，通过社会文化与生产、生活改造对生态环境施加积极影响的各种实验、试点也得以涌现，其中许多成功的案例迫切需要及时的、科学的分析总结。总之，扎实推进的生态文明建设实践既促进了环境保护，也推动了社会变革，这种环境与社会复杂互动的鲜活实践正是新时代中国环境社会学应予以重点关注的，也必将继续推动中国环境社会学快速发展。

最后，中国环境社会学的新时代也是我们在已有学科发展基础上阔步迈向环境社会学高质量发展的时代。如前所述，回顾过去二十多年，中国环境社会学在学术组织建立、学术交流制度建设、专业研究机构建设、科学研究、人才培养、社会服务、国际交流等多个方面都取得了不错的成绩，从事环境社会学教学与研究的人越来越多，科研成果发表的数量和质量不断提升，研究领域不断拓展和深化，奠定了进一步发展的良好基础。面对新形势新需求新挑战，继续加快发展中国环境社会学的意义不言而喻，条件和机会也是显而易见的，当下最关键的是要强化质量意识，不断推进中国环境社会学的高质量发展，持续提升中国环境社会学服务支撑生态文明建设实践的能力。这就要求我们在继续深化环境社会学基础理论与方法研究的基础上，充分发挥环境社会学综合性、整体性、交叉性优势，不断拓展历史视角、开放视角、整体视角、实践视角和辩证视角，更加深入地扎根中国生态文明建设实践，坚持以人民为中心的立场，保持建设性反思精神，扎实工作，深入交流，在互鉴互学中共同进步。特别是，我们期望广大青年学者能够勇担使命，严于自律，快速成长，争做中国环境社会学高质量发展新时代的主力军。

三　问题意识、理论思维和实践导向

适应中国环境社会学的新时代，推动中国环境社会学高质量发展，不断提升中国环境社会学服务支撑生态文明建设实践的能力，我们需要做的工作很多。其中，高质量的科学研究和培养青年人才尤为关键，而强化问题意识、理论思维和实践导向，无疑是开展高质量研究、培养高素质人才所必需的，这也是我近年来指导学生开展经验研究的一点切身体会。

自 20 世纪 90 年代以来，我和我的团队围绕环境社会学做了一些研究，写了一批文章，也出版过几本书，有一点影响，但这些著作总体上是基于文献的理论研究或在抽样调查数据基础上开展的实证研究。[①] 与此同时，我一直很想就区域环境保护或者单项环保制度的实践开展更加深入、更接地气的案例研究，把学术之根扎进中国实践的"泥土"之中。2014 年 9 月，我有幸获得"全国文化名家暨'四个一批'人才

---

① 例如，中华环境保护基金会编《中国公众环境意识初探》，北京：中国环境科学出版社，1998 年；洪大用：《社会变迁与环境问题》，北京：首都师范大学出版社，2001 年；洪大用等：《中国民间环保力量的成长》，北京：中国人民大学出版社，2007 年；洪大用、肖晨阳等：《环境友好的社会基础——中国市民环境关心与行为的实证研究》，北京：中国人民大学出版社，2012 年；洪大用、马国栋等：《生态现代化与文明转型》，北京：中国人民大学出版社，2014 年。

自主选题资助项目"的申报机会。经过认真思考，我以"中国生态文明制度建设实践与评估"为题进行了申报，计划以福建长汀、浙江安吉和河北定州（县）等作为田野点展开研究。项目得到批准后，我和我的团队成员在三地开展了大量的田野调查，产出了部分研究成果，其中有区域层面的多维度研究，也有聚焦小微企业绿色转型、居民生计转型或制度创新的专题研究。这些研究共同遵循着"从实求知"的学术传统，努力通过鲜活的材料、社会学的视角来揭示并反思乡村生态文明建设的实践过程，构成了我和我的团队环境社会学研究议程的新进展。①

　　在指导学生过程中，我体会到学生们参与研究，特别是完成研究成果是非常不容易的，其中一个难题就是确立清晰的问题意识。尽管在研究一开始，我会努力与主要作者交流项目的整体设计，商量明确研究方向、调研地点、材料收集范围和注意事项等，特别是在浙江安吉调研时曾经提出田野调查的八项要点——胸怀大局、有备而来、走村串户、"擒贼擒王"、顺藤摸瓜、眼脑并用、勤能补拙、团结协作，以此指导他们科学开展调查研究。同时，我也尽可能地与大家一起参加调研或者提供各种必要的支持。但是，研究者真正开展田野工作，各种困难常常是预想不到的。长时间驻村入户，学会独自生活，克服语言障碍和家庭生活等方面的各种难题，这些倒不是主要的，最难而又最重要的是发现问题、分析问题的过程，往往是很痛苦的，我时常能够从学生的迷茫、困惑和吐槽中体会到这一点。

　　事实上，问题意识是科学研究的前提和基础，发现问题、提出问题、分析问题的能力在很大程度上决定了一项研究的质量。我在多年教学实践中发现，至少有三个方面的因素制约了学生问题意识的养成：一是越来越多的学生缺少社会经历，缺乏社会感，他们往往从学校到学校，在读书过程中"两耳不闻窗外事"，对于身处其中的社会现实缺乏

①　部分成果已纳入我主编的"中国乡村生态文明建设实践研究丛书"，由河海大学出版社于2021年出版。

必要的理解，其受教育的过程在一定意义上脱嵌于社会过程；二是信息技术的快速发展在很大程度上改变了学生认知和理解社会的方式，他们的想象能力得到拓展，但是也有使自己满足于、安身于、建构于虚拟世界的倾向，与现实世界有所脱节，甚至以虚拟替代现实；三是一些教师非常强调在学术发展的脉络中提出问题，而社会学是一门外来学科，一些教师指导学生读了不少书，使学生养成了从概念到概念、从理论到理论的思维方式，这种训练对于知识传承无疑是重要的，但是弱于知识发展。这种模式下训练出来的学生，问题意识是有的，但是往往与中国实际相脱节，至少是存在一定的隔膜。实际上，问题源于实践，学术发展中的问题也不例外。只有参透问题的本质，直面鲜活的实践，并与实践中的人们深入交流，我们才能提出真问题、开展真研究。古人说"世事洞明皆学问，人情练达即文章"，这是很有道理的。对于社会科学研究者而言，具有真切的社会感，从社会自身提出研究问题，是走向成功的关键。

我在指导学生开展研究时常常遭遇的另一个问题是他们对于"理论"的纠结和迷茫。有的学生反映，他们面对看到的社会现象、收集到的研究资料，总是找不到合适的"理论视角"，而有些专家在评阅其研究成果时往往也会提出诸如理论视角不够清晰、理论提炼不够深入、理论与材料两张皮之类的意见。这里至少反映出两个方面的问题。一是学生对于"理论"的误读，把"理论"过于抽象化、神圣化。事实上，理论的本质也可以理解为论理，是符合逻辑地讲道理，是用这种方式揭示现象背后的规律性，代表着超越感性认识的理性认识和超越特殊的一般表达。理论形成的过程就是通过比较、求同、析异、推理、概括（概念化、形成命题）等方式而不断去粗取精、去伪存真、接近真理的过程，这是任何研究的一个自然过程。因此，所谓"理论"的困境不过是研究不深入、不细致的一种表现而已。二是我们有的教师在教学过程中存在过于强调既有理论知识的学习、把理论学习当作理论建构的倾向，对于理论的本质以及不同理论背后的观念、思想揭示不够，对于理论与实际相结合强调不够，对于理论思维和理论建构方法训练不够，这样讲授的社会学理论，学生学得再多、背得再熟、考得再好，也是不会实际运用的，至于创造和建构新理论的能力，则更是难得。我们的理论教学需要适当的专门课程，但是专门到了与实践脱节的程度，就很难真正训练出学生的理论思维和理论能力了。所以，我总是鼓励研究生，到实践中去，把事情弄明白，把话说清楚，遵循论理的规则，努力超越特殊达成一般的认识，这就是理论思维的训练，就是朝着理论建构的努力。简单地拿着本本、教条去翻检研究所需的"理论视角"，这种偷懒的做法可能是方法上的误读和程序上的颠倒，实际上对理论创新和发展有很大的限制，对研究成果的质量也必然构成一种制约。

此外，今天的中国环境社会学研究尤其需要针对当下中国生态文明建设实践，体现鲜明的实践导向，这也是我长期坚持指导学生开展研究的一种导向。从我指导第一篇硕士学位论文开始，我的绝大多数学生论文选题都是围绕中国现代化实践中各种现实议题的。实践观点是马克思主义的基本观点，是马克思主义社会研究的出发点和落脚点。马克思主义的唯物史观认为"全部社会生活在本质上是实践的。凡是把理论引向神秘主义的神秘东西，都能在人的实践中以及对这个实践的理解中得到合理的解决"。[①] 我一直认为，一切从实际出发，理论联系实际，实事求是，知行合一，学以致用，是研究者所应坚持的基本立场。一百年来，中国共产党领导中国人民在革命、建设、改革和奋进新时代的实践中做出了伟大创造，"推动物质文明、政治文明、精神文明、社会文明、生态文明协调发展，创造了中国式现代化新道路，创造了人类文明新形态"[②]。但是相对而言，我们知识界对这种伟大创造的理论认识、总结和传播还不够，突出体现在中国特色哲学社会科学话语体系的世界影响力还不够。这当中，一个非常重要的原因就是哲学社会科学研

[①] 马克思：《关于费尔巴哈的提纲》，载中共中央马克思恩格斯列宁斯大林著作编译局编译《马克思恩格斯选集》（第一卷），北京：人民出版社，2012 年，第 135～136 页。

[②] 习近平：《在庆祝中国共产党成立 100 周年大会上的讲话》，新华社，北京，2021 年 7 月 1 日。

究的实践导向还不够有力，以我们正在做的事情为中心开展学术研究的意识还不够强，面向实践的研究成果水平还不够高，往往是知识复制、传播胜于知识创造。应该说，中国社会学有着相对突出的主体意识，有着重视实践、从实求知、理论联系实际的优良传统，并发展出一系列观察、分析中国社会现象的理论、方法和技术，很多优秀的社会学家都以研究和解决中国实际问题为己任，并在这种工作中成就了自己的事业。我们有责任传承并发扬光大中国社会学的优良传统，在面向实践、服务实践、创新实践中不断发展中国环境社会学。当然，这本身也就意味着实践导向的社会学并不完全等同于解决问题的社会学，它在研究和解决实际问题的过程中也努力发展出具有一般意义的理论、知识和方法，推动社会学学科体系、学术体系和话语体系的发展，不断扩大中国社会学的国际影响力。

总而言之，问题意识、理论思维和实践导向，是研究者在研究实践中不断提升的综合素养，几乎没有人能够一开始就做得很好，但是需要有持之以恒的自觉行动。我相信学术研究是一种修行，只要自信自省、持之以恒，日积月累必有精进，必能学以致用造福社会。立足新时代，在中国环境社会学社区不断强化问题意识、理论思维和实践导向，必将有助于这门学科实现更高质量的发展，无愧于时代并创造属于新时代的辉煌。

环境社会学体系之建构：社会问题的视角[*]

陈阿江[**]

摘　要： 自从 1978 年卡顿和邓拉普提出环境社会学之后，它逐渐被人接受，并且已建立了多样的关于这一分支的知识体系，但建构更为合乎学科发展逻辑的知识体系依然必要。环境社会学的缘起在很大程度上被归结为环境污染问题的爆发性增加，并且以环境问题的社会影响、社会成因以及社会应对或社会治理，即社会问题为主线建构环境社会学的学科体系。环境的破坏直接影响了人类生活的正常秩序，甚至威胁到了民众的生命安全，这正是环境社会学的逻辑起点。环境问题的社会成因可以从社会行动、社会体制机制以及历史文化等方面加以探究。应对环境问题，在不同社会体制、社会文化背景下，呈现了多样化的解决策略。现实中环境议题的社会复杂性，正在对环境社会学研究提出新的挑战。

关键词： 环境问题　环境社会学　社会影响　社会成因　环境治理

---

[*]　2017 年夏，我们团队讨论环境社会学教科书的编撰工作，并形成大纲，但两年后改变了原来的框架，重新拟定了大纲：以环境问题为主线，以环境问题的社会影响、社会成因及社会治理/社会应对为核心板块的新的教科书体系。本文是对环境社会学这一教科书体系的方法论及核心观点的阐述。

[**]　陈阿江，河海大学环境与社会研究中心教授。

一　导论

自从 1978 年卡顿和邓拉普提出环境社会学①这一分支学科的倡议之后，环境社会学逐渐被人接受。② 特别是在日本，环境社会学已经成为会员最多的分支社会学之显学。中国也接受了美国、日本关于环境社会学的称谓，并在最近的十余年里有了快速的发展。其实，我个人认为"环境社会学"这个称谓是有点问题的，因为"环境"一词本身就暗含着"我"与"非我"二元对立的内在逻辑问题。"环境"之所指是不完整的，与之对应的还有没有明说的指向点——"我"、"我们"或"系统"。这个指向点与环境一起才构成一个完整的整体。把"我"与环境或者社会与环境简单地二元分立，是西方文化的传统，却与当初把环境变量融合进社会的倡导相矛盾。然而，环境社会学作为社会学的分支学科，已被大家接受，习惯成自然，我在这里也遵循已经习惯的称谓。

卡顿和邓拉普在定义环境社会学时，是从批判和反思经典的社会学开始的。他们认为经典社会学家忽视了环境这个变量，这样的研究是不完整的。③ 因此，卡顿和邓拉普要把环境的变量纳入社会学中，建立

---

① William R. Catton, Jr. and Riley E. Dunlap, "Environmental Sociology: A New Paradigm," *The American Sociologist*, vol. 13, no. 1, 1978, pp. 41 – 49.

② 欧洲对环境议题的研究具有较多综合性，包容更多的学科和专业人员。阿瑟·摩尔的这段话可以说明："对美国社会学家而言，环境社会学应该与经典社会学研究相结合，这是至关重要的。而在欧洲，我们从不担心这一点。欧洲的环境社会学家同时也以其他多种学科为研究基础，并从中获得深刻见解。从这个意义上出发，欧洲并没有纯粹意义上的环境社会学研究团队或协会。例如，欧洲社会学协会中，研究环境问题的学者当中既有社会学家，也有政治学家、人类学家、历史学家、地理学家等等，他们来自不同的学科背景，都尝试理解和研究环境与社会的互动。"参见阿瑟·摩尔《生态现代化：可持续发展之路的探索》，载陈阿江主编《环境社会学是什么——中外学者访谈录》，北京：中国社会科学出版社，2017 年，第 44 页。

③ 但是后续的学者把马克思、韦伯等人的研究进行了系统梳理，发现早期的经典学者不仅没有忽略而且对环境议题进行了深入的研究。参见 John Bellamy Foster, "Marx's Theory of Metabolic Rift: Classical Foundations for Environmental Sociology," *American Journal of Sociology*, vol. 105, no. 2, 1999, pp. 366 – 405；John Bellamy Foster and Hannah Holleman, "Weber and the Environment: Classical Foundations for a Postexemptionalist Sociology," *American Journal of Sociology*, vol. 117, no. 6, 2012, pp. 1625 – 1673。

一门新的分支学科，即环境社会学。沿着这一思路，他们认为环境社会学是研究环境与社会之间相互关系的一门分支学科。这一思路被广泛接受。例如，被日本环境社会学界尊称为"环境社会学之母"的饭岛伸子，也沿袭了这一传统，她说："环境社会学正是以研究这种非社会文化环境与人类群体的相互作用为宗旨的。"①

然而，如果我们再仔细地揣摩一下，这一说法实际上存在内在的逻辑矛盾。其一，试想，如果认为社会学是研究社会的这一学科，而它的分支学科不再研究社会而是研究"环境与社会"的关系，就意味着有一只脚离开了社会学的核心领地。其二，如果我们真要研究环境与社会的关系，则进入哲学领域，除非我们可以把"环境与社会"操作化为具体的变量，但倡导者显然没有这样做。其三，无论是卡顿和邓拉普的新生态范式，还是饭岛伸子的研究，他们最终还是回到了社会这个主阵地上，也就是说，研究重心并非环境与社会的关系。

那么，在环境社会学里，环境与社会的关系是怎样的呢？或者说，我们怎么去理解环境社会学中的环境变量呢？我认为，在环境社会学研究中，环境——比如，我们可以具体落实到环境污染这样一个议题——只是一个窗口，是我们看问题的一个通道，社会学研究者最终关注的还是借由窗口而呈现的社会议题。换言之，社会学研究者眼中的环境，是环境的社会议题——依然还是在研究社会。② 比如，邓拉普的新生态范式主要是测试人的意识或行动，而饭岛伸子最为后学重视的理论是"受害结构论"，重心是研究社会层级内的社会关系以及由环境污染而导入的社会研究。如果饭岛伸子研究水污染的自然环境、化学环境的话，她就走

① 饭岛伸子：《环境社会学》，包智明译，北京：社会科学文献出版社，1999 年，第 4 页。
② 包智明一方面认同饭岛伸子的环境社会学定义，另一方面明确了环境社会学的研究对象是"与自然环境相关的社会现象"，回归社会了。"我对环境社会学的定义，从研究对象（与自然环境相关的社会现象）上区分了与其他社会学分支学科的不同，从视角（结构/机制）上区分了与其他环境科学的不同。在环境社会学研究中，我们强调的社会学的问题意识和视角，在我看来，就是'结构/机制'的意识和视角。"参见包智明等《环境社会学与西部民族地区生态环境问题研究——包智明教授访谈录》，《环境社会学》2022 年第 1 辑。

到自然科学领域去了。可能稍微特殊一些的是，环境社会学需要较多地了解作为背景的环境科学、技术知识。就中国目前的教育体系而言，由于是严格的分科教育，年轻的社会学专业人员从一开始就被分在了文科类内，所以对环境议题中的科学、技术问题可能会比较陌生。尽管环境议题的科学、技术机理需要研究者作为基本常识加以了解和应用，但环境社会学重心不在环境议题的科学、技术领域，而是在社会领域。总之，环境社会学中的"环境"与"社会"不是环境社会学研究中两个平行的变量，核心的研究变量还是"社会"，"环境"只是作为理解和分析"社会"这个核心变量的背景来进入环境社会学的。由此可知，称环境社会学是研究环境与社会之间相互关系的这一经典说法实际上是难以成立的。

崔凤、唐国建提出环境行为是环境社会学的研究对象，认为"环境社会学就是关于人们环境行为的社会意义及其社会学阐释"。为此，他们还试图与已有的环境社会学是研究环境与社会的以及环境问题的观点进行对话。[①] 从韦伯等人认为社会学是研究社会行动的这一经典定义来看，环境社会学是研究环境行为（或环境行动）的这一定义无疑是恰当的。但如何具体去操作化这一定义，将环境社会学已有研究成果纳入这一体系中，这是有困难的。此外，崔凤、唐国建所编的《环境社会学》教科书体系本身并没有严格地按照这个逻辑展开，或许也说明了"环境行为"概念框架对环境社会学知识体系包容的困难度。

另外一种观点认为环境社会学是研究环境问题的。洪大用认为："环境社会学是研究环境问题的社会学，它是在承认环境与社会相互影响、相互制约的前提下，着重探讨环境问题产生的社会原因及其社会影响。"[②]

---

① 崔凤、唐国建：《环境社会学》，北京：北京师范大学出版社，2010 年，第 17~22 页。
② 洪大用：《中国环境社会学学科发展的重大议题》，载陈阿江主编《环境社会学是什么——中外学者访谈录》，北京：中国社会科学出版社，2017 年，第 168 页。在洪大用主编、最新出版的教科书里，其延续了这一观点，认为"环境社会学是以当代环境问题为主要研究对象……研究重点包括环境问题的社会原因、社会影响和社会应对三个主要方面"，但教科书框架本身并没有严格地按照环境问题的研究对象加以逻辑地展开。参见洪大用主编《环境社会学》，北京：中国人民大学出版社，2021 年，第 10 页。

虽然在社会学学科的发展历史上，也有人认为社会学就是研究社会问题的，但总体而言，把社会问题视为社会学的研究问题，显得不够包容。同样，如果把环境问题作为环境社会学的研究对象，让人感觉失之偏颇。然而，从环境社会学教科书体系来看，以环境问题加以统辖，虽然无法包容所有的研究内容，但是重点明确，具有可操作性，而且可以有逻辑地展开。

无疑，所谓的学科体系是建构的结果。尽管如此，学科体系的建构仍然有其价值，特别是在以教科书的形式传授知识时，一个相对完善、清晰的体系有助于读者有效地、系统地掌握该知识体系。

我尝试以社会问题为视角建构环境社会学的逻辑体系，呈现主要知识内容，有如下考虑。

首先，从环境议题的现实进展来看，环境社会问题的发生、认知以及解决的历程与环境社会学学科发展具有高度的一致性。环境社会学的起源、发展在很大程度上被归结为环境问题的爆发性增加。纵观环境史，生态破坏、环境污染历来存在，但真正让它们成为社会问题的，即已经引发社会关系失调、影响社会成员正常生活、妨碍社会协调发展、引起社会大众普遍关注而需要采取社会的力量加以解决的问题，应该是二战以后，特别是 20 世纪六七十年代以后的一系列环境问题的爆发性增加所型构的。换言之，环境社会学诞生于环境演变为突出的社会问题之际。

其次，从学科内容来看，环境社会问题是环境社会学领域内最重要的议题。环境社会学的主要知识板块在很大程度上可以以环境问题为主线加以联结，即环境问题的社会影响、环境问题的社会成因以及环境问题的社会应对或社会治理。目前大部分的环境社会学理论或研究对象可以归入上述的三个板块里。环境问题的社会影响、社会成因及社会治理三大板块既有内在的逻辑关联，又相对独立地呈现环境社会学学科发展的历史阶段。

社会问题视角的环境社会学体系建构虽然不能完全覆盖该领域，

但是它最有可能体现环境社会学学科发展的历史，体现环境社会学的基本特色，也是与环境社会学进展的基本逻辑最贴近的。本文在简要说明环境问题的特征之后，以环境问题的社会影响、环境问题的社会成因及环境问题的社会应对为基本框架加以叙述，最后就环境问题的真实性与建构性进行简要的讨论。

二　环境问题的社会影响

环境问题之所以引起人们的关注，首要的其实不是物理环境或生物群落发生变化而引发人们的思考，而是环境变化对人类社会或人们的日常生活的影响。经验事实呈现的逻辑是，自然环境变化以后，引发了人们赖以生产生活的环境的改变，甚至威胁到人们的健康、安全，进而引起了大众的关注。环境社会学研究，正是循着民众的关切而展开的。因此，环境问题的社会影响，既是一个重要的话题，也是一个最先引起关注的研究领域。

对环境污染的担忧，尤其是化学物质大量使用对生物的影响，以及生态学学科的建立和发展，使得人类活动对生态系统的影响成为一个专门的议题。之后，在环境科学、环境工程、环境管理等领域发育出专门的影响评价，在社会学内发育出社会评价，或社会风险评估。但就方法论而言，我们可以把环境影响评价、社会影响评价或社会影响分析抽象为一般议题。换言之，虽然早期的环境社会影响研究是相对独立地进行的，但在当下，我们可以借助于影响分析这一方法论工具，将对环境问题社会影响的分析建立在一个相对成熟的方法论基础之上。

我们可以举例来说明其基本的理路。一个天然的池塘，平静如常，青蛙、鱼儿各安其所。突然池塘里掉进了一颗石子，池塘的平衡即刻被打破。石子入水是来自池塘系统外部的干涉力量。我们不妨把这样因干涉而对池塘系统产生影响的分析称为影响分析或影响研究。影响分析可以简单地区分为两类：对自然生态系统影响的环境影响评价和对社会系统影响的社会影响分析。当然，许多环境问题，既破坏自然生态系统，同时还会对人类社会产生重大的负面影响。环境社会学在很大程度上关注环境问题对人类社会的影响。

卡森的《寂静的春天》虽然出版于环境社会学称谓正式提出之前，但对环境社会学的发展无疑具有里程碑意义——建立了对环境问题社会影响的基本认知，引发了以环境保护为主要目标的环境社会运动。"寂静的春天"描写的是一种大自然的状态：每到春天，百花盛开，嗡嗡的蜜蜂飞来飞去在花间采蜜；小鸟叽叽喳喳，在树丛上跳跃；鱼在急流中游荡……在滥用杀虫剂如 DDT（滴滴涕）以后，春天再也没有了飞来飞去的蜜蜂、跳跃的小鸟和游动的鱼儿，呈现了死一样的寂静。[①]

"寂静的春天"本身是一个隐喻，但我们可以再开发为一个环境社会学的理论概念。所谓"再开发"是想说，"寂静的春天"在卡森那里并没有呈现理论化，但在后续的环境演变历史以及环境社会学的发展历史中，"寂静的春天"潜在地起着理论概念的作用，而在环境问题视角下我们可以尝试把它理论化为一个概念。对此，我们可以从以下几个层次上展开理解。

"寂静的春天"首先给读者呈现了滥用农药对生态系统的影响，即大量动物死亡，生态系统失衡。但卡森的意图绝不仅仅在于关注自然生态系统，而是更关注与生态系统紧密关联的人。作为生态系统成员的人类，生态系统的突发性变化——鱼儿得病、母鸡孵不出小鸡、猪仔夭折，意味着人类的食物安全面临风险。滥用农药的结果是，使一些人莫名其妙地得病，各种各样的怪病让人防不胜防，卡森本人就罹患了乳腺癌。虽一时难以明晰环境污染与健康问题之间的科学关系，但种种迹象表明，环境污染正给人类社会带来巨大的健康风险。卡森以她扎实的科学调查以及敏锐的直觉，敲响了 DDT 等农药及化学品破坏生态系统和

---

① 蕾切尔·卡森：《寂静的春天》，吕瑞兰、李长生译，上海：上海译文出版社，2008 年，第101~149 页。

对社会产生负面影响的警钟。

《寂静的春天》的出版，唤醒了民众的环境意识，开启了环境保护运动。环境保护在美国朝野上下因此逐渐形成共识。1969 年，美国参众两院协商通过，并由总统签署了《国家环境政策法》（The National Environmental Policy Act），确定美国国家的政策与目标，成立环境质量委员会。《国家环境政策法》中的一个重要组成部分是"环境影响评价"制度的建立，后续加拿大、欧洲、日本纷纷仿效，① 中国环境影响评价制度的建立也与此关联。环境影响评价首先要评价人类活动对自然环境的影响，同时也要评估对人类社会的影响。20 世纪 80 年代以后，在对发展项目的实践中，世界银行等机构总结和发展了项目中的社会影响分析或项目社会影响评价。环境影响评价与社会影响评价既有相对独立的领域，也有相互联系相互重叠的部分，但就方法论层面而言则是一致的。

与卡森的经历有些相似，饭岛伸子起初投身于环境污染所产生的公害研究。与卡森不同的是，饭岛伸子所进行的环境健康研究，逐渐走向社会学自觉。她通过对足尾铜山的矿毒事件、东京的六价铬污染、福冈县三井三池煤矿煤尘爆炸与水俣汞污染等污染事件的调查，以及在《公害·灾害·职业病年表》制作的研究中逐渐梳理出"受害结构论"，系统地展示了环境污染影响的受害者所呈现的社会结构层次及受害程度。"受害结构论"展现了环境污染对人的负面影响及伤害，涉及四个层次：（1）生命及健康；（2）生活状态；（3）人格；（4）社区环境及地域社会。② 污染物首先通过食物链对作为生物体的人的生命直接造成伤害。与此同时，诸如水俣病这样的疾病对人的心理及精神健康产生影

---

① 赵绘宇、姜琴琴：《美国环境影响评价制度 40 年纵览及评介》，《当代法学》2010 年第 1 期。

② Nobuko Iijima, "Social Structure of Pollution Victims," in J. Ui（eds.），*Industry Pollution in Japan*，Tokyo：United Nations University Press，1992，pp. 154 – 172.

响，甚至出现了水俣病患者遭受社会歧视的情形。① 此外，水俣病还会影响到整个家庭，如果家庭成员患病，就会影响家庭正常生活，若是主要劳动力患病，就有可能使整个家庭面临生计困境。如果一个村落出现大量水俣病患者，村落社区的正常运行就会受到影响，使村庄萧条甚至空壳化。饭岛伸子"受害结构论"不仅分析了环境污染对不同社会结构层面产生的影响，还分析了受害者的受害程度。② 事实上，饭岛伸子"受害结构论"还贯彻到后续的公害输出理论，尝试解释国际污染转移中的加害主体与被害主体关系③，涉及环境资源上的"南北关系"，人种、民族差异及军事力量差距，以及精英集团与非精英集团之间的加害–被害关系。

如果说饭岛伸子"受害结构论"指向群体结构的受影响状态，那么船桥晴俊等人提出的"受益圈/受害圈理论"则呈现了受害群体的空间特征。船桥晴俊等人在研究日本的新干线时发现，受新干线影响的人群呈现地域差异的特征：有的人群是新干线的受害者，有的则是受益者，而另一些人则既是受害者同时也是受益者。这一分析框架拓展了对受环境影响群体的分布及受害–受益关系复杂性的认知。

或许受研究对象差异的影响，饭岛伸子对环境社会影响的研究侧重于结构，我在研究环境污染时，自然而然地聚焦于功能，即环境污染问题在社会生活中所产生的负面功效。我们在对中国早期的环境污染经验研究进行总结归纳时发现，环境污染对社会的影响是一个系列，或者说是一个环境的社会影响链。我们在"人水不谐"这个理想类型中预设了水污染产生的社会影响。后来进行的环境健康垃圾焚烧案例等研究，进一步丰富了我们早期的认识。可以归纳为：环境污染

---

① 鸟越皓之：《环境社会学——站在生活者的角度思考》，宋金文译，北京：中国环境科学出版社，2009 年，第 48 页。

② 鸟越皓之：《环境社会学——站在生活者的角度思考》，宋金文译，北京：中国环境科学出版社，2009 年，第 99~100 页。

③ 飯島伸子：《地球環境問題時代における公害·環境問題と環境社会学》，《環境社会学研究》2000 年第 6 期。

导致疾病增加，影响民众生计进而诱发贫困问题，有的还导致人口迁移问题，以及更多的次生社会影响，[①] 总之，环境污染产生了一系列的社会负面后果。

环境污染导致疾病，这是一个重大的社会影响，但由于环境－健康科学关系研究的困难性，在污染发生的早期很难得到确认。比如在中国曾经出现的环境健康问题，引发了广泛的争议和冲突。首先，污染所致疾病的发病机理很复杂，环境污染作为风险因子之一，具体到个人和某种疾病就有很大的不确定性。其次，作为科学，需要清晰的证据，而现实情形是等问题暴露出来时，证据差不多已经消失。科学家无法轻易地下结论，司法部门也很难有所作为。由此，环境污染不仅对生理的健康产生影响，还影响到相关人群的心理状态与社会团结。

环境污染直接或间接地影响部分人群的生计。在南方水网地区，历史上形成一部分以天然捕捞为业的渔民。我们观察到，到 21 世纪初，苏南浙北一带的河流湖泊普遍被污染，以捕捞为生的"网船人"纷纷上岸。以天然水面养殖的渔户，也因为严重的水污染，导致倾家荡产。在污染严重的时候，甚至用水田开发的鱼塘也因水污染、无水可取而被迫放弃。水污染所致生计问题还引发了旷日持久的社会矛盾，2000 年引发了"民间零点行动"的大型环境冲突事件。环境污染引致的间接的生计影响则更广，甚至会影响到房产的价格波动。同样，我们现在也可以看到大量的环境正面影响的案例，河流、湖泊旁边的地块一旦被房地产商开发为"江景房""湖景房"，房产价格就节节攀升。

环境问题还诱发人口迁移，导致地区性的衰败。有的村民因饱受环境污染之苦痛而锁门外出打工——诚然，有生计需要而常年外出打工的是常态，我们也观察到确因环境侵害而离家的。此外，有的家庭考虑到孩子的健康问题，把孩子寄养到亲戚家读书以规避环境污染的风险。从更广的范围来看，有一群被称为"环境移民"的人，他们因为环境

---

① 陈阿江：《论人水和谐》，《河海大学学报》（哲学社会科学版）2008 年第 4 期。

问题而自发地或由政府规划组织而迁移他处。

总之，环境社会影响往往是因环境问题对社会产生影响而引发社会学研究者关注。从环境社会学学科发展阶段来看，在早期阶段，研究者自然地选择环境社会影响研究。

三 环境问题的社会成因

从长时段来看，不难发现环境议题有很强的阶段性特征；从结构层面来看，环境议题又有丰富的层次性。基于对环境社会学学科发展的系统梳理，我们可以借助社会学的一般理论从三个层次上去理解环境问题的社会成因。一是社会行动视角的环境问题成因，即通过分析相关主体的行动特点，尤其是不同主体之间的合作、竞争与冲突，尝试理解型构环境问题的社会行动基础。二是环境问题得以产生的体制与机制，即什么样的体制机制产生了诸如此类的环境问题。三是探讨深层次的历史文化是如何作用于环境的，如某些稳定的文化价值可能会世代沿袭，其背后的深层结构具有历史逻辑的一致性，在不同的历史条件下对不同类型的社会问题有着相似的影响。

环境意识的研究是探讨环境问题成因的一个重要视角。之所以从环境意识去探讨环境问题的成因，是基于这样一个常识性假设，即如果社会中相当数量的人缺乏生态知识、缺乏环境领域的相关知识①，如果民众缺乏环境保护的意识，环境问题就有可能产生。这是基于环境问题是因为人们的环境行为不当而造成的，而环境行为的发生动机则可以通过环境意识的测量研究而获知。然而，为数不少的调查表明，被调查的人虽然有比较强的环境意识，甚至能对环境保护说得头头是道，但并

---

① 如1976年美国南卡罗来纳州制定了"环境素养"指标体系，包括知识性环境素养、技能性环境素养、态度性环境素养三大部分34个指标（参见王民《环境意识及测评方法研究》，北京：中国环境科学出版社，1999年，第116～118页）。后续发展为对环境意识、环境关心的测量。

不表明在现实中他能付诸环保行动，即表现为环境意识与环境行为相分裂的状态。这里存在两种可能的情形。一是测量本身的问题，即"测非所测"——某些流于形式的问卷，使被调查者给出了调查者所期望的回答，或者被调查者知道社会倡导的价值，给出一个"适宜"的回答以顺应"主流"。二是实际存在的环境行为与环境意识的分离，"我觉得应该这样"，但在实际情形中，我往往"不是这样做的，而是那样做的"，这种情形不仅在环境领域存在，在其他领域也存在，在某种程度上是一种较为普遍的情形。

统计意义上的环境意识、环境行为研究，遵循了量化研究所固有的方法论特点。但由于知与行之间关系的复杂性，若从社会结构中的关系视角去分析，则可能呈现另一类样态。我在分析太湖流域的水污染问题时，在环境议题的表达上，发现不同主体的态度、利益、价值有明显的差异，而这些主体的态度、利益、价值的差异恰恰是环境行为的基础。从水污染案例来看，大致分为三个主要的攸关群体，即污染者、被污染者以及关联的第三方，而每个主要攸关群体的内部又呈现差异化的特点。我借用了利益相关者（stakeholder）分析的方法对水污染事件中的各有关方进行分析，就各主体的态度、利益等进行分析，进而探讨环境问题的成因。[①] 如果超越利益相关者分析视角，还可发现环境污染或环境问题关联的各方，不仅有利益上的关联或冲突，还有意识形态、价值观念、宗教信仰等诸多方面的关联、竞争、冲突与合作。

第二个层次是超越个人行为，从社会制度、社会运行机制来理解环境问题的成因。体制机制分析历来受到社会学研究者重视，甚至有的学者认为社会学"是一门从结构/机制视角出发对于各种社会现象进行分析和解读的学问"[②]。当我们把环境问题置于特定时段、特定的体制机制背景时，环境问题产生的机理就具有更为宏观的理解。生产跑步机理

---

① 陈阿江：《次生焦虑——太湖流域水污染的社会解读》，北京：中国社会科学出版社，2010年，第 9~85 页。

② 赵鼎新：《什么是社会学》，北京：生活·读书·新知三联书店，2021 年，第 9 页。

论把环境问题置于资本主义体系，特别是美国这一典型的资本主义体系在20世纪七八十年代的运行背景下。施奈伯格把资本主义的运行形象地比喻为跑步机机制，帮助读者直观地体悟资本主义机制的运行特征。跑步机是一种常见的健身器材，健身者在跑步机启动之后，只能不停地运动；跑步加速之后，就不能慢下来——这样的设置保障了健身活动的持续进行。资本主义生产体系是无数生产者、消费者的集合，它的运行就类似于跑步机这样一个系统，一旦运转就不能停止，而且也不能慢下来。一旦停止或慢下来，不仅企业难以承受，依赖于税收的政府以及相关部门也都难以承受。[①]

在这样的跑步机机制中，若没有专门为环境要素设置的保障机制，环境就有可能被跑步机机制"碾压"。在不断地加速生产的过程中，就需要增加原材料供应，刺激森林砍伐、矿藏开采，加剧生态系统破坏和环境污染；生产过程本身又产生大量废弃物，影响环境。生产与消费是两位一体的，要维持生产就必须不断地消费，而消费过程同样产生大量的环境问题。典型的如汽车，不仅在生产阶段会产生大量的环境问题，而且在汽车的使用中消耗石油、占用空间，也会产生大量的环境问题。然而在这样一个体系中，只有不断地生产、不断地消费，企业才得以运转，政府的财政才有依靠，社会生活才能正常进行。生产跑步机理论从经济运行切入来理解环境问题产生的社会机制，有其独特的魅力，但总的基调是悲观的。事实上，资本主义体系也存在调节机制，就如跑步机是人为设置的一样，这样的生产体系虽然庞大而个人又很无奈，但也还是可以通过立法来改变人的行为、调节企业行为，后续从欧洲发展起来的生态现代化理论就是一种改变的尝试。

① Schnaiberg, A., "Social Syntheses of the Societal–Environmental Dialectic：The Role of Distributional Impacts," *Social Science Quarterly*, vol. 56, no. 1, 1975, pp. 5–20；Schnaiberg, A., *The Environment：From Surplus to Scarcity*, New York：Oxford University Press, 1980；大卫·佩罗：《生产跑步机：环境问题的政治经济学解释》，载陈阿江主编《环境社会学是什么——中外学者访谈录》，北京：中国社会科学出版社，2017年，第19~30页。

中国市场化改革使中国经济快速增长，与此同时环境问题也日益突出，从 20 世纪 90 年代开始环境问题日趋严重。张玉林解释了从 20世纪 90 年代至 2005 年前后一个时段环境问题日益严峻背后的社会体制的运行逻辑。他认为，环境问题的恶化往往被归咎为"认识问题"，但就他所关注的区域而言并非如此，地方政府实际上具有环保的战略性目标和举措。在"压力型体制"中，基层政府面临经济增长的巨大压力，"以经济建设为中心"，现实中主要考核经济总量和增长速度。加之，在农业剩余提取的重要性下降甚至消失的情况下，维持政府的财力主要依赖于工商企业税收，加剧了对工商业发展的压力。在现实的压力之下，抽象的"发展是硬道理"转变成了具体而可操作的"增长是硬道理"。张玉林总结道，基层政府在某种程度上"演变为一种'企业型的政府'或者说'准企业'，也就是说与提供'公共产品'相比，它更加关注经济的增长、扩张和由此滋生的'利润'……在'增长'与'污染'的关系上，基层政府往往更加关注增长，而不是污染及其社会后果"。① 他进而解释，在向市场经济过渡了多年以后，部分地方的政企关系甚至超过了原来"政企合一""政企不分"的计划经济时期，某些地方的政府与企业、企业家结成"同盟"，形成"政经一体化"开发机制。它成为中国当时经济增长的主要动力机制，在实践中，企业的排污和侵害行为得不到有效制止，环境保护基本国策常常被异化为"污染保护"。②

与张玉林关注中国某个特定地区、特定时段的环境问题形成机制不同，洪大用从宏观的角度关注中国环境问题形成的一般机制。他借助社会转型这一理论视角尝试理解环境问题的成因。一般认为，中国社会转型是指从传统社会到现代社会的转变以及从计划经济向市场经济的转变，这一重大的、剧烈的社会转变必然会带来社会问题。洪大用从当

---

① 张玉林：《政经一体化开发机制与中国农村的环境冲突》，《探索与争鸣》2006 年第 5 期。
② 张玉林：《政经一体化开发机制与中国农村的环境冲突》，《探索与争鸣》2006 年第 5 期。

代社会结构转型去探讨环境问题的产生机理，讨论了工业化与环境问题、城市化与环境问题、区域分化与环境问题；从当代社会体制转轨讨论了市场经济失灵、改革放权以及城乡二元体制对环境的影响；此外，他还探讨了社会转型期的价值观念变化，即道德滑坡、消费主义、行为短期化、流动变化等与环境问题形成之间的关系。①

有些看似现代的问题，可能只是历史问题在新的时代的新表现，或者虽然是全新的问题却可以找到发生社会问题的历史"基因"。因此，历史文化是环境问题成因的第三个理论解释层次。事实上，现实议题与历史关联的社会学研究，我们并不陌生，其中最为经典的莫过于涂尔干的宗教与自杀、韦伯的新教伦理与资本主义精神关系的研究，而怀特关于犹太－基督教是美国生态危机历史根源的论述，从方法论上看具有一致性。

怀特从基督教与科学技术的关系入手，认为环境问题不可能脱离现代科学技术，而现代科学技术"对自然的鲜明态度深深根植于基督教教义"②。怀特认为："目前人类对全球环境日益严重的破坏，是技术和科学互动的产物。……如果不能认识到根植于基督教教义的种种看待自然的态度，我们就无法从历史的角度明白技术和科学究竟为何兴盛。……我们当下的科学和技术实在是沾染了太多传统基督教对待自然的傲慢态度，以至于我们无法期待仅凭科学技术我们就能解决生态危机。"③

怀特的解释有趣而独特，但似乎只能解释具有犹太－基督教传统的文化地域。我当时在做太湖流域水污染研究时，一直在思考，像中国这样的国家，它的环境问题有没有社会历史根源？如果有，它的历史根源又是什么呢？我从中国长时段的历史进程分析中发现，重视人口增殖

---

① 洪大用：《社会变迁与环境问题——当代中国环境问题的社会学阐释》，北京：首都师范大学出版社，2001 年，第 265～272 页。

② 迈克尔·贝尔：《环境社会学的邀请》，昌敦虎译，北京：北京大学出版社，2010 年，第 179 页。

③ Lyn White, "The Historical Roots of Our Ecologic Crisis," Science, vol. 155, no. 3767, 1967, pp. 1203 – 1207.

进而上升到日常伦理是中国农耕社会的基本传统，而庞大的人口基数是中国进入现代社会环境问题的潜在根源。进入近代以来，中国的落后、挨打，选择追赶现代化的激进路线，在追赶型发展道路上屡欲"跃进"，但由于中国人口多、地域差异很大，中国的文化历史传统深厚，并不像一些小的民族国家一样可以快速地实现转型，因追赶而呈现普遍的社会性焦虑。① 后续的研究发现，这样一种社会性焦虑，同样存在于晚近的环境治理实践中。

四 环境问题的社会应对

无论是对环境问题形成的机理或社会机制分析，还是直接地去干预，最终的目标实际上都指向环境问题的解决。环境问题不是个人的、个别企业或机构的事，而是现代化进展到某个阶段后形成的一个整体性、普遍性的问题。因此，应对环境社会问题也必然会牵涉政府、市场与民间社会的总体性力量的调动，以及整个社会体制、机制的调整。

由于社会学专业自身特点，环境社会学的研究领域有其核心旨趣。与工程技术专业以及法学、管理类专业不同，社会学通常并不提供解决问题的可操作性方案，② 而是针对已有环境治理进行反思或批判，借此为政策制定或实务操作提供借鉴或建设性的理论架构。如果社会学专业与其他专业人员进行合作，则可以很好地发挥其优势。日本琵琶湖的治理很好地体现了这一点。

环境运动可以视为社会运动的一个组成部分。环境运动既可能以和平的方式进行，也可能以激烈的对抗的方式出现；既可以是纯草根的运动，也可以是上下结合的多主体的联合活动。通过环境运动，某个环

---

① 陈阿江：《次生焦虑——太湖流域水污染的社会解读》（重印本），北京：中国社会科学出版社，2012 年，第 1～17 页。

② 如果把社会工作广义地视为社会学的组成部分，那么可以认为社会学也是解决实际问题的。

境议题广为人知，而发达的现代媒体介入，则加剧了信息的传播。与一般意义上的宣传不同，经由环境运动的认知——无论以温和还是激烈冲突的方式——具有更强的参与性和体验性，更易让民众理解环境议题。由此，环境运动向上可以改变政府的政策，向下可以影响大众的环境意识和行为方式。

作为解决环境问题的重要机制和策略，环境运动在韩国表现得淋漓尽致。韩国的环境社会学研究是与环境运动紧密结合在一起的。在我们所接触的韩国的主要环境社会学家中，他们几乎都在从事环境运动，他们的研究也主要聚焦于环境运动。韩国的环境运动与民主运动是同步进行的，这可能与韩国在 20 世纪后半叶特定的历史发展阶段及国际国内的政治格局有关。为了推动新制度建设，韩国民众进行了大量的抗争活动，有的时候，环境运动本身就是重要的政治运动。[①] 李时载等人还创建了韩国环境运动联盟等环保组织，后期做了大量的倡导工作。具度完把韩国的环境运动划分为两类，即反污染运动和新环境运动。韩国的环境运动起源于受害者运动和反污染运动，它聚焦于污染受害者，同时具有民主化运动的特点。新环境运动是在 20 世纪 80 年代末期逐渐兴起的，主要以生态合作运动与社区建设运动等生态替代运动形式呈现。[②]

如果说"北方"更多地关注工业化产生的环境污染问题，而"南方"的生态恶化则与"北方"的环境问题有很大的差异。古哈（Ramachandra Guha）和马丁内兹·阿里尔（Joan Martinez-Alier）提出的"穷人环境主义"（Environmentalism of the Poor），揭示了穷人为生存进行的挣扎实际上隐含了生态意识，而南方国家下层民众为捍卫生存利

---

①　李时载：《韩国环境社会学的起源与发展》，载陈阿江主编《环境社会学是什么——中外学者访谈录》，北京：中国社会科学出版社，2017 年，第 154 页。

②　具度完：《韩国环境运动的环境社会学研究》，载陈阿江主编《环境社会学是什么——中外学者访谈录》，北京：中国社会科学出版社，2017 年，第 146 ~ 147 页。

益进行的抗争是另一类环境主义。① 它与发达国家占主导的"富人环境主义"形成鲜明对照，"穷人环境主义"是为了生存，而"富人环境主义"则是关心生活质量或保存自然。

生活环境主义是日本社会学学者在参与琵琶湖水环境问题研究及其治理过程中形成的理论。琵琶湖是日本最大的淡水湖泊，但随着工业化、城市化，以及农业耕作方式与农村生活方式的改变，湖泊的污染日益严重。1982 年，几位社会学家受滋贺县委托开始调查。对于如何看待琵琶湖的开发和环境保护，有两种主要观点。一种是"自然环境主义"，认为"不经过任何人为改变的自然环境是最理想的自然环境"；另一种是"近代技术主义"，认为"近代技术的发展有利于人们修复遭到破坏的环境"。如果按照"自然环境主义"的思路，就可能尽量让人们远离森林、湖泊、河川等自然环境，类似于美国国家森林公园之类的构想，但从琵琶湖的周边情况来看，显然是不切合实际的。如果按照"近代技术主义"的思路，就需要在琵琶湖的岸边建废水处理厂，修建许多工程，不断地改造自然，加速对自然的影响。通过实地调查，研究者从当地人处理问题的思维方式中获得启示，通过挖掘并激活当地人的智慧去解决环境问题，形成"生活环境主义"。鸟越皓之认为生活环境主义除了吸取了日本社会学擅长分析民众"生活"的优势，还受到了中国、韩国及日本传统的思想与方法论的影响。②

沿着西方的现代化发展路径，欧洲的学者提出了解决环境问题的生态现代化的方案。生态现代化的理论最初是由德国的马丁·耶内克（Martin Jänicke）和约瑟夫·胡伯（Joseph Huber）等学者提出来的。当时在德国和欧洲其他国家，环境运动主要来自左翼团体，对当时的体制进行批判，把环境问题的原因归结于经济结构及国家对经济体制的依赖。马丁·耶内克和约瑟夫·胡伯认为消极的结构性分析无助于解决

---

① Martinez - Alier J. , *The Environmentalism of the Poor: A Study of Ecological Conflicts and Valuation*, Edward Elgar Publishing, 2002.
② 鸟越皓之：《日本的环境社会学与生活环境主义》，闰美芳译，《学海》2011 年第 3 期。

问题，与此同时他们发现水污染状况改善、空气污染问题得到重视以及固体废弃物也得到循环利用等现象。[①] 与生产跑步机理论或生态马克思主义的批判倾向不同，生态现代化理论尝试寻找资本主义或现代社会的出路。批判是纯粹的，而出路则是中庸的，甚至是庸俗的，就是说，生态现代化试图对现有的现代化模式加以改造以合乎生态的现代化社会。[②] 资本主义生产与消费的本质与生态是相互抵牾的，因此其间的矛盾是内生性的，很难协调。然而，就现实而言，把生态维度纳入现代化的发展路径，不失为一条优选的道路。因此，在阿瑟·摩尔看来，"生态现代化理论强调的是……在环境或自然资源不恶化的情况下可以获得资本增长，或资本发展的经济增长"[③]。简而言之，生态现代化可以破解资本主义发展与资源、环境之间的矛盾。

从经典马克思主义传统来看，资本主义内部固有的矛盾是很难破解的。或许，在此意义上，中国并没有采纳生态现代化作为国家发展的框架，而是采用了"生态文明"这样一个具有超越性的词语来引领中国未来的发展。从当前阶段的生态环境保护或治理策略来看，中西方的做法具有很大程度的相似性，但从远景来看，中国在生态环境方面似有更高的期待。

根据对知网文献的检索，"生态文明"一词最早出现在1982年的一篇译文《论人类生存的环境——兼论进步的辩证法》[④]。通过对早期中文文献的梳理，笔者发现中文的"生态文明"一词，源自两个视角。一是与工业文明比对而言的生态文明，意指比工业文明还要高一阶段

① 阿瑟·摩尔：《生态现代化：可持续发展之路的探索》，载陈阿江主编《环境社会学是什么——中外学者访谈录》，北京：中国社会科学出版社，2017年，第45页。

② Arthur P. J. Mol and David A. Sonnenfeld, *Ecological Modernisation Around the World*：*Perspectives and Critical Debates*，London and Portland：Frank Cass & Co. Ltd.，2000，pp. 6 - 7.

③ 阿瑟·摩尔：《生态现代化：可持续发展之路的探索》，载陈阿江主编《环境社会学是什么——中外学者访谈录》，北京：中国社会科学出版社，2017年，第49页。

④ I. 费切尔：《论人类生存的环境——兼论进步的辩证法》，孟庆时译，《哲学译丛》1982年第5期。

的新的文明阶段，这一用法来自国外。① 这一说法，其实有其矛盾性。早期的工业阶段确实缺乏生态的维度，但工业化的后期阶段，或者从我们现在的认知来看，无论进展到什么阶段都无法离开农业和工业，所以所谓的生态文明阶段总体而言还是在工业文明阶段内，只是与早期的工业文明阶段有所不同，它在重视农业、工业的基础上，重视生态的维度，而不能视为只有生态的维度而没有现代产业发展的维度。二是与物质文明、精神文明相平行的生态文明，这是根据当时中国的状况而提出的一个本土概念。如 1988 年刘思华提出了"物质文明、精神文明、生态文明"的三分法，认为"社会主义的现代文明，是社会主义的物质文明、精神文明、生态文明的高度统一"②。

另有学者用与生态文明相近的词语来表达生态维度背后的社会文化意蕴。20 世纪 70 年代，余谋昌从对环境问题的思考出发提出了生态文化的概念。他认为生态危机实质上是一种文化危机，是文化问题，因此需要有一种新的文化——生态文化来代替。③ 余谋昌从人类的发展演变历史来理解生态文明。他说，人类已经经历了两次大的文化革命——1 万年前产生的农业文明，300 年前由工业文明替代了农业文明，而到 21 世纪将发生第三次革命，由生态文明替代工业文明。④ 因此，余谋昌的生态文化或生态文明论，本质是文明阶段论，是一个宏大概念。

2007 年，党的十七大报告首次把建设生态文明作为实现全面建设小康社会奋斗目标的新要求提出来：

> 建设生态文明，基本形成节约能源资源和保护生态环境的产

---

① 另一个用法，参见宋俊岭《城市发展周期规律与文明更新换代——美国著名城市理论家路易斯·曼弗德的理论贡献和学术地位》，《北京社会科学》1988 年第 2 期。

② 刘思华：《社会主义初级阶段生态经济的根本特征与基本矛盾》，《广西社会科学》1988 年第 4 期。

③ 余谋昌：《生态文明：人类社会的全面转型》，北京：中国林业出版社，2020 年，"前言"，第 7 页。

④ 余谋昌：《生态文明：人类社会的全面转型》，北京：中国林业出版社，2020 年，"前言"，第 9 页。

业结构、增长方式、消费模式。循环经济形成较大规模，可再生能源比重显著上升。主要污染物排放得到有效控制，生态环境质量明显改善。生态文明观念在全社会牢固树立。

从这段文字的表述来看，国家层面上的生态文明既包含具有可操作性的生态环境保护举措，也有抽象意义上的生态文明观念，但以前者为重。总体而言，这不同于前述的学界基于文明阶段论的生态文明含义。

2012 年，党的十八大报告提出"全面落实经济建设、政治建设、文化建设、社会建设、生态文明建设五位一体总体布局"，首次把生态与经济、政治、文化、社会四个维度并提。在第八部分"大力推进生态文明建设"中，重点列举了四个方面：（一）优化国土空间开发格局；（二）全面促进资源节约；（三）加大自然生态系统和环境保护力度；（四）加强生态文明制度建设。显然，党的十八大报告所要推进的生态文明建设，在强调合理利用资源、保护环境的同时，也强调生态环境相关的制度建设。

2015 年发布的《中共中央 国务院关于加快推进生态文明建设的意见》（以下简称《意见》），对生态文明建设进行了系统的表述，细化了推进生态文明建设的具体要求。《意见》提出的基本原则是：坚持把节约优先、保护优先、自然恢复为主作为基本方针；坚持把绿色发展、循环发展、低碳发展作为基本途径；坚持把深化改革和创新驱动作为基本动力；坚持把培育生态文化作为重要支撑。可以发现，《意见》提出的主要目标是具体的、可操作的，以解决当时存在的生态环境问题为主要导向。

相较已有的环境问题应对策略而言，当前中国政府倡导的生态文明建设，既着眼于解决当下的环境问题，注重制度建设，又有长远的基于中国国情的战略考量。

五 余论

如前所述，我们从社会学学科发展的历程及演化逻辑来看，尝试以环境问题的社会影响、社会成因及社会治理来呈现环境社会学的知识体系。所论及的环境问题在很大程度上是基于"真实"问题这样一个基本立场展开的。

从社会问题的发展历程来看，研究者对社会问题的认识是不断发展的。Rubington 和 Weinberg 提供了认识社会问题的社会病理学等七种理论视角。[1] 如果以客观－主观来划分社会问题，那么有的视角是真实主义的或接近真实主义，而另外的观点则把主观变量作为重要的因素加以考量。社会建构主义一改社会问题为"真实"问题的思路，成为晚近社会问题的重要分析视角，在环境社会学中也有重要的影响，如汉尼根 1995 年出版的第一版环境社会学教材，就是以"社会建构主义者视角"为副标题的。

秉承建构主义的理论传统，建构主义视角的环境问题更重视其过程，主张本身、主张的提出者以及主张的提出过程成为建构主义的分析工具。就环境问题而言，汉尼根认为环境主张的集成、环境主张的表达、竞争环境主张成为环境问题建构的关键任务与过程。[2] 汉尼根在接受我们的访谈时，谈到了他的教科书采用建构主义的原因："我有意选择建构主义……是因为我认为现实的钟摆已经过度偏向'客观主义'或'现实主义'的方法。"[3] 换言之，若研究者理所当然地认为这些环境问题是"客观的""真实的"，那么研究者有可能已偏离了研究对象。

---

[1] Earl Rubington and Martin S. Weinberg, *The Study of Social Problems: Seven Perspectives* (6th ed.), NY: Oxford University Press, 2003.

[2] 约翰·汉尼根：《环境社会学》（第二版），洪大用等译，北京：中国人民大学出版社，2009 年，第 68~81 页。

[3] 约翰·汉尼根：《社会建构主义与环境》，载陈阿江主编《环境社会学是什么——中外学者访谈录》，北京：中国社会科学出版社，2017 年，第 140 页。

然而，当我们仔细研读建构论或环境问题的建构论时，我们发现建构论在刻意回避着什么。建构论者对他们所要提出的理论主张实际上是含混不清的、晦涩的，如果不是过于深奥就是因为未能阐释清楚。读过建构论的人大多还想知道，就其选定的议题而言，如果具有主观的成分，那么多大程度上是主观的，多大程度上是客观的？又如，建构论者似乎刻意回避某些虚假的成分，把明显的作假也泛泛地称为"建构"。不确定性是现代社会的重要特征，建构论生存于不确定社会的学术旅程里，但如果无法真实地、确定地面对现实，也会减弱其理论生命力。

我们前述的关于环境问题的讨论，在很大程度上把环境问题视为真实的、客观存在的问题。然而，如果借用建构主义视角重新审视我们所遇到的环境问题或环境议题，问题就不是那么简单了。确实，早期关注的环境问题，大多数是人们可以看见，环境影响可以被感受到，或可以被技术测出的"真实"问题，环境问题的科学事实与社会事实具有高度的一致性。然而，随着对环境问题理解的深入、对环境治理需求的急迫，我们通常认定的环境问题正在呈现它的多面性，环境问题的社会事实与科学事实分离或者科学事实缺席正成为一种较为常见的现象。

在垃圾分类研究中遇见了另一类相似的建构性环境问题。它是被建构的，但已不是西方建构主义者所通常关注的那种类型。由于城市人口集中、城市周边用地紧张，城市垃圾造成资源浪费、"垃圾围城"等问题。地方政府基于某种认知，强推垃圾分类，但由于湿垃圾（厨余垃圾）没有找到技术经济合理的工艺，分离出来的湿垃圾没有实际意义，而这样的垃圾分类本身构成了新的社会问题。在水环境治理、生态治理等领域也遇到了类似的问题，环境事项被建构为环境问题，或建构了环境问题的严重性，却找不到解决环境问题的方式方法，形成了一类新的"环境问题"。诸如此类的新建构的环境问题，成为当下中国理解环境问题的新挑战。

农业：环境与社会

王晓毅*

摘　要： 农业是与环境联系最为密切的产业，人类通过农业改造环境，使荒野的自然成为社会的自然。同时，被改变的自然环境也会作用于社会，对社会的存续方式产生重要影响。进入农业社会以后，国家作为最重要的力量，对农业产生着重要的影响。本文透过早期定居农业、玉米在中国西南山地的推广和近年来半干旱地区种植业与草原畜牧业转换的三个历史故事，试图说明一种新的农业方式的产生和普及是如何在国家力量和自然环境的双重作用下发生的。新的农业方式本质上是新的资源利用方式。在人类历史上，农业生产方式因为对自然资源的过度消耗而不可持续并让位于新资源利用方式的现象普遍存在，为调整人类与环境的关系，农业生产方式不得不经常处于变化中。在农业漫长的发展过程中，社会与环境的关系一直是一条主线。

关键词： 农业与环境　早期农业　美洲作物　农牧转换

农业的发展往往被看作一个单向的进步过程，随着生产技术水平

---
* 王晓毅，中国社会科学院大学社会学院教授，中国社会科学院社会学研究所研究员。

提高，人类从早期的采集、狩猎过渡到游牧和游耕，进而进化到定居农业。随着现代农业技术发展，传统的农业让位于现代农业。这种单向的社会进化过程忽视了环境与社会在农业发展中的重要作用，看不到在农业发展中，环境和社会对农业的形塑，以及农业对环境和社会的影响。事实上，在长期人类发展过程中，农业把社会与环境联系在一起，农业发展的过程充分体现了环境与社会的复杂关系。农业生产包括三个因素，分别是社会、作物和环境。这三者之间存在双向的改造与适应关系，在农业活动中，人要驯化作物并改造环境，但是人的行为也受到作物和环境的制约，农业发展是在改造和适应双重作用下发展的；同样，作物对人和环境产生巨大影响，同时也适应人和环境而发生变化；环境不仅作为一个外部因素影响着农业，而且也在不断被人和作物加以改变。本文以早期农业与国家、美洲作物的引入和农牧转换为例，透过农业观察环境与社会的复杂关系。

一　早期农业：自然的社会化

农业的产生往往被看作自然进化的过程，人类在从事采集活动的时候，会发现作物的生长规律，从而开始了种植业；当人类进行狩猎活动时，会将一些没有完全食用的牲畜饲养起来，从而驯化了牲畜。定居农业是比采集、狩猎和游牧游耕更高的社会阶段，代表了生产力的发展。在这种设想中，农业可以在地球上任何适宜种植谷物的地方产生，生产力的进步为早期人类带来更多的福祉，人类因此而进步。[①]

这种假设尽管清晰明确，但是经常显得过于简单，因为早期农业的起源和发展是在环境与社会的双重制约下产生的，而这个假设完全忽视了环境和社会对农业的作用。移动的放牧和耕作并不必然导致定

---

① George Gale, "A Reassessment of Civilization," *Metascience*, vol. 27, no. 3, 2018, pp. 507 – 511. https://doi.org/10.1007/s11016 – 018 – 0336 – 9.

居农业，反过来定居农业也不必然是从游牧或游耕中发展出来的。比如中国黄河流域是典型的黍粟农业区，并在这个地方产生了传说中最早的国家雏形，现在没有证据表明，这个地区曾经经历过游牧或者游耕。① 同样，西南山地的刀耕火种经历了数千年，在 20 世纪中后期仍然保留下来，且在很大程度上支持了山地少数民族的生活方式。② 单向的进化理论不足以解释为什么到 20 世纪中后期西南山地依然存在刀耕火种而北方黄河流域早在 7000 年以前就开始了较大规模的定居农业，而单纯的地理环境也不足以解释为什么在 20 世纪后期西南山地游耕突然消失。早期农业的发展是在环境和社会共同作用下形成的，而社会的一个重要变量是国家的影响，特别是在早期农业中。有学者将中国农耕文明分成黄河流域的粟作农业经济文化、长江流域的稻作农业经济文化、北方草原地区的狩猎经济（兼有农业）文化、南方地区（指武夷山至南岭一线以南地区）以采集经济为主兼有农业（园艺农业）的经济文化。③ 这种划分无疑反映了当地的自然生态环境，但是这种划分对不同区域中的国家作用关注不足。如果把国家的视角带入农业中，会发现黄河流域是最早建立国家而西南山地是最晚被纳入国家体系的。

要观察早期国家对农业的影响，不可忽视斯科特 2019 年出版的《反谷：早期国家的深层历史》一书。④ 在这部著作中，他明确反对农业进步的结论，并以两河流域最早的农业与国家之间的关系为例说明，定居农业的维持在很大程度上是国家作用的结果。如果我们从环境与社会的关系来看早期农业发展的历史，斯科特的论述至少给我们提供

---

① 林忠辉、莫兴国：《历史时期黄淮海平原农作制度变迁与农业生产环境演变》，《中国生态农业学报》2011 年第 5 期。

② 尹绍亭：《云南的刀耕火种——民族地理学的考察》，《思想战线》1990 年第 2 期。

③ 张多勇、王志军：《中国北方"稷作农业"发生地呈带状分布于农牧交错地带》，《黄河科技大学学报》2018 年第 4 期。

④ James C. Scott, *Against the Grain: A Deep History of the Earliest States*, New Haven: Yale University Press, 2017。中文繁体版见詹姆斯·斯科特《反谷：早期国家的深层历史》，翁德明译，台湾：麦田出版社，2019 年。

如下的一些思考空间。

首先，农业与定居并非自然产生的，而是由社会因素决定的。种植业的产生并不意味着定居，游动的耕作在许多地方都曾经发生，如果将种植业仅仅作为采集和狩猎的补充，那么在人类驯化作物和牲畜以后，仍然会保留移动的生存方式。当然，定居也不是农业发展的必然结果，在一些自然资源丰富的地区，从事采集和狩猎的时候也仍然可能会形成小的定居点。定居农业是在人类驯化了作物和牲畜以后数千年才产生的现象，而且直到近代，全球仍然有大量人口在定居农业之外继续坚持移动的生活。

其次，事实上，定居农业并不吸引人。人们往往认为定居农业比采集和狩猎具有更加充足和更可口的食物，因此人们自然会选择定居农业。但是有越来越多的考古资料表明，人类在采集和狩猎时期的生活可能更加幸福，因为采集和狩猎使他们有更加丰富的食物来源，在资源比较丰富的地区，采集和狩猎比种植更加轻松。此外，流动的生存方式使他们可以避免很多人畜共患的疾病，保持比较健康的身体。一个简单的理由，当人们还无法处理人和动物的排泄物的时候，人畜聚集在一起往往会导致流行病发生，从这个意义上说，人类对定居农业是抵制的。如果我们回忆早期的城市生活就可以明白，定居点的生活往往是拥挤和不卫生的。人们要放弃相对舒适的流动生活而代之以定居农业，一定有一种外部力量在起作用。

贾雷德·戴蒙德曾经发出疑问，为什么有些看起来非常适宜生产粮食的地区却没有发展出农业，而农业大多产生在自然条件比较差的干旱地区？他在《枪炮、病菌与钢铁——人类社会的命运》一书中用了较长的篇幅来分析农业在各个地方的起源，在他的解释中，核心的原因是生存环境的变化。定居农业并不是早期人类所喜欢的，那些农业发展起来的地方多是因为自然环境变化或人口增长，依靠采集和狩猎无法为日益增长的人口提供足够的食物，只能从事定居农业。与采集和狩

猎相比，定居农业下的农民，其劳动强度和生活质量都在下降。① 如果
我们回忆一下工业革命初期城市的生活状况，就可以理解为什么戴蒙
德和斯科特都认为定居农业让人们的生活质量明显下降。

如果说定居农业并不是一个最佳选择，为什么最后定居农业会发
展起来？戴蒙德和斯科特从不同角度回答了这个问题。尽管他们都认
为：首先，与采集和狩猎不同，定居农业产出较多，因此有了剩余粮食
养活非农业人口；其次，定居农业产出的谷物与采集和狩猎不同，这些
谷物便于储存，可以较长时间存放。但是农业的剩余会产生什么结果，
两位学者给出了不同的回答，在戴蒙德看来，农业剩余可以养活一些不
必从事食物生产的人，这些人可以从事文化艺术，甚至从事战争。对于
斯科特来说，这些剩余粮食能够养活的人口就是国家，国家是建立在
赋税基础上的，只有农业有了剩余才可能缴纳赋税，才能够维持国家的
存在。

依照在《逃避统治的艺术：东南亚高地的无政府主义历史》一书
中所建立的分析路径，斯科特的分析重点仍然聚焦于早期的国家空间
与非国家空间。从事定居农业的人口生存在国家空间之内，他们要向国
家缴纳赋税；而处于非国家空间的流动人口往往抵制定居农业。对定居
农业的抵制不仅仅是抵制定居农业所带来的繁重的劳动和疾病，也是
抵制国家对其的控制。国家为了保证赋税的收入，就需要形塑农业，典
型的手法就是国家作物的建构，小米、小麦、水稻可以被看作国家的作
物，因为它们在地面上生长，且往往在同一时间成熟，便于国家统计和
征收。而那些块根作物因为不便于统计和征收，很难成为国家的作物。
同时国家为了保障其空间内有足够的人力，便通过战争的俘虏和购买
奴隶，不断增加劳动力。在斯科特的分析中，定居农业支持了国家，而
国家也通过国家空间的建构保持了定居农业。

---

① 贾雷德·戴蒙德：《枪炮、病菌与钢铁——人类社会的命运》，谢延光译，上海：上海译文
出版社，2006 年。

与采集和狩猎不同，农业要改变和重塑自然景观，在重塑自然景观中，斯科特特别强调了火的作用。在他看来，火不仅可以驱赶野兽，而且可以通过火烧控制自然。在狩猎时期，人类就可以通过火烧吸引更多的动物聚集到过火后的林地上。在农业产生以后，烧荒是农业耕种的前提，烧荒帮助农民开垦了土地，增加了肥料并消除了病虫害，因此刀耕火种是最有效的农业。刀耕火种需要农民移动，占据更大的土地面积，但是在国家的空间中，要在有限的空间内聚集更多的人口，刀耕火种的农业必然让位于定居农业。定居农业要在同一个地方连续种植，这就需要增加肥料投放和精细地耕作以提高粮食产量。

在早期定居农业中，由于人口增长，定居点的环境会遭到严重破坏，要维持人类烧火煮饭，周边的林地逐渐被采伐，连续耕作导致土地生产能力下降，这些都会削弱国家的力量，加上拥挤和恶劣的环境导致的流行病增加，早期的国家经常因为环境退化和疾病流行而陷入危机。

我们看到，早期农业表现为人类驯化作物和牲畜的过程，但其实质是国家驯化自然的过程，国家通过对人的控制实现了对自然的驯化，但其代价是生态恶化和传染病的传播。如果从这个意义上说，中国的稷粟农业区域恰恰是国家起源的地方，而长期停留在刀耕火种的西南山地，在历史上往往是处于国家空间之外的，但是近年来随着国家天然林保护政策的实施，以及土地和林地的确权，原有刀耕火种的生产方式迅速停止，原来那些从事刀耕火种的少数民族在国家帮助下定居下来，一些人开始从事定居农业，另外一些人进入城市融入当代的农民工队伍。

二 玉米传播：移动的山地社会

哥伦布进入新大陆以后，将美洲的作物带入欧洲，美洲作物在欧洲的传播被称为"哥伦布大交换"，交换带来新的作物品种，同时也带来疾病的传播等负面影响。哥伦布大交换改变了旧大陆，也就是欧洲和亚洲的饮食结构。美洲作物的引入提高了欧洲人的生活水平，导致人口增加，促进了工业革命的发生，对欧洲的社会稳定和发展发挥了重要作用。[①]

明朝中叶以后，美洲的作物也传播到中国，特别是花生、红薯、玉米和马铃薯。[②] 这些作物也提高了中国粮食产量，促进了人口增长，但结果是出现清朝中叶以后的社会动荡。因为美洲作物不仅可以提高产量，更重要的是其适合山地种植的特性改变了中国人口的分布，特别是玉米在西南山地的广泛种植使更多的人口可以进入山区，在促进人口增长的同时也造成了环境的退化和社会不稳定因素增加。从玉米的推广过程中，我们可以看到作物是如何影响人与环境的。

玉米具有耐旱、耐寒和喜欢沙质土壤的特性。[③] 与一般的耐旱作物不同，玉米在生长过程中需要大量水，但是由于其发达的根系，可以充分吸收水分，所以具有较强的抗旱能力；同时玉米也是耐寒的作物，特别是在山区，随着积温降低，玉米的生长周期延长，但是产量并不会随之降低。此外，玉米对土壤和地形要求比较低，在坡地、比较瘠薄的沙石地都可以生长，这些特性使得玉米非常适合在山地种植，成为一种典型的山地作物。[④]

玉米被引入中国以后，推广的速度并不快，这可能与玉米的生长特点有关，在平原地区种植玉米并不能显示出其优势，与水稻、小麦相比，玉米增产的优势有限。按照何炳棣的说法，16 世纪中叶玉米通过陆路和海路两条途径传入中国，沿西南从缅甸传入的玉米，与西南山地的生态环境相结合，发展较快，而从福建沿海传入的玉米，因为与当地

[①] 艾尔弗雷德·W. 克罗斯比：《哥伦布大交换——1492 年以后的生物影响和文化冲击》（30 周年版），郑明萱译，北京：中国环境出版社，2010 年；Nathan Nunn and Nancy Qian, "The Columbian Exchange: A History of Disease, Food, and Ideas," *Journal of Economic Perspectives*, vol. 24, no. 2, 2010, pp. 163 – 188.

[②] 何炳棣：《美洲作物的引进、传播及其对中国粮食生产的影响》（二），《世界农业》1979 年第 5 期。

[③] 张祥稳、惠富平：《清代中晚期山地广种玉米之动因》，《史学月刊》2007 年第 10 期。

[④] 事实上，直到 21 世纪初期，玉米仍然是西南山地的主要作物，在贵州喀斯特地区，我们经常可以看到小块山地上种植数株玉米的景观。作为山地居民的主要食物，玉米被加工成许多具有地方特色的食物，如玉米饭，或者被称为苞谷烧的玉米酒。山地玉米的广泛种植与平原地区的玉米种植不同，前者利用玉米山地作物的特性，在数百年的种植过程中已经成为当地的本土作物，而后者则是在商业化过程中，通过灌溉和品种改良，实现专业化生产。

作物竞争农田，除了在少数丘陵地带种植以外，总体来说种植面积并不大。① 韩茂莉综合各家研究成果，认为玉米在16世纪六七十年代分别从东南沿海、西南和西北等三条途径传入中国，但是最初种植者甚少。经过一个世纪的时间，到清朝乾隆年间，玉米被普遍种植。② 在三条传播途径中，从西北地区进入中国传播途径玉米种植发展最为缓慢，因为西北地区干旱少雨的气候不适宜玉米生长。

真正让玉米在中国快速发展的是清朝初年向西南山地迁徙的移民和山地开垦政策。张祥稳、惠富平的分析表明，在清朝建立以后，社会稳定导致人口增加，在清朝初年，平原地区的荒地已经开垦殆尽，因此在乾隆、嘉庆和道光年间，朝廷开始鼓励农民开发山区，因而玉米在山地开发中被广泛种植。乾隆年间为了鼓励山地开发，各地多采取免除赋税的鼓励政策，以后这种政策被嘉庆和道光皇帝延续，由此导致大量人口从平原地区迁移到山地。③ 山地移民的增加不仅是因为朝廷优惠政策的鼓励，同时也是因为更多平原地区农民为生活所迫，自发地进入山区，玉米在这个过程中发挥了重要的支持作用，正是玉米适合在山地生长的特性，使大量移民可以在山地生存。山地移民的数量十分巨大，郗玉松关于原土家族聚集的山区研究表明，在改土归流以后，土家族地区的人口大幅度增加，比如永顺府土家族各县人口从雍正七年（1729）到乾隆二十五年（1760）普遍增加一倍，其主要原因是外来移民增加，有些县的移民人口超过了当地土家族和苗族人口；而从改土归流到道光二十二年（1842），"施南府人口从十一万多增长到九十万，增长了近八倍"。④ 尽管玉米进入土家族地区可能比较早，但是并没有得到普遍种植，大量种植是在乾隆年间以后，移民带动了玉米的广泛种植并满

① George Gale, "A Reassessment of Civilization," *Metascience*, vol. 27, no. 3, 2018, pp. 507 - 511. https://doi.org/10.1007/s11016 - 018 - 0336 - 9.
② 韩茂莉：《近五百年来玉米在中国境内的传播》，《中国文化研究》2007年第1期。
③ 何炳棣：《明初以降人口及其相关问题1368—1953》，北京：中华书局，2017年，第217页。
④ 郗玉松：《清代土家族地区的移民与玉米引种》，《农业考古》2014年第4期。

足了越来越多移民对食物的需求。

人口的增加是朝代兴旺的体现，因为人口增加可以为朝廷提供更多的赋税和徭役，也可以作为朝代兴盛的标志。所以不仅朝廷通过减免赋税的方式鼓励农民移民垦殖，而且许多地方官员也亲自示范，在新开垦的土地上种植玉米等适合山地的作物。大量山地被开垦增加了土地面积，高产的玉米增加了粮食产量，满足了人口增长的需求，而人口增长又刺激了进一步的山地开发和玉米的大量种植。玉米的种植和人口向山地迁徙，两种现象相互作用，造成了西南山地的人口大量增加，这在很大程度上符合朝廷关于一个繁荣朝代的想象，但是在短期的繁荣之后，产生了长期的生态灾害和社会混乱。

生态环境退化有两方面原因，一方面是在扩大耕地面积的过程中，大量的森林被开发；另一方面是大面积种植玉米所导致的水土流失。西南山地大多比较陡峭，许多地方的坡度都在 25 度以上，在开发之前被森林覆盖，但是随着大面积开发，缺少植被覆盖的山地开始出现严重的水土流失，一些新开垦的土地在连续种植 3 年以后就无法再继续耕种，一些移民甚至不得不抛弃新开垦的土地，逃到新的地区。大量种植玉米所导致的水土流失，一直延续到近代，成为西南山地重要的生态问题。此外，玉米本身由于间距较大且耗水，比传统的西南山地作物更容易导致水土流失。[①] 生态环境被破坏导致依靠种植玉米的农民破产，一些农民不得不重新迁移。大量的人口流动超出了传统的国家对人口的管控能力，从而造成社会的不稳定。

斯科特关于东南亚山地的研究表明，山地经常是不受政府控制的

---

① 2010 年前后笔者在云南高黎贡山区做田野调查时发现，从怒江州迁移过来的傈僳族农民在山区开垦农田，种植玉米，由此导致水土流失，与承担高黎贡山环境保护的保护区产生了许多矛盾。后来随着人口迁移，农民广泛种植多年生作物替代了玉米，从而缓解了生计与保护之间的矛盾（参见王晓毅《从摆动到流动：人口迁移过程中的适应》，《江苏行政学院学报》2011 年第 6 期）。到现代，玉米仍然被看作"一种具有高产潜力的粮食品种，同时也是最消耗土壤肥力的粮食产品"（参见于新雨、李明森、李子林、吴艳丽《玉米长期连作对农业生态环境的不利影响分析与对策研究》，《农业与技术》2021 年第 12 期）。

空间，逃避统治的山地居民经常选择块根作物以抵抗国家和政府的控制，① 从这个意义上说，玉米可以被看作国家的作物，因为与块根作物不同，玉米生长在地表且集中成熟，所以在鼓励移民进入山地开荒的时候，朝廷和地方政府多规定了免除赋税的期限，之后仍然要对移民科以赋税。

然而山地本身经常作为非国家的空间，特别是西南山地，在清朝中叶以前大多是少数民族聚集区，由土司进行管理，在改土归流以后才纳入中央政府的直接管理，不过国家的控制力量仍然是较弱的。在大量移民进入山地这一国家管控能力较弱的空间以后，不仅国家政权对他们管控能力较弱，而且原有以少数民族的头人和土司为代表的地方权力也很难管控到移民，加上山地为流动人口提供了天然的保护，② 所以玉米的山地种植在清代中叶以后，几乎是建立了一个在国家严格管控之外的空间。这为清朝中后期的社会动乱创造了条件。③

提高粮食产量以提高人口的生活水平和满足新增人口的粮食需求无疑是农业发展的重要目标，美洲作物进入以后，为提高粮食产量提供了可能，但是将这种可能转化为现实仍然有赖于国家政策推动，清朝对西南山地开垦的政策支持无疑成为玉米普及的重要契机。玉米在中国的传播过程短时间扩大了耕地面积，促进了人口增长并增强了国家财力，但是最终导致生态环境退化和社会不稳定，这可能是最初推动垦荒扩大粮食种植面积的决策者没有想到的。

三　种植与放牧：社会的适应

从大农业的角度来看，草原游牧是农业的一种方式，但是与定居的

---

① 詹姆士·斯科特：《逃避统治的艺术：东南亚高地的无政府主义历史》，王晓毅译，北京：生活·读书·新知三联书店，2016 年。

② 在斯科特看来，传统国家的范围止于谷地，山地则是非国家的空间，从这个意义上说，清代中叶以后，西南山地尽管并不是非国家的空间，但是可以明显地看出，国家的管控是比较弱的。

③ 陈永伟、黄英伟、周羿：《"哥伦布大交换"终结了"气候—治乱循环"吗？——对玉米在中国引种和农民起义发生率的一项历史考察》，《经济学》（季刊）2014 年第 3 期。

种植业有着本质的不同。游牧是移动的，依靠牲畜采食利用自然资源。过去人们往往将游牧看作一种落后于定居农业的生产方式，认为游牧与定居的牲畜养殖相比生产效率低且风险大，是在生产力比较低水平下的一种生产方式。[①] 但是更多的学者将游牧看作特殊生态环境下的一种生产方式，在干旱半干旱地区，农作物无法生长，牧民选择了游牧的利用资源方式。[②] 现有研究表明，游牧并非与定居农业完全分离、独立产生的生产方式，而是与定居农业有密切联系。在对中国内陆游牧民族的研究中，拉铁摩尔认为游牧是定居农业在探索利用绿洲之外荒漠资源时采取的生产方式。从这个意义上说，牲畜的驯化是在定居农业的基础上完成的，而游牧是借用了定居农业所驯化的牲畜，只是采取了不同的饲喂方式。

从地理分布来看，种植业与游牧处于不同的地区，尽管环境和气候是促成种植业和游牧分离的主要原因，但是政治和市场的原因也发挥了重要作用。比如长城以北一直是游牧民族生产生活的地区，但是在清朝末年放垦以后，许多游牧的牧场被开辟成农田，大量移民进入原来的游牧区域加剧了草原的开垦，甚至一些蒙古族牧民也转而从事种植业。同样，在历史上也多次出现因为人口的减少，传统的种植业地区被变为放牧的牧场的情况。我们在内蒙古东部地区的调查也在微观上说明，受到经济和环境的双重作用，甚至在较短的时间内，同一个地区都会出现游牧与种植业的频繁转换。[③]

长城沿线大体上与 400 毫米降雨线一致，历史上成为农业与游牧的分界线，作为政治分界线的长城是清晰的和明确的，但是作为自然的农牧分界线经常是模糊的和可移动的，特别是在清朝建立政权，统一了北

---

① 贾幼陵：《关于草原荒漠化及游牧问题的讨论》，《中国草地学报》2011 年第 1 期。

② 郑君雷：《西方学者关于游牧文化起源研究的简要评述》，《社会科学战线》2004 年第 3 期。

③ 本部分的内容来源于笔者 2007 年和 2010 年在内蒙古兴安盟科尔沁右翼中旗的调查，原有调查成果分别见王晓毅《干旱下的牧民生计——兴安盟白音哈嘎屯调查》，《华中师范大学学报》（人文社会科学版）2009 年第 4 期；王晓毅《从适应能力的角度看农牧转换》，《学海》2013 年第 1 期。

方游牧民族和中原汉族地区以后，作为政治分界线的长城作用在减弱，单纯的生态分界线不足以阻止传统的游牧区域发展种植业，农牧分界线日益模糊且呈现向北移动的趋势。①

科尔沁草原农牧转换历史悠久，从契丹到辽金时期，科尔沁地区的主要生产方式就经历了一次从游牧狩猎为主到种植业为主的转变。辽金时期科尔沁地区有大量外来移民，开始了广泛的农业开垦；但是到了元明两代，农业发展受到限制，畜牧业成为主要产业；而到了清代，科尔沁地区又经历了一次大规模的垦殖过程。② 从清朝初期开始允许汉族农民进入科尔沁地区开垦农业，到乾隆年间又收紧了放垦政策，可以看到，科尔沁地区的定居农业和草原游牧转换并非仅仅是生态环境的变化，更是由当时社会经济环境所决定的。③

进入新中国以后，科尔沁地区仍然呈现农牧兼做、以种植业为主的特点。接下来这个故事中所讲的巴彦哈嘎是科尔沁右翼中旗的一个村庄。村庄居民在搬迁到这个地方的时候，居民主要从事种植业，同时也兼营畜牧业，但是因为土地面积有限，在居民的日常生活中，畜牧业的重要性并不高。在 20 世纪 80 年代以前，巴彦哈嘎的生态环境还比较好，特别是村庄周边水资源比较丰富，但是由于地处科尔沁沙地，缺少灌溉条件的耕地产出有限。地方政府采取了两个措施增加巴彦哈嘎的畜牧业收入。首先，地方政府在远离村庄的地方为巴彦哈嘎提供了一块水草丰厚的牧场。每年村集体会派出专人到牧场放牧集体的牲畜，这被称为"出铺"，"出铺"所饲养的牲畜是村庄重要的畜产品来源，为当时的村民提供了主要肉食来源。其次，为了减轻人口压力，地方政府将一部分村民迁往地广人稀的北部地区。北部地区虽然气温较低，但是由

① 韩茂莉：《中国北方农牧交错带的形成与气候变迁》，《考古》2005 年第 10 期。
② 任国玉：《科尔沁沙地东南缘近 3000 年来植被演化与人类活动》，《地理科学》1999 年第 1 期。
③ 王景泽、陈学知：《清末科尔沁草原的开发与生态环境的变迁》，《学习与探索》2007 年第 3 期。

于降水较多且人口少，适合放牧。良好的草地资源使迁出的人口普遍比留在原来村落的农民更加富裕。

农村改革为巴彦哈嘎村民提供了更多的机会，由于周边荒地较多，村民选择扩大土地开垦面积以增加粮食收入。在 20 世纪 80 年代初土地承包的时候，每个人的耕地面积仅有 5 亩，但是在承包以后大量开垦，土地面积大幅度增加。尽管缺少直接的土地测绘，但是根据村民的估计，土地面积增加超过了一倍，甚至有人估计土地面积翻了两番，人均耕地可能达到 20 亩。家庭有充足的劳动力且肯干的农户，开垦土地甚至可能达到 200 亩。一些保守的农户在自己承包地周边扩大开垦面积，比较胆大的农民直接开垦新的耕地。土地为农民带来了财富，在 20 世纪八九十年代，一些农户的收入达到数千元，人均超过千元，在当时的收入水平下，对于巴彦哈嘎来说，这无疑是一个收入比较高的时代。在扩大耕地面积的同时，畜牧业相对萎缩。畜牧业之所以萎缩，一方面是因为农业的比较收益较高，另一方面则是因为生产队解体以后，单独的农户缺少必要的资金和生产条件扩大畜群。我们知道，在集体化时期，生产队有专业的牧工负责放牧，在公社解体的时候，这些畜群被分配给不同农户，分散的畜群生产成本较高且收益较低。

随着大面积的开荒以及降水条件的改变，巴彦哈嘎开始出现大面积的荒漠化，表现之一是地下水位降低。据当地村民估计，地下水位下降了差不多有 3 米。巴彦哈嘎所在的兴安盟从 1982 年到 2009 年，地下水的蓄水量减少了 50%。在巴彦哈嘎的直观感受就是大小湖泊的消失。据村民回忆，在 20 世纪 80 年代之前，村庄的范围内分布了众多的水泡子，也就是小的湖泊，但是随着地下水位下降，到 21 世纪初期，几乎完全找不到水泡子了。随着地下水位的下降，地表植被减少，出现的第二个自然现象就是风沙加剧。风沙的出现既受到大气环流的影响，也受到微观环境的影响。地下水位下降并导致地表水减少，无疑会加剧局部地区的地表温差，从而造成多风的天气，地表植被减少也会加剧风沙现象。风沙现象的加剧带来第三个环境问题，就是地表土大量流失，直接威胁了旱作农业。大面积开垦的土地完全靠天吃饭，既没有灌溉，也很少施肥，地表土的流失直接导致农作物的损失。比如由于春季多风沙，农民不得不推迟播种期，推迟播种期导致农作物生长周期缩短，进而影响粮食产量；农村物种植以后，由于土地更加瘠薄，粮食产量有限。总之，大面积开垦加剧了环境问题并通过土地影响到农业，农民依靠粮食种植已经难以实现不断增加收入的愿望。巴彦哈嘎进入了草原畜牧业时期。

进入20世纪90年代，随着种植业的困难不断增加，农民开始在政府的推动下发展草原畜牧业。草原畜牧业发展受到了三个因素的影响。首先，旱作农业难以维持，而农民生活水平不断提高，要满足不断增加收入的需求就需要寻找新的增收渠道。其次，恰在这个时候，政府的扶贫项目和国际援助项目都开始以无偿提供羊只的方式支持村民发展草原畜牧业，这为村民的畜牧业发展提供了基础。最后，市场环境的变化，进入20世纪90年代以后，随着消费水平的提高，畜产品的价格不断上涨，羊肉、牛肉和羊毛、羊绒等产品的价格上涨刺激了村民发展草原畜牧业的积极性。到20世纪90年代中后期，巴彦哈嘎的牲畜总量相比20世纪80年代增加了3倍。与种植业相比，草原畜牧业是一个劳动力需求较低的产业，一个羊倌可以放牧上千只羊，许多牛甚至不需要人去放牧，它们可以在无人看管的情况下自己觅食。如果说在种植业发展的时期，那些劳动力多的农户通过辛勤的劳动成为村庄中高收入的农户，那么到草原畜牧业时期，那些有经济实力且善于经营的村民开始快速致富。到21世纪初期，牲畜成为最重要的财产，牲畜的多少决定了一个家庭的经济地位。一些牲畜多的村民可能拥有数量上千的牲畜，也有一些少畜户、无畜户。

进入21世纪的第一个十年，在气候干旱和大量放牧的影响下，草地退化，依靠草原畜牧业维持生存的巴彦哈嘎遭遇到了空前的困难。有些人将这个十年中草原牧民的生计困难归因于当时执行的休牧禁牧政策，但是从巴彦哈嘎的情况来看，环境的影响比政策的影响更大，换句话说，即使没有休牧禁牧政策，草原畜牧业也难以为继。典型的如草原退化造成牧草的不足，村民不得不增加秸秆来替代天然牧草，但是秸秆的蛋白质含量不足，大量食用秸秆的牲畜无法受孕和正常生产，从而造成牲畜数量持续减少。

无论是草原畜牧业还是旱作农业，干旱都是最重要的自然灾害，特别是持续的干旱。长期以来人们或者通过空间的转移以躲避干旱，或者减少生产，等待干旱过去，但是对于 21 世纪之初的巴彦哈嘎村民来说，既不能通过空间的转移躲避干旱，也不能减少生产，因为已经没有可供大规模迁移的空间，同时现代生活的刚性支出也让他们无法减少生产。唯一的选择是转换一种新的生产方式，就是灌溉农业。

21 世纪第一个十年的后期，在政府的支持下，巴彦哈嘎的灌溉农业便迅速发展起来，在政府、农民和外来投资者共同参与下，打井变成了发展农业必需的手段，水浇地在这里迅速普及，地下水的开采和使用成为村民应对干旱的首选措施。农民不仅利用井水生产粮食，也用井水浇灌饲料地，草原畜牧业也被舍饲圈养所替代。与灌溉农业所带来的收益相比，旱作农业和草原畜牧业的收入都很低且不稳定。

不管对于历史还是人的一生来看，三四十年都不算很长，但是在这三四十年中，在社会和自然的共同作用下，巴彦哈嘎的农业和畜牧业发生了两次大的转换，从旱作农业转变为草原畜牧业，又从草原畜牧业转变为灌溉农业，每次转换都有环境的因素，当然政府的政策也在起作用。新的资源利用方式无疑带给了人们新的希望，但是新的资源利用方式也是新的资源消耗方式，国家的强有力介入使资源极度消耗的村庄生计在新的资源利用方式下得以维持。依赖高强度的地下水开发并非长久之计，巴彦哈嘎将会孕育出更大的社会经济变迁。

四 一些思考

环境与社会的关系是环境社会学的永恒主题，农业是一个重要的观察视角，因为社会通过农业形塑环境，而环境又透过农业来影响社会。国家的行为是观察农业的一个重要视角，因为社会的意志往往体现在国家的行为中。农业和国家有着漫长的历史和丰富的资料，为我们观察环境与社会的互动提供了良好的条件。

第一，人类通过农业形塑自然环境和利用自然资源。采集和狩猎时代，人类更多地依赖荒野以获取生活所需，但是农业必须改变自然环境，不管是刀耕火种还是灌溉农业，其本质都是对自然环境的改变。人类利用自然资源的方式是不断改变的，这种改变很难说是发展和进步，更多的原因是原有的资源利用方式导致自然资源无法利用以后，人类借助技术手段增加新的资源利用方式。玉米向山地的扩展是因为原有的农业区域已经无法满足日益增加的人口对农业的需求，而种植业和放牧的转换则是因为耕地沙化和草原退化。从这个意义上说，农业发展并不必然带来人类社会福祉的提高，在一些情况下，甚至可能导致人类社会福祉的降低。当人们抱怨现代工厂化生产的农产品失去了原有的营养和口味时，其实在早期农业中就已经出现了从事定居农业的人口远没有采集和狩猎的人群生活幸福的情况。移居到西南山地种植玉米的农民可能更加辛苦，但是因为需要新的资源以维持生存，便不得不忍受这种辛苦。

第二，我们在农业的发展过程中，无时无刻不看到国家对农业的形塑，当我们透过农业讨论环境与社会关系的时候，会发现有国家和无国家的社会，对农业有着不同的需求。农业作为国家赖以存在的基础，不仅因为农业的剩余使得国家可以征收赋税从而保证国家的运行，而且国家需要农业支持不断增加的人口。在环境与社会的关系中，国家是作为社会中的核心力量出场的，早期国家依赖农业提供赋税，因此那些整齐划一的谷物受到国家的偏爱而成为国家的作物。但是国家都希望有更多的臣民，所以高产和适应性广泛的作物也逐渐进入国家的视野。国家的力量对谷物的选择、区域的扩张和技术的应用都起着决定性作用。如果说在早期农业中已经感受到国家的作用，随着国家能力的提升，国家对农业的作用就更加不可忽视。

第三，人类通过农业改变环境，其结果往往是不乐观的。当我们不断讨论传统农业、可持续农业等概念的时候，我们不得不面对的事实是，在人类历史上，农业导致环境恶化的现象普遍存在，不管是旱作农业还是灌溉农业，不管是移动的刀耕火种还是定居农业，随着人口的增加和聚集，环境都会受到威胁，进而影响人类的生存，农业生产方式不得不经常处于变化中，以调整人类与环境的关系。

农业还处于快速变化中，从早期农业到传统农业，进而进入工业化农业，现在正在进入基因的层面，在这个漫长的发展过程中，社会与环境的关系一直是其中的一条主线。

受害结构论与日本环境社会学：
缘起、意义与发展

〔日〕滨本笃史*

摘　要：本文深入讨论了饭岛伸子的受害结构论，涉及其诞生、内涵、学术意义和未来发展等。受害结构论产生于20世纪六七十年代日本高速的经济发展及环境污染背景下。饭岛伸子根据日本的实际社会问题，以关键概念受害层次和受害程度为基础构建受害结构论模型。受害层次表现为个人和家庭范围内发生的生命或健康受害、生活受害、人格受害，以及家庭范围外的地区社会性受害。受害程度取决于受害者在家庭中的角色和位置等内部因素及多种外部因素。在受害结构论基础上，饭岛伸子和船桥晴俊，以及后来的社会学家们发展出一系列关于加害结构的研究成果。虽然对受害结构论的批评不多，但它因为没有充分纳入对受害动态的理解从而存在一定的局限。目前受害结构论已被应用于分析福岛核电站事故及全球环境问题等多个领域，其未来发展的空间仍然较为广阔。

关键词：饭岛伸子　公害　加害结构　东日本大地震福岛核电站事故

---

* 〔日〕滨本笃史，早稻田大学社会科学综合学术院教授。

引　言

毫无疑问，饭岛伸子（Nobuko Iijima，1938 – 2001）在 20 世纪 70 年代提出的受害结构论（日语称为"被害构造论"）是日本环境社会学中最重要的概念。这个理论模型主要阐明了在公害多发地区受害扩大的结构，可以说是日本环境社会学最具代表性的理论之一。受害结构论不仅是环境社会学的典型分析框架，而且该理论本身充分反映了环境社会学的学科特征。因此，如果对受害结构论有很好的理解，可以说已经了解了日本环境社会学的基本特征。

但是，这个概念在世界范围内的学者当中并不为人所熟知。在中国翻译出版的第一本环境社会学教材《环境社会学》① 便是由饭岛伸子所写。然而，该书作为环境社会学的入门书，没有涉及受害结构论相关的内容。21 世纪第一个十年以来，中国有几篇文章已经对受害结构论做了很好的基本解释。② 在本文中，笔者拟更进一步地解释这一概念出现的背景和意义等。近年来，此理论被应用于 2011 年发生的东日本大地震研究中，用于分析环境问题的解决过程，这让人们看到了新的理论发展。因此，本文基于笔者已经完成的相关研究③以及最近的研究动向，

① 这本书的原日文版是饭岛伸子《環境社会学のすすめ》，東京：丸善出版社，1995 年；中文版是饭岛伸子《环境社会学》，包智明译，北京：社会科学文献出版社，1999 年。

② 包智明：《环境问题研究的社会学理论——日本学者的研究》，《学海》2010 年第 2 期；李国庆：《透视日本环境社会学》，《环境保护》2011 年第 14 期；李国庆：《日本环境社会学的理论与实践》，《国外社会科学》2015 年第 5 期；友泽悠季：《社会学是如何证明"受害"的——饭岛伸子的 SMON 药害调查》，高娜译，《南京工业大学学报》（社会科学版）2014 年第 2 期；陈阿江：《环境社会学的由来与发展》，《河海大学学报》（哲学社会科学版）2015 年第 5 期；陈阿江主编《环境社会学是什么——中外学者访谈录》，北京：中国社会科学出版社，2017 年。

③ 浜本篤史：《被害構造論と受益圏・受苦圏》，鳥越皓之、帯谷博明編《よくわかる環境社会学》，京都：ミネルヴァ書房，2009 年，第 150 ~ 152 頁；浜本篤史：《戦後日本におけるダム事業の社会的影響モデル：被害構造論からの応用》，《環境社会学研究》2015 年第 21 号，第 5 ~ 21 頁；浜本篤史：《被害構造論の理論的課題と可能性》，《環境社会学事典》，東京：丸善出版社，2022 年即将出版。

提供一些素材，与中国读者讨论这一概念的意义。

一 社会背景与学术渊源

1. 受害结构论产生的社会背景（工业化及环境污染）

作为受害结构论产生的历史背景，让我们回顾一下 20 世纪 60 年代至 70 年代日本社会的情况。众所周知，战后的日本经历了被联合国盟军总部（GHQ）占领七年半和美国的占领期后于 1952 年独立。而后为追求战后复兴和经济增长，主要在太平洋沿海城市中推行工业化。但也因此出现了地区差异。可能在中国读者看来，日本城乡之间经济差距较小。事实上，缩小太平洋沿岸城市和乡村之间的差距被认为是当时日本的一个重要社会问题。因此，日本在 1962 年制定了《全国综合开发计划》，旨在实现"均衡发展"，目的是通过"重点城市发展模式"实现地区分权。① 具体而言，日本政府在全国范围内指定了 15 个"新产业城市"，并通过重工业和化学工业促进这些城市的工业化。未同时发展所有的区域性城市，而是先从重点城市开始，这种想法在改革开放初期的中国非常普遍，当时的日本也采用了这种方式。在这一国家政策的支持下，自 1955 年到 1973 年的石油危机发生前的这段时间内，日本经济增长率超过 10%，实现了经济高速增长，并且举办了象征着这个时代的国际盛事——1964 年的东京奥运会和 1970 年的大阪世博会。

然而，经济高速增长的背后也存在很多问题。虽然目标是"均衡发展"和"社会发展"，但由于偏重工业发展，生活福利的发展被推迟了。②

---

① 该计划由池田勇人内阁决定，并将 1970 年定为目标年。之后，二全综（第二次全国综合开发计划的简称，1969）、三全综（1977）、四全综（1987）和五全综（1998）的持续召开为国土计划奠定了基础。另外，这里的地区分权，意指改变过去预算资源和权力集中在中央政府或大城市的格局，将之交给区域城市。

② 此外，虽然农村地区作为开发的"场所"，但利润被收回到中央，很少返还给地方。一些"新产业城市"虽然也想推进工业发展，但是在某些地区，如北海道苫小牧东部地区，没有实现工业吸引力。

而且对于严重公害的处理也不够及时。以（熊本）水俣病、新潟水俣病、痛痛病和四日市哮喘病这"四大公害"① 为首的环境污染引起的居民健康问题变得显著。不仅如此，日本还出现了河流和湖泊污染，工厂所在地的土壤污染，食品和药品中混入有毒物质的事件等。特别是在 20 世纪 60 年代到 70 年代的日本社会，与工业化和产业化相关的各种污染和健康受害问题频繁发生。虽然自 1970 年以来，与四大公害关联的诉讼案几乎都是受害原告胜诉，日本在 1970 年制定了与公害对策有关的法律，并设立了环境局，但此后对环境保护的强调并不一致。石油危机发生后，经济措施成为社会关注的问题，环境政策依旧被忽视。虽然出现了使受害者认定变得更加严苛的政策，但也未能解决问题。

饭岛伸子关注的是在工业化和产业化过程中被抛在后面的人，或者说那些在与经济增长相伴随的污染阴影下受苦的人。这意味着资本主义社会的矛盾。这些人的处境并非一目了然，他们的处境固然与加害企业和健康状况有关，但不仅于此，饭岛伸子从社会文化的角度去了解并探明了受害者的生活及其受害问题的复杂性。

2. 饭岛伸子的研究历史

为理解受害结构论的诞生背景，我们有必要回顾一下饭岛伸子的研究历史。我们可以通过友泽悠季的研究② 了解后来被称为"环境社会学之母"③ 的饭岛伸子的研究经历。

在九州大学学习社会学的饭岛伸子于 1960 年毕业并移居东京，她在对金属等做表面处理的工厂工作。作为白领，她每天乘坐电车上班，

---

① "公害"一词在中文中不常使用，但大约在 20 世纪 60 年代在日语中变得常见。一般来说，它通常是指私营企业的生产活动造成的环境污染和环境破坏，对当地居民的健康和生活产生了负面影响。1967 年颁布的《公害对策基本法》规定了七种公害类型：空气污染、水污染、土壤污染、噪声、振动、地面沉降和恶臭。

② 友泽悠季：《社会学是如何证明"受害"的——饭岛伸子的 SMON 药害调查》，高娜译，《南京工业大学学报》（社会科学版）2014 年第 2 期；友澤悠季：《"問い"としての公害：環境社会学者·飯島伸子の思索》，東京：勁草書房，2014 年。

③ 1998 年在蒙特利尔召开的世界社会学会议（ISA）上，饭岛伸子被美国环境社会学家赖利·邓拉普（Riley Dunlup）称为"环境社会学之母"。

感受着东京横滨工业区的大气污染和恶臭。饭岛伸子在日常生活以及上班途中，渐渐对劳动者的健康状况产生了兴趣。1965 年她参加了现代技术史研究会的灾害分会，对劳动者健康问题的兴趣变得更加浓厚。这个研究小组中虽然有许多技术研究者，但对社会有强烈关心的成员注重在现场把握事实，拥有社会学背景的饭岛伸子被期待在研究小组中做出社会学贡献。

大约在同一时间，饭岛伸子参加了东京大学福武直教授①关于公害问题的公开讲座，因为这样一个契机，1966 年她进入研究生院就读。此时的饭岛伸子 28 岁。福武直是战前在中国从事农村研究的日本领先的农村社会学和地域社会学大师之一，尽管公害问题不是他的研究对象，但福武直的学生们正在从事经济成长背后发生的地域社会矛盾问题的研究，饭岛伸子在那里进行了许多关于地域问题的学习。但是，当时公害问题被认为是自然科学的一个领域，而不是社会学的研究主题。② 饭岛伸子在研究活动开始之初，作为一名女性，工作之后又重返校园上学，并以公害问题作为研究课题，不管是哪种经验都是比较罕见的。这样的饭岛伸子一直努力向她从事公害研究的同事和社会学界展示着公害社会学研究的重要性。

饭岛伸子完成硕士课程后，在 1968 年获得了东京大学医学院保健学科保健社会学助理职位，但这个工作对于饭岛伸子来说并非称心如意的。因为东京大学医学院站在政府和大企业的立场，这与饭岛伸子站在受害者角度的立场完全相反。对于饭岛伸子来说，这是一个痛苦的工作场所，不过所幸她还是能够从事自己的研究活动。在东京大学医学院工作的十一年间，饭岛伸子去了足尾铜山矿毒事件、东京江东区六价铬

---

① 福武直是在日本社会学研究者中做中国研究的先驱者之一，与费孝通等中国学者有很多交流。在 20 世纪 80 年代中国恢复和重建社会学的时期，福武直率领日本社会学会友好访华团给予了支援。同时，福武直任职在日本设立的日中社会学会会长等，为了日中社会学交流尽心尽力。

② 关于这件事，饭岛伸子如是说："公害现象是高度复杂的，不仅仅是社会学，同样也是其他学科的研究对象。换句话说，应该把它放在边界的位置。"

污染、福冈县大牟田市三井三池煤矿煤尘爆炸、高知县高知市纸浆工厂废液污染、群马县安中市镉污染等事件的现场，进行了深入的调查研究。其中最让饭岛伸子费尽心力的是关于药害 SMON 的研究。所谓 SMON，是指服用了市面上销售的肠道调节药物而引起了全身麻、痛、视力受损等症状的疾病，也就是亚急性视神经脊椎末梢神经炎（Subacute Myelo – Optico – Neuropathy）。1960 年到 1970 年，全日本出现了约有 1 万名患者。这一时期的调查研究特别是药害 SMON 的研究，为饭岛伸子受害结构论奠定了基础。

还有一点值得注意，说到饭岛伸子在东京大学医学院做助理时期的活动，不得不提年表制作。饭岛伸子投入了巨大的精力去完成的《公害·劳动安全事故·职业病年表》（1977）[1] 在公害研究者及相关者中得到了很高的评价，并常被借鉴。[2] 它记录了从 1469 年到 1975 年大约 500 年的社会灾难历史，涵盖了公害、劳动安全事故和职业病，并在所有文章中清楚地显示了原始文献，这在当时可以说是付出了空前的努力。年表制作虽然是为研究所做的准备，但饭岛伸子在制作年表时带着问题意识，可以说年表不仅是一部年表，更是一部学术作品。[3]

实际上这次年表制作的工作不仅可以作为公害史研究，也与受害结构论的诞生有着密不可分的关系。正如饭岛伸子自己所说，年表制作对受害结构论有重要影响："去年，我以总结编制关于公害和劳动事故相关的时间序列年表为契机，调查了包括药害在内的这三种灾害的关联性。这是受害结构中对三者比较分析的一次尝试。"[4] 在动态把握伴随工业化、产业化出现的问题的同时，注意分析各种问题之间的相关

---

① 飯島伸子：《公害·劳災·職業病年表》，東京：公害对策技術同友会，1977 年。

② 饭岛伸子去世后，以船桥晴俊为中心，2007 年附上索引后再次出版。而且船桥晴俊组织了大规模的研究组，发行了收录世界动向的年表，并通过包括中国在内的海外学者的协助发行了英文版。经过这样的经验积累，船桥晴俊还制作了关于原子弹爆炸事故的年表。

③ 船橋晴俊：《飯島伸子 環境社会学のパイオニア》，《公害·環境研究のパイオニアたち：公害研究委員会の 50 年》，東京：岩波書店，2014 年，第 188 頁。

④ 飯島伸子：《公害·劳災·薬害における被害の構造：その同質性と異質性》，《公害研究》1979 年第 8 巻第 3 号，第 57～68 頁。

性，这是受害结构论的基础。①

3. 受害结构论的学术背景

如前文所述，饭岛伸子根据她在调查现场实际看到和听到的事实描绘和分析了受害状况，并建立了受害结构论的概念。换句话说，饭岛伸子提出的受害结构论概念，并非借由已有理论框架演绎形成，而是在实地研究获得的事实基础上归纳而成。另外，在饭岛伸子研究受害结构论时，生活构造论对她的思考有一定的影响。

在 20 世纪 50 年代末到 70 年代的日本，关于生活构造论的讨论主要在经济学和社会学领域。在经济学领域，"为什么人们在收入下降的时候即使减少饮食费用，也会继续社会文化支出呢"，基于这样的疑问，一些经济学家对贫困层和工人阶级的生活状况特别是对家庭财务状况进行了调查。② 在社会学领域中，研究者们用生活水平、生活关系、生活时间和生活空间等概念来比较和掌握不同地区、不同职业和不同阶层的生活行为。③

从青井和夫与松原治郎等福武直的学生开展的社会学讨论中，饭岛伸子获得启发，并将这一从个人生活实态讨论社会结构的理论作为受害结构论概念化的重要参考。不过，不同于其他研究者经常将生活构造论与一般系统理论相联系并进行讨论的做法，饭岛伸子在健康受害问题的框架内，并不是直接套用生活构造论，而是将重点完全放在了现场中的经验事实上。

二　受害结构论的理论模型

1. 基本视角和实例

受害结构论在上述的时代趋势、饭岛伸子对社会问题的独特看法

---

① 之后，1979 年饭岛伸子去了大阪府堺市的桃山学院大学，在那里从事头发的社会史研究。从 1991 年起作为东京都立大学环境社会学研究的第一人致力于研究。

② 中鉢正美：《生活構造論》，東京：好学社，1956 年。

③ 青井和夫、松原治郎·副田義也：《生活構造の理論》，東京：有斐閣，1971 年。

以及社会学的学术背景下诞生了。饭岛伸子以劳动灾害（三井三池煤矿煤尘爆炸①）、药害（SMON）和公害（熊本水俣病②）的研究为基础，展示了这三种事件的共通点。

虽然该理论原始版所依据的三个案例是不同类型的社会问题，但饭岛伸子发现其受害的扩展和衍生机制非常相似。此外，它们都有一个共同的原因，即基于资本主义逻辑追求经济利润的社会趋势。私营企业都有一个共同点，即优先考虑利益，而不是增加成本优化劳工管理和环境。当公司疏于注意工人的安全和管理工作时间时，工厂内部发生了事故，事故性质是直接伤害了工人的劳动事故。当环境污染的影响超出工厂范围，事故性质则是一个公害问题。区别只是在于它是发生在工厂内部还是工厂外部。如此，受害结构论适用于伴随着工业化、产业化在地域社会发生的多种受害问题。

受害结构论的基本思想是"根据受害者作为一个活生生的人的角度来掌握他们的损害和痛苦，而不是单单从生物，或者是作为人体的受害者来掌握"③。例如，在工厂工作时遭遇事故的人被认为是工人，而服用从药店购买的药品后遭受损害的人被认为是消费者。然而，这些人也是家庭中的父亲和母亲，并作为相互帮助的社会网络的一部分在社

---

① 1963 年 11 月 9 日，日本战后最大的事故发生在三井集团的一家公司经营的矿场（福冈县大牟田市）：458 人死亡，839 人因一氧化碳中毒。幸存者遭受后遗症的折磨，一部分人失去了记忆。

② 20 世纪 50 年代，熊本县水俣湾地区发生了有机汞中毒事件。最初，它被称为一种不明原因的"怪病"，但事实上，它是由氮公司水俣工厂的乙醛（acetaldehyde）生产过程中产生的含甲基汞的废水被排入水俣湾，以及渔民多年来食用被污染的海产品所导致。受害者的中枢神经系统受到影响，严重的还会死亡。第一批病例于 1956 年被正式确认，但氮公司拒绝接受与工厂污水的因果关系，国家和熊本县政府也忽视了污水排放。患者提起诉讼并取得了胜利，2004 年，最高法院裁定国家和熊本县对"未能防止损害的蔓延"负有责任。截至 2021 年，已有 2283 人被认证为水俣病患者，但仍有数万人未被认证。2009 年，《水俣病受害者救济法》颁布，为未经认证的水俣病患者提供救济，约 36000 人获得一次性付款和医疗费用。但是，有 1700 多人仍在诉讼中。1965 年，在新潟县的阿加诺河流域发现了罹患水俣病的患者，这被称为新潟水俣病。

③ 舩橋晴俊：《公害問題研究の視点と方法——加害・被害・問題解決》，舩橋晴俊、古川彰編《環境社会学入門：環境問題研究の理論と技法》，東京：文化書房博文社，1999 年，第 98 頁。

区中度过日常生活。为了了解社会性受害，我们需要考察他们生活的各个方面。饭岛伸子从受害者和当地居民的立场出发，系统掌握了他们实际的生活状况。基于对实际情况的理解，她归纳出了受害扩展和衍生的社会机制（图 1 为笔者对饭岛伸子的论点进行简化后的示意图）。

下文基于滨本笃史前期对受害结构论梳理的研究成果①，阐述受害结构论的核心观点。受害结构论自 20 世纪 70 年代中期被提出以后，已经经过了多次修订。例如，在饭岛伸子 1982 年的研究成果②中，除上述的三种事例外，增加了对痛痛病、铬中毒、森永砷奶事件③和金美油病事件④的研究，在此基础上饭岛伸子对 70 年代提出的受害结构论做出了进一步的修订。所以，笔者基于饭岛伸子的第一本完整的著作《环境问题与受害者运动》（1984）⑤ 来说明受害结构论的核心观点。⑥ 根据饭岛伸子在这本著作中的说法，受害结构包括受害层次（日语称为"被害レベル"）⑦ 和受害程度（日语称为"被害度"）。

---

① 浜本篤史：《被害構造論と受益圏・受苦圏》，鳥越皓之、带谷博明編《よくわかる環境社会学》，京都：ミネルヴァ書房，2009 年，第 150～152 頁。

② 飯島伸子：《食品公害における 被害構造》，《国民生活研究》第 21 巻第 4 号，1982 年，第 11～20 頁。

③ 1955 年，日本最大的食品制造商之一森永集团旗下的森永乳业公司的德岛工厂在生产婴儿配方奶粉的过程中意外地引入了砷。急性砷中毒导致 130 名婴儿死亡，影响了 13000 人的健康，受影响人群主要在日本西部。1969 年，大阪大学对受中毒影响的儿童进行的后续研究表明，他们患有脑瘫、智力迟钝和其他后遗症，这使人们再次关注这一问题。1973 年，一群受害者、森永乳业及卫生和福利部同意采取永久性的救济措施，包括提供终身生活支持。

④ 日本最大的食品污染案件是在 1968 年 10 月被发现的。化学品多氯联苯（PCB）和二噁英被混入金美仓库（カネミ倉庫：福冈县北九州市）在日本西部销售的食用米糠油中。它引起了各种各样的症状，包括内脏、皮肤和神经疾病，这导致它被称为"疾病的百货商店"。约有 1.4 万人抱怨有健康问题，但日本全国只有 2350 人被确认为患者（截至 2020 年底）。

⑤ 飯島伸子：《環境問題と 被害者運動》（改訂版），東京：学文社，1993 年。

⑥ 包智明（2010）根据饭岛伸子在 1976 年发表的一篇论文，对受害结构的相关关系进行了清晰的解释。本文基于饭岛伸子的第一本完整的著作《环境问题与受害者运动》（1984）阐述受害结构论的核心观点，包含饭岛伸子本人在 1976 年以后对该理论的修订，所以这里的解释与包智明有些不同。

⑦ 饭岛伸子在这里所说的"被害レベル"在日语中也有些含混不清。如果我们把它翻译成中文，它可能是某个"等级"或"阶层"，也可能是一个空间的"范围"。在这里借鉴李国庆（2015）的文章，使用"层次"一词。参见李国庆《日本环境社会学的理论与实践》，《国外社会科学》2015 年第 5 期。

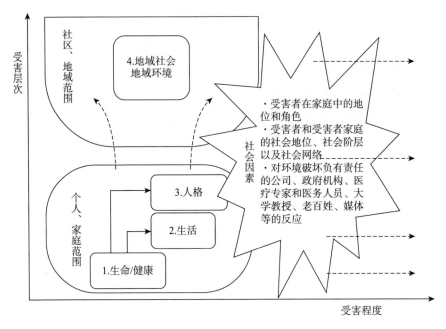

图 1　受害结构

2. 四个受害层次

个人、家庭范围内的受害层次具体分为三个层次：（1）生命/健康；
（2）生活；（3）人格。例如，在公害受害中，受害者的健康状况受到
损害，有时甚至会死亡。不言而喻，健康受损和身体残疾是一种巨大的
痛苦。在医生的诊断中，受害当然只意味着对健康的损害。然而，饭岛
伸子认为，更广泛意义上的社会受害并不仅限于此，对健康的损害只是
综合性受害的起点。

第二种受害是生活上的受害。实际上，因为健康状况不佳和肢体残
疾，家庭经济会遭受影响，而且家庭内部的关系和角色也会受到影响。
例如，如果受害者是家庭的经济支柱，那么家庭将很快陷入困境。如果
受害者是家庭中负责家务的成年人，那么孩子们就必须接过这个角色。
家庭的生活计划，如何时上学、找工作、结婚等，也会受到阻碍，因为
无法确定何时能治愈疾病或何时能得到赔偿。这有时会妨碍家庭成员
追求自己的梦想。饭岛伸子特别关注这种生活上的影响。

第三种受害，对人格的影响，可能比前两种更难想象。在这里，饭岛伸子特别列举了她研究的三井三池煤矿的实例。卷入事故的矿工遭受了一氧化碳中毒，而中毒的后遗症导致了一种可以说是人格上的改变。例如，其中一位妻子觉得，"我的丈夫在事故发生前是一个温和的人，从不生气，但事故发生后，他总是生气，他的脸变成了另一个人"。大脑和神经系统受到工业事故或医药品伤害的影响，后遗症导致了非常不同的人格。除此之外，受害者往往会想"为什么我遇到这么糟糕的事情""为什么没有人承认我受害""为什么政府不照顾我"，这导致了对社会的越来越不信任。受害者的经济困难也可能使日常生活变得令人不舒服和烦躁，进而影响到他的人格。

虽然上述这些都发生在个人、家庭范围内，但人们的受害状况也经常向外蔓延进而出现地域社会、地域环境的受害，即第四层次的受害。其中特别重要的是歧视问题。人们因健康、生活、人格受害遭受极大痛苦的同时，非但没有得到立即的救济，还经常受到歧视，可谓承受着"双重痛苦"。

为什么会发生这种情况？我们可以通过熊本县水俣病案例来理解这一问题。在水俣病的发生地熊本县水俣市，排放污染物的氮公司（Chisso cooperation）是当地一家大型公司。它支持了当地政府的财政，并为当地的劳动力就业做出了巨大贡献。大多数有机汞中毒的受害者是渔民，他们在水俣市处于边缘社会阶层。两个群体的权力存在很大差异。同时，轻度和中度患者的健康问题只有他们自己能够理解，如手脚颤抖和麻木，感觉障碍使患者难以感觉到冷热，并且视力狭窄等，但这类患者仍然可以走动，在别人看来很健康。所以在一些人的偏见之下，这类受害者往往被视为"假病人"，并没有多少痛苦，只是为了赚钱而起诉。如此，在许多水俣市民看来，氮公司对当地经济很重要，渔民们则是自私的指责者。在水俣市，这些没有任何过错的受害者不仅被中伤，甚至走在街上时会突然被陌生人推倒。

除了受害者和社区普通民众之间的一些人际冲突，在受害者之间也存在冲突。在水俣市，绝大部分受害者最初往往不会要求赔偿或起诉政府或公司。这是因为受害者认为，即使他们或者说像他们这样的人采取行动，政府或公司也不会听取他们的声音、给予任何帮助或赔偿。尽管如此，仍有少数人敢于站起来起诉。这些人在当地社区中面临偏见和被歧视的巨大风险。而当判决书承认了政府或公司的责任，这些发起诉讼的第一批人得到了赔偿后，没有参与起诉的一部分人在心理上受到鼓励，也开始主张自己的要求，说"我们也是受害者"。虽然同样都是受害者，但有时第一批和第二批受害者之间存在裂痕。对从一开始就站起来的人来说，那些后来者被视为"免费的搭便车者"。另外，政府和公司往往设有严格的标准来认定受害者，所以那些没有得到承认的后来者可能会嫉妒那些早期获得赔偿的人，说"我们受到了不公平的待遇，尽管我们遭受了同样的损害"。由于上述原因，当居民们彼此不和，出现情感裂痕后便很难恢复。

因此，受害结构论很好地解释了健康损害的负面"螺旋"，它从一个健康损害开始，各种损害像多米诺骨牌一样一个接一个地倒下。

3. 受害程度及相关社会因素

在以上四个受害层次上发生的受害程度，即受害的严重程度，不仅由身体状况和身体残疾程度决定，还受到各种社会因素的极大影响。在这些社会因素中，首先是内部因素，即健康受害的程度，健康受害者在家庭中的角色和位置，受害者本人或他的家庭的社会地位/阶层以及他所属的群体。正如在受害层次中已经提到的，对家庭生活的实际影响取决于哪些家庭成员受害。家庭的贫富状况同样是一个重要因素，虽然富裕家庭可能暂时能够自费负担治疗费用，但贫困家庭没有同样的机会。此外，如果受害者的家人或亲戚与政府或企业有联系，可以更好地了解这些机构如何努力处理问题，也更有可能了解到这些机构提供的免费健康检查和咨询服务等。一般来说，受害者很难知道自己该怎么做才能摆脱困境，但如果他们与化学或法律专家有联系，就可能会得到一些解决问题的建议。概言之，受害者及其家人所属的社会阶层以及他所属的群体不同，可以用来做决定的信息量有很大差别。弱势群体得不到治疗所必需的信息、没有足够的经济基础，导致跟其他受害者相比，他们得到救助的可能性变小。

除此之外，还有一些外部因素，例如，肇事企业、政府、医疗专家、大学教授、老百姓和大众媒体等行为者。加害者是否会真诚地回应，政府是否会及时回应等，这些都是影响因素。这些行为者中既有支援活动的主要参与者，也有以冷漠的眼光看待受害者的。有时，一群科学家只会为一家公司或政府说话，不会帮助受害者；有时，许多研究人员会支持受害者。大众媒体在增加公众舆论方面给受害者鼓励和帮助，但耸人听闻的报道常常也在进一步伤害受害者。

如果以这种方式来考虑受害者的受害问题，我们可以更加清楚地理解迄今为止人们尚未形成清晰认知的社会性受害。饭岛伸子明确指出，假设有两名患者被医学诊断为具有相同等级的健康问题，这两名患者的社会损坏并不一定处于相同等级，而是因其周围社会环境的不同而不同。饭岛伸子的受害结构论阐明了上述损坏的多样性以及因此而扩展的多层性质。

三　加害结构和损害忽略

1. 从受害结构分析到加害结构分析

饭岛伸子为阐明受害结构并对其概念进行概念化做出了很多努力，但她也早早注意到加害机制的存在。在她看来，对劳动者、消费者和当地居民造成损害的原因不仅来源于加害公司，就容许企业的加害行为而言，没有起到监督作用的国家和地方政府也有责任，在一些事例中，诸如医生之类的专家集体也负有责任。例如，水俣病的来源企业氮公司，不采取预防措施，即使发现问题后也不承担责任，还对加害行为予以隐瞒，政府也没有采取污水处理措施，这导致了疾病的蔓延。这类只追求利润的公司，以及不进行监管的国家和地方政府，与整个社会的状况一起，构成了加害机制。根据这一事实，对加害结构的分析是解决问题的关键，因为"加害结构不消失就无法消除受害结构"①。从这一观点出发，船桥晴俊在与饭岛伸子新潟水俣病的共同研究中，阐明了不仅存在受害结构论中所阐述的各种直接伤害，还存在进一步的附加性受害、衍生性或者说派生性的受害，以及长期被忽视这样的受害。② 在船桥晴俊看来，这些都是"政府失败"的表现。他指出，由一群"负责"的政治家和行政机构组成的政府，由于其固有的缺陷和局限性，往往不能解决问题。基于饭岛伸子、船桥晴俊等研究者从受害结构分析到加害结构分析的探索，在日本环境社会学中，加害结构和受害结构被定位为一组概念。

2. 加害结构分析的发展和深化

与受害结构分析一样，加害结构分析也是通过对日本环境冲突的实例分析展开的。一个特别重要的社会问题在 20 世纪 90 年代初凸显出来，即濑户内海的丰岛上发生的非法倾倒工业废物事件。毋庸置疑，这家非法倾倒约 90 万吨废物的企业受到了批判，但是为什么拥有管理监督权的香川县政府忽视了这一点，为什么在发现问题后很长时间没有采取行动呢？香川县政府的默许、沉默的态度使情况变得更糟。换句话说，香川县政府是一个行为者，是加害结构的一部分。这是探明加害结构论需要探讨的课题。对于香川县政府来说，工业废物处理设施是一种环境保护设施，在当时的法律体系中，工业废物处置处理是中央政府的委托工作，而不是香川县自身的职责，因此香川县政府对保护其居民免受工业废物侵害的意识很弱。在这种背景下，可以说行政指导没能发挥作用。这个事件使环境社会学家们认识到加害结构分析的重要性。在环

---

① 饭岛伸子：《地球環境問題時代における 公害・環境問題と 環境社会学：加害 - 被害構造 の視点から》，《環境社会学研究》2000 年第 6 号，第 5~22 頁。

② 舩橋晴俊：《公害問題研究の視点と方法：加害・被害・問題解決》，舩橋晴俊、古川彰編 《環境社会学入門：環境問題研究の理論と技法》，東京：文化書房博文社，1999 年。

境社会学领域，藤川贤等也形成了相关成果。[1]

对加害结构的探索进一步深化了。具有代表性的著作是饭岛伸子、渡边伸一和藤川贤从对痛痛病等镉中毒的研究中，发现了政府、公司和整个社会对受害者不承担责任的现象。[2] 加害结构包含附加性受害（日语中是追加性受害，其形式包括否认因果关系、否认损害）和忽视受害（低估受害），而结果就是衍生了潜在损害和冷漠。而且受害的低估即使是在加害责任主体承认受害者诉讼判决的结果并且做出相应回应的情况下也有可能发生。这是因为，即使加害企业或行政组织对此负责，经济上也无法提供无限的赔偿。此外，藤川贤、渡边伸一和堀畑指出了解决过程中的问题。当问题整体朝着解决问题的方向进行时，也往往有一些问题和人员被忽略。[3]

例如，在 1959 年的水俣病事件中，加害企业氮公司提供了"慰问"金额非常低的"慰问金合同"。在这个阶段，氮公司虽然已经知道这是由工厂废水造成的，却将其隐瞒拒不承认，并在慰问金合同中设立了"将来即使发现更多相关性问题，也不能再要求赔偿"这一附加条件。换句话说，这不是承认责任的赔偿，而是低价的"同情费"。此后，熊本地方法院于 1973 年裁定氮公司水俣工厂作为合成化学工厂，没有尽到必需的警告义务，并且裁定慰问金合同无效。经过这次判决，患者申请的数量急剧增加，但是由于环境局对患者认定范围的缩小，长期以来出现了许多"未经认证的患者"，成为未解决的问题。终于在 1995 年村山富市的政权下与患者团体达成了一次性付款的协议。彼时，长期困扰的问题终于有了一个结论，因此许多人认为它"已解决"。但并非所有问题都得到

---

① 藤川賢：《産業廃棄物問題：香川県豊島事件の教訓》，舩橋晴俊編《講座環境社会学 2 加害・被害と解決過程》，東京：有斐閣，2001 年，第 235～260 頁。

② 飯島伸子、渡辺伸一、藤川賢：《公害被害放置の社会学：イタイイタイ病・カドミウム問題の歴史と現在》，東京：東信堂，2007 年。在出版时，饭岛伸子已经去世，但由于该书是基于她生前的研究，所以饭岛伸子是作者之一。

③ 藤川賢、渡辺伸一、堀畑まなみ：《公害・環境問題の放置構造と解決過程》，東京：東信堂，2017 年。

了解决，行政责任仍不明确，一些诉讼仍在继续。这里重要的一点是，在认为重大问题已经解决的情况下，其他问题很容易被忽略。

这些"解决方案"是在加害企业尚存的前提下，中央政府解决问题，同时企业避免了赔偿责任。尽管它看起来像是"解决方案"，但对于那些被忽略的人来说，是"政府帮助别人，却不照顾我们"，他们指出的"在解决过程中的忽视"具有重要的意义。

3. 加害－受害结构论的意义

加害－受害结构论具有重要的学术和社会贡献。简而言之，一方面，它可视化了受害的实际情况。这不仅限于基于医疗诊断的身体伤害，还包括社会性损害和痛苦；另一方面，它还呈现了公司和政府在这些事件中是如何参与的，而不仅仅关心那些法律上可问责的问题。

为什么了解这一切很重要？因为应该承担责任的公司和政府组织尽力地规避调查，不愿意开展受害调查。这也是因为他们往往低估或无视受害情况，故意地隐藏加害行为以及行政部门的不作为。在这里，社会学理解是极其有必要的。

受害者方面也有很多"隐藏受害"的情况。对于那些认为受害者会理所应当地指控并要求赔偿的人来说，可能无法理解这一点。但是，在日本发生公害的地区，"受害者掩盖自己的受害事实"的情况非常普遍。受害者通常会受到周围群体的歧视，受到不平等对待及精神上的攻击，因此一部分受害者选择以"隐藏受害"来进行自我保护。① 这一事实也为支撑受害结构论做出了一个贡献。实际上，在污染地区，即使污染本身停止了，补偿问题和人际关系问题仍然在很长一段时间内存在，有时甚至比身体健康问题更严重。此外，污染患者的健康危害既包括一些常见的、显在的类型，但就数量而言也有许多隐性的慢性损伤类型，受害结构论在综合、全面地找出各种类型的危害方面很出色。

---

① 舩橋晴俊：《公害問題研究の視点と方法：加害・被害・問題解決》，舩橋晴俊、古川彰編《環境社会学入門：環境問題研究の理論と技法》，東京：文化書房博文社，1999 年，第 99 頁。

最后，加害－受害结构论相关的一部分研究结果已经在一些场合被直接或间接应用。在一些场合，研究人员以出具证词和提出建议的形式参与。饭岛伸子本人从居民和患者的立场出发，在高知纸浆案审判、药害 SMON 病赔偿诉讼和美发导致的健康损害审判中作证。在东日本大地震和福岛核电站事故议题中，出现了以受害结构论为基础的各种实践建议。比如，日本环境社会学会在 2020 年 9 月发表了《关于自福岛第一核电站事故发生以来的 10 年，如何救助受害者》的理事会声明。该声明首先指出，国家核灾害赔偿纠纷审查委员会所采取的方法并不包括所有的受害案例，并建议当事企业、行政以及司法的相关部门应该避免几点风险：（1）受害情况被低估；（2）潜在的受害被遗忘并且无人关注；（3）本来应该是"基于受害情况的赔偿"变成"基于赔偿总额的受害认定"。我们可以看到，这些建议中的要点都是基于受害结构论的认知积累。

四　对受害结构论的批评

饭岛伸子的受害结构论往往被认为是已经完成的分析模型。确实，随着 20 世纪 90 年代初期环境社会学的制度化，这一概念具有环境社会学的代表性理论的地位。到目前为止，对受害结构论还没有很多直接的批评，但是可以整理出一些观点，从中可以看到在受害结构论中，与受害的动态变化相关的观点没有被充分考虑。根据滨本笃史 2015 年在日本《环境社会学研究》上发表的研究成果与 2022 年即将出版的《环境社会学事典》，[1] 让我们看看以下三点。

1. 受害并不总是从生命和健康问题开始的

其一，受害的起点问题。饭岛伸子的受害结构论以生命和健康的受

---

[1]　浜本篤史：《戦後日本におけるダム事業の社会的影響モデル：被害構造論からの応用》，《環境社会学研究》2015 年第 21 号，第 5~21 頁；浜本篤史：《被害構造論の理論的課題と可能性》，《環境社会学事典》，東京：丸善出版社，2022 年即将出版。

害为出发点，但实际上，受害过程取决于问题的特征。饭岛伸子认为家庭、生活、性格上的受害和社区中的歧视，并不总是以生命和健康受害的发生为前提，即使生命和健康问题没有发生，这些家庭、日常生活、性格和社区中的歧视问题也会发生。① 这将是自然的。关键是要理解社会意义上的损害和痛苦，以及它的多样性和多层次性，不一定要假设生命和健康受害是受害层次中的起点。

鹈饲照喜在一项以冲绳县新石垣机场的建设为例、以日常影响为研究问题的研究中发现，地区分裂甚至在建造开始之前就已经发生了。他在文章中写道"在自然破坏直接浮出水面或对人们的健康造成影响之前，它（地区分裂）将会被一直忽略"。② 像这样不是或不会因为健康受害而被发现的地区社会性受害，探明其社会和精神损害的结构才是环境社会学的一大课题。在滨本笃史关于岐阜县德山大坝搬迁居民受害过程的研究③中，水坝搬迁居民在项目进展的每个阶段，受害特征各不相同，即使在搬迁 10 年后，若让他们再对大坝进行重新审视和讨论，仍然会带来巨大的精神受害。换句话说，即使没有对生命和健康形成损害，也仍然可能有大量的精神痛苦。

2. 与问题变迁相对应的受害特征还没有得到解释

其二，在饭岛伸子的受害结构论模型中，问题发展中的阶段性受害过程是模糊的。例如，公害事例有问题潜在阶段、诉讼阶段、判决阶段等，不同阶段出现的受害特征有一定的模式，但受害结构论并没有纳入这一点。

当然，饭岛伸子本人也非常注意事例内在的社会问题的变化。例如，在分析新潟水俣病问题时，饭岛伸子从"受害的开始"，到"第一

① 飯島伸子：《被害の社会構造》，宇井純編《技術と産業公害》，東京：東京大学出版会，1985 年，第 155 頁。
② 鵜飼照喜：《環境社会学の課題と方法》，飯島伸子編《環境社会学》，東京：有斐閣，1993 年，第 203 頁。
③ 浜本篤史：《公共事業見直しと立ち退き移転者の精神的被害：岐阜県・徳山ダムの事例より》，《環境社会学研究》2001 年第 7 号，第 174～189 頁。

阶段受害"（身体/精神/人际关系），再到"第二阶段受害"（地域社会关系），最后到"最终受害"（生命结构损害），展示了整个受害情况。① 然而，她没有直接解释这些损害和痛苦的特征分别对应于新潟水俣病的问题变迁中的哪个具体的时期。

事实上，社会学研究中的一些经验证据表明，在许多环境污染的案例中，存在一定的问题变迁和阶段过渡模式。起初，应该负责的公司和政府往往低估了损害和痛苦，并逃避责任。一旦原告获得一定数额的赔偿，许多受害者会加入第二轮诉讼。然而，在那个时候，政府严格化了受害认定的标准。正是在这一节点上，"假病人"的问题以及对参与诉讼的人的偏见歧视问题加剧了。饭岛伸子所说的"第二阶段受害"（地域社会关系）在这个节点上表现得很明显，而在此之前很少发生。因此，有可能通过将问题转换的时间与各种类型的损害的特征对应起来，进一步发展受害结构的理论。

在对痛痛病事例的研究中，渡边伸一和藤川贤指出"在职业病时期和矿井中毒理论开始渗透到该地区的时期，歧视的含义是不同的"②。最初，人们认为痛痛病是农民特有的职业病，但在 1957 年宣布该病是由上游工厂排放的含镉（Cd）废水引起的重金属中毒后，这种歧视逐渐从有病人的家庭扩散到整个地区，如人们抵制购买富山县生产的大米。③ 正如滨本笃史提出的观点，可以结合问题的长期变化来把握各种受害的现实。④

---

① 飯島伸子、舩橋晴俊編《新潟水俣病問題：加害と被害の社会学》，東京：東信堂，1999年，第 195～197 頁。

② 渡辺伸一、藤川賢：《イタイイタイ病をめぐる差別と被害放置》，飯島伸子、渡辺伸一、藤川賢編《公害被害放置の社会学：イタイイタイ病・カドミウム問題の歴史と現在》，東京：東信堂，2007 年，第 257 頁。

③ 渡辺伸一、藤川賢：《イタイイタイ病をめぐる差別と被害放置》，飯島伸子、渡辺伸一、藤川賢編《公害被害放置の社会学：イタイイタイ病・カドミウム問題の歴史と現在》，東京：東信堂，2007 年，第 257 頁。

④ 浜本篤史：《戦後日本におけるダム事業の社会的影響モデル：被害構造論からの応用》，《環境社会学研究》2015 年第 21 号。

3. 不包括解决过程中的变化

其三，受害结构论没有抓住受害者克服受害的过程和解决问题的发展过程。[①] 确实，当只专注于把握受害结构时，容易忽视对解决过程的探索。这会导致将受害者永远归类为"受害者"的问题。虽然受害者经常走出受害者的角色和位置，作为行动者和实践者来解决社会问题，但受害结构论的一个局限是往往将受害者视为固定的"受害者"。

五 应用与发展

受害结构论未来的发展潜力不仅局限在狭义的环境社会学研究中，还将扩展到其他领域的研究中。在这里，我将简要地从以下三个方面探讨受害结构论的应用范围及其相关问题。

1. "经济优先社会"带来的健康损害

首先，不是在新领域的展开，而是回归到原点。饭岛伸子长期以来研究在资本主义的逻辑下，因优先追求经济利益而造成的健康危害。但是自 20 世纪 90 年代以来，随着环境社会学的制度化发展，饭岛伸子本人过去一直致力研究的"美发师的健康受害"从"环境问题"这一类别中消失了。[②] 饭岛伸子曾透露，美发师因在工作中使用化学烫发和染料而患有皮肤疾病。公众对这个问题很少关注，但这是经济繁荣和人们享受时尚发色的代价之一。饭岛伸子本人将这项重要的研究更多地定位为工人的健康问题，并没有将其定位为环境社会学的研究，所以今天环境社会学中这类研究并不多见。但是，由化学物质（如石棉、新房综合征、防止腐烂的农药和食品添加剂等）造成的健康危害，是环境社会学可以发挥其功效的领域。此外，从消费的角度进行的研究也不

---

① 堀田恭子：《新潟水俣病問題の受容と克服》，東京：東信堂，2002 年；早川洋行：《ドラマとしての社会運動：社会学者がみた栗東産廃処分場問題》，東京：社会評論社，2007 年。

② 友澤悠季：《"問い"としての公害：環境社会学者・飯島伸子の思索》，東京：勁草書房，2014 年。

够。为了维持整个社会丰富的消费生活，往往会出现环境破坏和工人健康问题（例如，24 小时便利店的深夜工人的身体健康和大量食品浪费问题），但现有的环境社会学并没有从这个角度进行深入思考。

2. 扩大适用于全球环境问题

其次，是对全球环境问题的应用。日本环境社会学会成立（1992）[①]的背后，是全世界对全球环境问题的关注。饭岛伸子将解释受害结构论如何能够有效地分析全球环境问题作为研究任务。在这一时期，日本人有一种看法，认为公害是过去的问题，而主要研究公害问题的受害结构论在分析全球环境问题时也是无用的。[②] 然而，饭岛伸子并没有放弃这个分析框架。相反，她认为该模型在分析全球环境问题时更加有用。在这个解释中，饭岛伸子认为，"全球环境问题"的话语自 20 世纪 90 年代以来得到加强，而且我们谈论全球环境问题时，好像世界上每个人都有责任，每个人都受到影响。但事实上，即使在被称为全球环境问题的现象中，加害者和受害者之间的关系也往往是明确的。正是该理论模式使全球环境问题的结构更加清晰。

饭岛伸子本人在其第一本环境社会学教科书《环境社会学》（1993）[③]中将"国际环境破坏"和"全球环境破坏"定位为受害结构论的延伸。她在晚年（2000）提出了自己的分析观点（见表 1）。饭岛伸子指出所谓最基本的因素"现代化程度差距"是指发达国家对发展中国家的自然资源和劳动力的剥夺。她特别解释说，"公害出口"的现实——将工厂从有严格环境法规的日本迁往海外，造成环境污染——是由于过度相信"现代化程度差距"的思想。饭岛伸子之后，有一些研究使用了

[①] 在 1990 年 5 月成立环境社会学研究小组之后，于 1992 年 10 月成立了环境社会学会，饭岛伸子被选为首届理事长。

[②] 受害结构论在环境社会学的学术制度化过程中往往被认为是污染问题的分析工具，饭岛伸子本人也承认，"加害－受害结构的分析框架，以及受益圈与受害圈的概念，作为公害问题的分析，它尤其锋利"。参见饭岛伸子《地球環境問題時代における公害・環境問題と環境社会学：加害－被害構造の視点から》，《環境社会学研究》2000 年第 6 号。

[③] 飯島伸子編《環境社会学》，東京：有斐閣，1993 年。

加害－受害结构模型，但目前尚没有形成更进一步的理论上的发展，有待进一步的突破。

表 1 国际公害·环境问题的要因和加害－被害关系

要因	加害主体	被害主体
现代化程度差距要因	高度现代化国家	现代化发展中国家
助长要因 1 产业差距要因	第二次产业 基础设施建设	第一次产业
助长要因 2 地域差距要因	城市	农村
人种·民族差距要因	支配的人种·民族	原住民 少数民族
军事力差距要因	强大军事国·集团	弱小军事国·集团
阶层差距要因	精英集团	非精英集团

此外，饭岛伸子对国际环境问题加害－受害关系的讨论，倾向于强调加害－受害的宏观关系，而不是了解事例内在的受害实际情况，并且容易忽视对受害结构论的现实分析。[①] 即使在讨论日本也参与的森林、矿产资源、食物和废塑料时，也要首先关注受影响的家庭和当地社区，并在每个问题阶段都了解涉及的因素以及与加害者的关系。未来在将这一理论模型应用至国际环境问题领域时，需要在这一方面给予重视。

3. 东日本大地震后重新聚焦

最后，是扩大对诸如灾害研究等社会问题的应用。在对 2011 年东日本大地震和福岛核电站事故的研究中，该模型重新受到关注，诞生了很多基于加害－受害理论的研究。环境社会学会还成立了一个专门研究地震和核事故的委员会，该委员会在过去的十年中一直很活跃，其研究成果经常在日本的《环境社会学研究》杂志上出现，受害结构论在他们的研究中也经常被提及。此外，环境社会学家如船桥晴俊和堀川三

---

① 友澤悠季：《"問い"としての公害：環境社会学者·飯島伸子の思索》，東京：勁草書房，2014 年。

郎已经出版了福岛核电站事故和避难行为的年表。①

　　关于此案有大量的研究，总体而言，形成了以下较为重要的研究发现。其一，家庭避难地点的选择对受害结构有很大影响。例如，福岛县许多有小孩的家庭，担心辐射对健康的危害，只避难了母亲和孩子，丈夫则留在东北的家乡工作。在这种情况下，家庭在地理空间上被分开，相关的损害和痛苦与那些家庭成员没有分开的家庭不同。灾后一段时间后，这部分外出避难的人群还要做出一个重大决定：是回到以前的居住地重建生活，还是继续在避难地或新的地方生活。

　　其二，政府支援和社会关注的重点是那些明显遭受严重损失的家庭和地区，如家人死亡、受伤和房屋损坏，看不见的不安全感和未来的健康风险往往被忽视了。此外，物质损失较小的家庭和地区，实际上正在遭受痛苦，也不太可能获得政府照顾。这种情况类似于前文所说的"解决过程中的忽视"的现象。关于受害结构的起点问题，可以说它不是从生命/健康问题开始，而是从无形的恐惧和风险开始。福岛核电站事故的另一个特点是，辐射的健康风险是长期的，持续几十年。此外，即使在没有受到实际影响的地区，也存在无法销售农产品和海洋产品的"声誉损害"（受害于不实流言），因为整个东北地区，甚至整个日本，都被外国视为危险，被消费者避开。

　　对辐射风险的认识因人而异，甚至科学家们也有不同的认知，没有形成确定的观点。因此，在健康危害不明确的情况下，人们如何感知或不感知风险的认识论是该实例分析的关键之一。饭岛伸子的模型是基于这样的假设：健康损害对每个人来说都是显而易见的。但在东日本大地震和福岛核电站事故的情况下，这个假设不一定成立。同样，居民和外部观察者对受害的看法往往不同，加害者和受害者并不总是可以区分的，而是可以有两个方面，而且两者可能是可以互换的，这些事实并

---

① 原子力総合年表編集委員会編《原子力総合年表：福島原発震災に至る道》，東京：すいれん舎，2014 年；原発災害・避難年表編集委員会編《原発災害・避難年表》，東京：すいれん舎，2018 年。

没有被直接纳入原来的受害结构论模型中。①

六 结语

综上，本文讨论了受害结构论的产生背景、理论模型及其发展、不足之处、应用及问题。受害结构论作为日本环境社会学中最具代表性的理论之一，可以说其发展的可能性仍是广阔的。友泽悠季表示："饭岛伸子的成就在环境社会学中是不可动摇的，但在整个社会学领域只是非常小的一部分。"② 环境社会学还处在成长阶段，尚未发展成熟，这既是现在的问题，也代表着未来的可能性。如果我们将加害 – 受害议题放在较为宏观的层面上进行讨论，还应该结合船桥晴俊提出的"受益圈/受害圈理论"。

可以通过受害结构论来理解许多社会现象。例如，在 2020 年新型冠状病毒感染的蔓延中，不仅有直接的生命和健康风险，还有对感染者的攻击，对疫情蔓延地区住民的偏见，因为周围人的眼神、看法而自觉在家的人们的这些行动，可以灵活运用环境社会学的研究来解释。③ 在灾害研究领域的各种讨论中，受害结构论是适用的。甚至在为家暴而烦恼的家庭，被卷入交通事故、犯罪的家庭等现象中，受害结构论也具有广泛的适用性，更不用说关于发展和环境问题的社会学研究。现在该方法尚未被广泛应用于海外案件，期待未来应用于中国的事例分析及国际比较研究，也包括全球环境问题。当然，有一种观点认为，不断扩大应用案例使受害结构论失去其本身的意义，或者我们应该构建一种新

---

① 浜本篤史：《被害構造論の理論的課題と可能性》，《環境社会学事典》，東京：丸善出版社，2022 年即将出版。然而，堀川三郎指出，只关注这样的认识论会削弱受害结构论的原始意义，参见堀川三郎《日本における環境社会学の勃興と"制度化"：ひとつの試論》，《法学研究》2017 年第 90 卷第 1 号。

② 友澤悠季：《"問い"としての公害：環境社会学者・飯島伸子の思索》，東京：勁草書房，2014 年，第 91 頁。

③ 浜本篤史：《コロナ禍と環境社会学》，《環境社会学研究》2020 年第 25 号，第 1 頁。

的受害理论。

　　船桥晴俊这样评价饭岛伸子，"日本社会学如何本土化，如何有日本特色，这是许多人应该考虑的问题，而饭岛伸子老师的理论就是一个答案"①。船桥晴俊将饭岛伸子的受害结构论描述为"对公害的愤慨和批评，是直面解决此类社会问题、涉足该领域并取得学术成果的基本姿态"②。毫无疑问，受害结构论是环境社会学的一项宝贵知识财富。

　　　　附：衷心感谢陈阿江教授为本文提出许多建议。非常感谢罗亚娟副教授和魏媛媛（日本东洋大学社会学部研究生）为我完成中文版本提供的帮助。另外，本文的写作与日本环境社会学会《环境社会学事典》（将于 2022 年出版）的编辑工作同时进行，与友泽悠季和该书的其他作者的讨论为本文的写作提供了参考。

---

① 舩橋晴俊：《飯島伸子先生の歩みと環境社会学の方法》，《環境社会学研究》2002 年第 8 号，第 217～220 頁。
② 舩橋晴俊：《飯島伸子先生の歩みと環境社会学の方法》，《環境社会学研究》2002 年第 8 号，第 217～220 頁。

灌溉治理中的政社关系与制度拼图

——基于青铜峡灌区 30 个行政村的比较分析

王　雨[*]

　　摘　要：灌溉治理作为农村核心的公共事务，承载了政府、社区、社会组织、村民等主体间的复杂权力关系，也衍生出多元的灌溉制度形态。在市场化、城镇化、农业现代化等改革背景下，灌溉治理中的政社关系演化及其与灌溉制度的相互塑造，成为理解国家权力和水治理的重要切口。本文基于青铜峡灌区 30 个行政村的田野调查，发现单中心、多中心、官僚化和个体化等多种灌溉制度形态并存；而每种制度形态的产生与发展又嵌入不同的组织、任务、治理结构中，从而形成差异化的制度图景。在批判制度主义视角下，本文指出灌溉制度并非单纯的人为设计产物，而是在变化的政社关系中由多元主体自觉或不自觉地拼装而成。这一结论挑战了西方中心语境下主流制度主义文献对制度的僵化理解，为中国情境下基层水治理形态的多样性、复杂性和创新性做出了新的解释和理论化呈现。

＊　王雨，南方科技大学社会科学中心副教授。

关键词：灌溉　政社关系　制度拼图　水治理　批判制度主义

一　问题的提出

灌溉用水的供给分配、灌溉设施的维护管理、用水者的利益和矛盾协调等灌溉治理议题是我国农村核心的公共事务。它们承载了政府、社区、社会组织、村民等主体间的复杂权力关系，也衍生出多元的灌溉制度形态。这些灌溉制度不仅需要支撑多元主体间的合作和协调，以纠正公共资源系统中的短视和投机行为，还需要适应快速变化的社会、经济、政治和生态条件，以保证灌溉系统在面临各种挑战时仍能稳定运行并维持原有功能。

现有的灌溉治理研究多受奥斯特罗姆的开创性研究启发，[①] 主要关注制度设计，探讨哪些制度特征能够促进集体合作，什么样的制度设计能带来更好的灌溉治理表现。[②] 然而，对于灌溉制度与其运行的宏观情境之间的相互关系这一重要问题，却鲜有深入研究。2016 年，国际公共事务研究会（International Association for the Study of the Commons, IASC）的会刊 *International Journal of the Commons* 发表了特刊，主题为"情境、尺度和交互性在理解和应用奥斯特罗姆制度设计原则和成功公

---

① E. Ostrom, *Governing the Commons: The Evolution of Institutions for Collective Action*, New York: Cambridge University Press, 1990; E. Ostrom, "A General Framework for Analyzing Sustainability of Social - ecological Systems," *Science*, vol. 325, no. 5939, 2009, pp. 419 – 422.

② S. Y. Tang, *Institutions and Collective Action: Self - governance in Irrigation*, San Francisco: Institute for Contemporary Studies Press, 1992; W. F. Lam, "Institutional Design of Public Agencies and Coproduction: A Study of Irrigation Associations in Taiwan," *World Development*, vol. 24, no. 6, 1996, pp. 1039 – 1054; M. Cox, G. Arnold, and S. V. Tomás, "A Review of Design Principles for Community - based Natural Resource Management," *Ecology and Society*, vol. 15, no. 4, 2010; H. H. Yu, M. Edmunds, A. Lora - Wainwright, and D. Thomas, "Governance of the Irrigation Commons Under Integrated Water Resources Management—A Comparative Study in Contemporary Rural China," *Environmental Science & Policy*, vol. 55, no. 1, 2016, pp. 65 – 74.

共事务治理中的重要性"。在特刊中，学者们对奥斯特罗姆的"制度设计原则"（Institutional Design Principles）在不同公共事务案例类型中的成败展开了方法和理论层面的反思，[①] 从而标志着一类新的研究问题开始更多进入学者们的视野，即为什么制度设计会在不同情境中存在差异化表现，其背后有哪些规律性特征。[②]

灌溉制度与情境之间的关系非常复杂和多元。例如，社区灌溉治理与流域水治理的空间尺度不同，湿润平原地区和半干旱高原地区的水文、气候、文化条件也存在差异，这些都与灌溉制度的具体特征和运作有着紧密联系。[③] 而除了影响灌溉制度表现的情境变量之外，一个更重要的问题关乎制度与情境之间的内生关系。[④] 换言之，尽管诸多现有研究将制度和情境视为两个相互独立的变量集合，但从批判社会科学的视角出发，这两个集合存在辩证的关联和相互影响，制度并不能被视为纯粹的人为设计的产物。[⑤] 批判制度主义学者们认为制度是基于现有的特定资源和条件，在动态的过程中不停地调整、重塑、演化、正当化，他们将这一动态过程形象地描述为制度拼图（institutional bricolage）。[⑥]

[①] J. A. Baggio, A. J. Barnett, I. Perez – Ibara, U. Brady, E. Ratajczyk, N. Rollins, and M. A. Janssen, "Explaining Success and Failure in the Commons: The Configural Nature of Ostrom's Institutional Design Principles," *International Journal of the Commons*, vol. 10, no. 2, 2016, pp. 417 – 439; J. M. Anderies, M. A. Janssen, and E. Schlager, "Institutions and the Performance of Coupled Infrastructure Systems," *International Journal of the Commons*, vol. 10, no. 2, 2016, pp. 495 – 516.

[②] E. Schlager, "Editorial: Introducing the Importance of Context, Scale, and Interdependencies in Understanding and Applying Ostrom's Design – principles for Successful Governance of the Commons," *International Journal of the Commons*, vol. 10, no. 2, 2016, pp. 405 – 416.

[③] R. Y. Wang and T. P. Cheng, "Integrating Institutions with Local Contexts in Community – based Irrigation Governance: A Qualitative Systematic Review of Variables, Combinations, and Effects," *International Journal of the Commons*, vol. 15, no. 1, 2021, pp. 320 – 337.

[④] E. Araral, "Ostrom, Hardin and the Commons: A Critical Appreciation and a Revisionist View," *Environmental Science & Policy*, vol. 36, 2014, pp. 11 – 23.

[⑤] F. Cleaver and L. Whaley, "Understanding Process, Power, and Meaning in Adaptive Governance: A Critical Institutional Reading," *Ecology and Society*, vol. 23, no. 2, 2018.

[⑥] F. Cleaver, *Development Through Bricolage: Rethinking Institutions for Natural Resource Management*, London: Routledge, 2012; F. Cleaver and J. de Koning, "Furthering Critical Institutionalism," *International Journal of the Commons*, vol. 9, no. 1, 2015, pp. 1 – 18.

从这一视角出发，制度的产生和演化就与权力、社会结构、文化意义等嵌入特定情境的关键要素紧密结合了起来，成为不可分割的整体；^① 因为在任何特定情境中，制度在被当地的知识、文化和权力体系正当化之前，都无法正常有效地运行，也无法被视为独立的整体。^②

中国社会的农业传统在过去几十年经历了快速的工业化、市场化、城镇化进程，国家社会关系也在这些进程中快速变化，重塑了灌溉治理的宏观情境。在农业生产现代化、用水需求增加、水治理规则和体制的市场转型、大规模城乡人口迁移等新背景下，中国的农业实践正形成一种混合性，即专业化生产与小农经营并存、现代农业技术与传统生产方式并存、自上而下的发展策略与自下而上的生计选择并存。这种混合性塑造了一种转型期的特定情境，且不可避免地对灌溉治理和灌溉制度演化产生深刻影响。为此，探讨中国政社关系转型情境下的灌溉制度成为一项重要议题，它不仅关系到我国农业生产和水资源利用的可持续性，更对认识公共事务治理的制度规律有重要意义。在该议题的引领下，本文将回答以下问题：宏观情境转型背景下的灌溉制度呈现哪些多样化特征？变化的政社关系如何塑造不同灌溉制度的产生和演化？

二 批判制度主义视角下的灌溉制度：
政社关系与制度拼图

在快速转型的中国，政社关系对灌溉治理和灌溉制度演化产生了深远的影响。魏特夫将控制灌溉和防洪的大型水利官僚机构与东方专

---

① C. Johnson, "Uncommon Ground: The 'Poverty of History' in Common Property Discourse," *Development and Change*, vol. 35, no. 3, 2004, pp. 407 – 433; P. Blaikie, "Is Small Really Beautiful? Community – based Natural Resource Management in Malawi and Botswana," *World Development*, vol. 34, no. 11, 2006, pp. 1942 – 1957; R. Boelens, *Water, Power and Identity: The Cultural Politics of Water in the Andes*, Routledge, 2015.

② M. Douglas, *How Institutions Think*, Syracuse University Press, 1986; F. Cleaver, "Moral Ecological Rationality, Institutions and the Management of Common Property Resources," *Development and Change*, vol. 31, no. 2, 2000, pp. 361 – 383.

制主义联系起来,[①] 尽管在深入探讨中国历史和央地关系后这一观点仍然存在诸多有待商榷之处，但国家权力和治水之间的紧密联系无疑得到彰显。[②]

经典的政社关系研究主要围绕着国家对社会组织的支配、控制、吸纳，以及社会的抗争、自组织、依附等策略展开。[③] 随着法团主义和市民社会的理论对立为越来越多的经验素材所质疑，近年来学者们对政社关系的判断更多趋向于共生和互嵌,[④] 而研究也逐渐转向对政社关系复杂特征及其发生条件的剖析。类似地，国家和社区之间在灌溉治理事务中的平衡与互补也成为反映政社关系的重要载体。一方面，在强调国家干预的灌溉系统中，我们能够观察到一定程度的村民参与，以此作为等级制管理体系的补充，过去二十多年在全世界范围内广泛成立的农村用水者协会（Water User Association，WUA）就是典型的例子。[⑤] 另一方面，在强调农民自我管理的灌溉社区，政府协助也很常见，其主要目的是在提供支持的同时不伤害农村社区的社会、文化和组织韧性。因此，政社关系中的平衡和互补塑造了一种混合灌溉治理模式。这种模式不强调单一主体的有效投入，而是通过一系列制度安排整合政社双方的参与。这些制度不仅为地方层面的集体合作和反馈学习提供激励和

① K. Wittfogel, *Oriental Despotism*: *A Comparative Study of Total Power*, New Haven and London: Yale University Press, 1957.

② Y. Zhang, "Governing the Water Commons in China: From Historical Oriental Despotism to Contemporary Fragmented Hydraulic State," *International Journal of Water Resources Development*, vol. 35, no. 6, 2019, pp. 1029 – 1047.

③ 康晓光、韩恒：《分类控制：当前中国大陆国家与社会关系研究》，《社会学研究》2005 年第 6 期；纪莺莺：《当代中国的社会组织：理论视角与经验研究》，《社会学研究》2013 年第 5 期；敬乂嘉：《控制与赋权：中国政府的社会组织发展策略》，《学海》2016 年第 1 期。

④ A. J. Spires, "Contingent Symbiosis and Civil Society in an Authoritarian State: Understanding the Survival of China's Grassroots NGOs," *American Journal of Sociology*, vol. 117, no. 1, 2011, pp. 1 – 45；刘鹏：《从分类控制走向嵌入型监管：地方政府社会组织管理政策创新》，《中国人民大学学报》2011 年第 5 期；纪莺莺：《从"双向嵌入"到"双向赋权"：以 N 市社区社会组织为例——兼论当代中国国家与社会关系的重构》，《浙江学刊》2017 年第 1 期。

⑤ J. X. Wang, J. K. Huang, Z. G. Xu, S. Rozelle, I. Hussain, and E. Biltonen, "Irrigation Management Reforms in the Yellow River Basin: Implications for Water Saving and Poverty," *Irrigation and Drainage*, vol. 56, no. 2, 2007, pp. 247 – 259.

机会，更重要的是，将基层自治的集体行动嵌入宏观的行政体系中，以提升灌溉治理的灵活性、适应性和协同性。

变化政社关系影响下的灌溉制度已经开始受到中国学者的关注，目前多数研究侧重于从主流制度主义的角度出发，探讨宏观情境要素如人口流动、土地碎片化、城市邻近性等对灌溉制度绩效表现的影响。① 然而从批判制度主义的角度来看，政社关系与制度绩效表现之间的关系是复杂且不统一的。在实践中，许多特定情境下的制度设计未必能转化为可操作的具体安排，用水者和管理者也嵌入特定的社会和官僚网络中，未必能按照制度规则来行动。② 类似地，相似的制度安排可能带来不同的绩效表现；而良好的表现也可能在不同的制度安排下产生。③ 因此，政社关系与灌溉制度之间的不确定性、多样性、复杂性，以及制度形成、持续、运行、异化等过程中的动力机制成为关键且尚未充分研究的议题。④

在批判制度主义视角下，灌溉制度与水资源分配、冲突调节、农业生产等日常实践紧密相关，因而制度不是孤立的实体，而是由复杂的关系网络组成。在这些关系网络中，不同的行动者收集并运用既有的知识、思维方式、组织机构、权力等介入公共资源的治理当中，因而导致制度不停地被发明、修正、重构。学者们形象地将这一过程称为制度拼

① Y. H. Wang, L. Zang, and E. Araral, "The Impacts of Land Fragmentation on Irrigation Collective Action: Empirical Test of the Social – ecological System Framework in China," *Journal of Rural Studies*, vol. 78, 2020, pp. 234 – 244; Y. H. Wang, S. Chen, and E. Araral, "The Mediated Effects of Urban Proximity on Collective Action in the Commons: Theory and Evidence from China," *World Development*, vol. 142, 2021.

② F. Cleaver, "Reinventing Institutions: Bricolage and the Social Embeddedness of Natural Resource Management," *The European Journal of Development Research*, vol. 14, no. 2, 2002, pp. 11 – 30.

③ Q. Q. Huang, "Impact Evaluation of the Irrigation Management Reform in Northern China," *Water Resources Research*, vol. 50, no. 5, 2014, pp. 4323 – 4340; Y. H. Wang, M. H. Zhang, and J. N. Kang, "How Does Context Affect Self – governance? Examining Ostrom's Design Principles in China," *International Journal of the Commons*, vol. 13, no. 1, 2019, pp. 660 – 704.

④ F. Cleaver and J. de Koning, "Furthering Critical Institutionalism," *International Journal of the Commons*, vol. 9, no. 1, 2015, pp. 1 – 18.

图。① 制度拼图的分析框架强调两类主流制度主义学者较少回答的问题，即制度是从哪里来的，又是如何演化的。② 在这一框架下，制度不仅不受其原有设计形态的制约，而且与其运行的宏观情境结合起来。因此，在制度拼图的框架下探寻政社关系和灌溉制度的关系，可以将宏观政治经济和政治生态的结构性变化与微观制度安排的变化建立联系。这不同于既有研究对制度绩效的评价，而是侧重于过程和动力机制分析，探讨制度的来源和正当化过程，从而能够提供复杂变化情境中更细微和更深刻的制度认识。

三　案例和方法

本文以位于黄河中上游河套平原的青铜峡市内的 30 个行政村为基本分析单元，采取案例研究的方法，考察不同类型灌溉制度的特征以及政社关系对灌溉制度的影响。青铜峡市悠久的农业灌溉历史可以追溯到 2000 多年前，全市 27.6 万人口中近七成是农村居民，以水稻、小麦、玉米为主要粮食作物，粮食作物种植面积占全市 75.4 万亩耕地的3/4 左右。③ 农业灌溉在当地经济发展中占据重要地位。目前，当地97% 以上的灌溉水源依靠十个传统且复杂的灌溉系统供给，灌溉系统从

---

① F. Cleaver, "Reinventing Institutions: Bricolage and the Social Embeddedness of Natural Resource Management," *The European Journal of Development Research*, vol. 14, no. 2, 2002, pp. 11 - 30; F. Cleaver, *Development Through Bricolage: Rethinking Institutions for Natural Resource Management*, London: Routledge, 2012; J. de Koning, "Unpredictable Outcomes in Forestry - Governance Institutions in Practice," *Society & Natural Resources*, vol. 27, no. 4, 2014, pp. 358 - 371.

② T. G. Sakketa, "Institutional Bricolage as a New Perspective to Analyse Institutions of Communal Irrigation: Implications Towards Meeting the Water Needs of the Poor Communities," *World Development Perspectives*, vol. 9, 2018, pp. 1 - 11; M. Karambiri, M. Brockhaus, J. Sehring, and A. Degrande, "'We Are Not Bad People' —Bricolage and the Rise of Community Forest Institutions in Burkina Faso," *International Journal of the Commons*, vol. 14, no. 1, 2020, pp. 525 - 538.

③ 青铜峡市统计局：《青铜峡市 2020 年国民经济和社会发展统计公报》，2021 年 5 月 11 日，https://www.qtx.gov.cn/xxgk/zfxxgkml/tjgb/202105/t20210511_ 2834546.html。

黄河引水并逐级引流至下一级渠道，直至田间。隶属宁夏回族自治区水利厅的六个事业单位（渠道管理处）负责管理灌溉系统的大坝和干渠。而当地政府在 2012 年前后通过灌溉的管理权改革，将田间的末级灌溉设施（包括支渠和斗渠）的管理责任移交至基层的灌溉自治组织。此外，青铜峡市水务局在基层自治组织的协助下，执行村农业用水量的测算和水权分配等相关农业用水政策。因此在案例地中，地方政府与村级的自治组织有着较为密切的联系，这为本研究的观察和分析提供了相对稳定、直观、丰富的素材。

作者对案例地开展了长期的追踪调查，在 2014～2019 年开展了六次田野调查。前期调研过程中作者反复与自治区水利厅官员、市水务局官员以及自治区社科院、农科院、环境规划院的专家开展交流，通过座谈和访谈的形式了解了宁夏总体的水资源情况、管理体制、政策手段和青铜峡市灌溉制度的总体特征等信息。本文所运用的材料主要基于 2017 年 12 月、2018 年 5 月和 2019 年 7～8 月的三次村级调研。调研团队与 30 个行政村的受访者进行了半结构式访谈，每次访谈时长在 1～2 小时。受访者通常是负责农业事务的村干部或农村用水者协会中主要负责日常用水管理的管水员，他们均是本村最了解农业供水和最具灌溉管理经验的人。同时，作者把政府正式文件、村级项目报告、公示等二手资料和反映细节的非正式交流作为资料的补充来源。

调查过程中获取的所有素材都转录为文档形式，并运用定性分析软件 NVivo 12 对其编码和分析。首先对本研究涉及的所有材料，包括访谈稿、二手资料、田野笔记、备忘录等进行逐行阅读，并进行先验编码。先验编码是从过往的研究和理论中提炼出来，能反映和贴合研究的主题，用于组织初始的数据。在编码过程中，反复阅读材料、检查编码，并且在研究现象和研究理论之间循环往复，不断对比，及时修正编码和调整理论框架。这些措施保证了所挖掘信息的可靠性和充分性，为下一步的案例分析提供了坚实的基础。

四 政社关系与灌溉制度的多样性

基于案例地的调研，四种具有不同核心治理主体的灌溉制度类型呈现出来，作者称之为单中心、多中心、官僚化和个体化的灌溉制度。以下将通过四种灌溉制度的基本特征及其形成过程，探讨政社关系变化与制度拼图之间的微妙动力机制，呈现国家权力与治水之间的紧密联系。

（一）市场化改革下的单中心制度

单中心制度主要存在于案例地的扬黄灌溉地区，由 20 世纪 80 年代因扶贫拓荒始建的泵站作为单一管理主体。在该制度体系中，泵站不仅是唯一的供水者，也是当地唯一承担供水日常管理、维护、用水协调等灌溉事务的主体。

单中心制度的形成与供水行业的市场化改革有紧密联系。泵站成立初期作为青铜峡市水务局下属的事业单位运行。从 2002 年开始，泵站在事业单位改革的过程中转型为自负盈亏的企业性质。以提升用水效率、提高供水服务质量、建立保护水资源的激励机制为目标，这次改革与全国范围内的水务市场化改革一脉相承，成为国家开展水权、水市场、水价改革的直接产物。[①]

然而从实际效果来看，此次改革在青铜峡并不成功。不仅由泵站供水的农民要支付更多的水费，而且在干旱和农忙时节泵站也未能比其他供水者提供更高效稳定的供水保障。因为改革后来自政府的补贴取

[①] D. J. Shen and R. Speed, "Water Resources Allocation in the People's Republic of China," *International Journal of Water Resources Development*, vol. 25, no. 2, 2009, pp. 209 – 225; T. Liu, W. Y. Zhang, and R. Y. Wang, "How Does the Chinese Government Improve Connectivity in Water Governance? A Qualitative Systematic Review," *International Journal of Water Resources Development*, 2020, pp. 1 – 19.

消，泵站的收入来源只剩下水费，与此同时，泵站却依然要承担其职工的薪资、社会福利、设施维护等多项支出。在这种情况下，水费上涨成为有限的维持收支平衡的方案。另外，尽管泵站经历过体制改革，却依然受到体制的结构性约束。这种约束主要体现在两点。一是泵站作为田间的供水者并不是水资源所有者，因此仍然需要向隶属自治区水利厅的渠道管理部门支付水费。二是泵站尽管脱离了事业单位，但仍受到宁夏和青铜峡市总体的供水规划管理，并不能按照自己的意愿制订供水计划。从这个意义上说，泵站所经历的市场化改革并不彻底，也无法展现出市场机制所预期的高效。

虽然单中心制度的绩效表现不尽如人意，但它稳定地存在于实践当中，其原因仍然是市场化改革对政府和社会的深刻重塑。一方面，经过改革开放多年的积累，市场化话语深入人心，无论政府还是农民都不会质疑"市场"方案的合理性，垄断、高价、过度商品化等市场化伴随的问题并未在泵站改革过程中被强调。正如一位管水员所说，"先交钱再灌水，交多少灌多少，交不出钱就灌不上水"（访谈SGD2019）。这种水的商品化叙事已经内化为农业生产行为的一部分。另一方面，伴随市场化的程序理性也充分体现在农业水价的制定过程中，即泵站的价格调整也经过了规范的市场和行政程序。换言之，高水价并非泵站的单方面行为，而是按照《中华人民共和国价格法》的有关规定，由发展改革部门按照农业水价形成的有关机制，经过提案、审议、听证、公示等正当程序，依法依规地执行。这样的程序理性不仅实现了价格的制度化制定，也从另一个方面合理化了单中心制度。

（二）参与式治理改革下的多中心制度

多中心制度存在于案例地的引黄灌区，用水者协会作为一种引入型的治理组织和主体，承担起行政村中灌溉治理的主体责任。这些协会在决策和运行时涉及不同的利益相关者，在组织和财务上也与传统的农村治理主体相对分离，因而呈现多中心的形态。

多中心制度的形成与以用水者协会为代表的社区型、参与式自然资源治理模式全球范围内的广泛推行密切相关。① 从 1995 年开始，用水者协会就随着世界银行的援助项目在宁夏成立。② 2004 年，宁夏回族自治区政府决定在全区正式推广用水者协会，以期提高灌溉用水的供给和利用效率。用水者协会在法律和财务上都相对独立。在法律上，用水者协会属于正式注册的社会组织（NGO），具有独立的法人资格，并根据国家相关法律规定接受水务局和民政局的双重管理。在财务上，用水者协会通过水费返还方式获得自主收入，且将其所有收支记录备案以供水务局和村民监督。从这个意义上说，用水者协会在制度设计上应该能避免灌溉管理中的投机行为。

不过，多中心制度在实践中同样面临挑战。多数用水者协会在运行中结构松散，更多依靠另一套社会文化的非正式系统而不是纸面上的正式制度。例如，用水者协会的主席多由村干部担任，协会成员一般也不通过选举产生。事实上，绝大多数村民对用水者协会的自治形式不感兴趣，他们真正关心的只是用最少的钱买到最充足的水；至于灌溉制度和决策机制是否多中心或者民主，于多数人而言并不重要。③ 尽管如此，多中心制度在相当长的时间内持续稳定存在于诸多案例村当中，其背后有自上而下政府推动的深远影响。换言之，水利部、宁夏回族自治区政府的背书使多中心制度区别于自下而上的推动，使得这样一个社会组织的成立在一定程度上具有了行政机构的正当性。此外，在青铜峡

① R. Meinzen‐Dick, K. V. Raju, and A. Gulati, "What Affects Organization and Collective Action for Managing Resources? Evidence from Canal Irrigation Systems in India," *World Development*, vol. 30, no. 4, 2002, pp. 649–666.

② Q. Q. Huang, S. Rozelle, J. X. Wang, and J. K. Huang, "Water Management Institutional Reform: A Representative Look at Northern China," *Agricultural Water Management*, vol. 96, no. 2, 2009, pp. 215–225.

③ R. Y. Wang, T. Liu, and H. P. Dang, "Bridging Critical Institutionalism and Fragmented Authoritarianism in China: An Analysis of Centralized Water Policies and Their Local Implementation in Semiarid Irrigation Districts," *Regulation & Governance*, vol. 12, no. 4, 2018, pp. 451–465.

市和农户层面，用水者协会也确实取得了不错的治理效果。全市范围内一个由诸多用水者协会组成的自我治理和相互协调沟通的网络，在很大程度上成为市水务局的行政助手。无须政府和村委会等其他部门参与，灌溉事务被封装在一个相对独立的管理空间，这使得灌溉管理中的问题能够得到更及时、高效、专业的解决。在农户层面，灌溉职责也可以跟其他集体事务分离，从而有利于规则的执行和矛盾的解决。

总的来说，多中心制度自宁夏引入用水者协会后逐步演化。尽管用水者协会成立的原则初衷是参与式和自我治理，但实践中用水者协会涉及许多灌溉治理日常的约束。不过这些约束并未阻止用水者协会的运行，只是协会在上级政府的推动和相对成功的绩效支持下，以另外一种独特形式存在。

（三）传统治理结构下的官僚化制度

官僚化制度的案例最为广泛，在这种制度中，村委会作为中国农村的传统治理主体，扮演起灌溉治理的最主要角色。尽管法律上村委会成员由村民选举产生，是基层自治组织，但在实践中，村委会又在诸多公共事务处理中与上级党政机构保持紧密联系，体现出国家官僚体系末梢的特征。因此以村委会为主体的灌溉治理定义了一种官僚化的制度形态。

案例地各村村委会在用水者协会成立之前已经负责灌溉治理工作。而用水者协会成立之后，村委会依然在很多情况下承担着与以往相同的职责，因为一些协会无法正常发挥作用，也有一些协会由村干部担任协会的所有主要职务。在这种情况下，村庄的灌溉治理仍然呈现官僚化特征。

官僚化制度存在权责不清和权力削弱两大弱点。一方面，村委会作为全面负责村庄集体事务的治理主体，很难将灌溉事务与其他农村公共事务区分，这使得其在落实权责、惩罚违规者时出现困难。例如，笔者曾听说村民以不交水费为借口，试图在征地、修路等其他集体事务中获得更多好处。另一方面，村集体的权力自21世纪初废除农业税之后逐渐下降，与此同时，维持社会稳定成为村干部的主要任务。[①] 在这种格局下，村干部需要尽可能避免各种矛盾和冲突的产生；灌溉事关农业生产，更是出问题的重点领域，因此需要格外注意。中国农村权力关系的重构进一步削弱了村委会惩罚投机和违规行为的能力，从而可能伤害灌溉治理的制度效力。

不过以上两个弱点，包括用水者协会的引入，并没有将村委会排除在灌溉事务之外，反而是中国农村治理的路径依赖在很多时候继续发挥作用。在中国农村，村委会不仅代表国家，在无须国家机器介入（如司法机关）时承担维持农村正义和社会公平的责任，而且代表了村集体自身化解内部矛盾和利益冲突。在这样的历史和社会背景下，灌溉事务长期属于村委会的管辖范围。更重要的是，这种安排已经具有了广泛的社会接受性，以至于村民对官僚化制度习以为常，但凡遇到矛盾冲突需要协调调解时，村委会往往是他们的第一选择，无论名义上的治理主体是谁。对村干部而言，村委会同样是一个协助维护村里日常灌溉事务的保护伞，也能帮助他们更好地避免灌溉相关的冲突，维持社会稳定。对上级政府而言，由村委会管理日常灌溉事务还能节约支出。因此，尽管上级政府长期以来在推动以用水者协会为代表的灌溉治理体系改革，官僚化制度在实践中仍然成为一个多方能够接受的制度安排。

（四）社会扁平结构下的个体化制度

个体化制度存在于渠系相对简单的村落，其主要特点是由个别的管水员独立承担起全村的集体灌溉事务。这些管水员既不是村干部，也不是政府官员，他们相互之间未必需要合作，但个人的经验和能力能够

[①] A. Chen, "How Has the Abolition of Agricultural Taxes Transformed Village Governance in China? Evidence from Agricultural Regions," *China Quarterly*, vol. 219, 2014, pp. 715 – 735; Q. Liu and R. Y. Wang, "Peasant Resistance Beyond the State: Peasant – NGO Interactions in Post Wenchuan Earthquake Reconstruction, China," *Journal of Contemporary China*, vol. 28, no. 115, 2019, pp. 151 – 166.

支撑起全村的集体灌溉事务。管水员的本质是承担集体灌溉事务的合同工，他们同样从水费返还中获取收入，且与其他治理主体所承担的任务并无显著区别。① 事实上，在多中心和官僚化的治理制度中同样存在管水员，只是他们作为用水者协会或者村委会的组成部分发挥作用。而在个体化制度中，用水者协会和村委会并不参与或发挥作用。管水员并非市场化改革的产物，也不是常见的组织化治理主体。他们代表了一种高度简化的治理结构，即由一个稳定个体负责灌溉管理中的协调、监督和规则执行。这种扁平化安排降低了村与村之间和村内部的沟通协调成本，使得管水员在干旱等紧急情况下获得更多灵活性，从而可能提高灌溉管理的效率。

不过，个体化制度也需建立在特定的自然、政治和社会条件之上。客观来说，实施个体化制度的村落灌溉渠道结构相对简单，通常只有一条干渠即可覆盖整村的耕地。这使得灌溉事务得到简化，从而允许个人充分承担本村的工作。与此同时，管水员所处的权力结构和社会结构也至关重要。村委会、村干部、上级政府等其他权力主体必须个体化这样一种看似松散且非正式的制度运行，这通常出现在人口外出较多、村委会能力较弱、公共事务压力较大的村庄中。管水员个人的经济、社会和技术能力也极为重要。在经济上，管水员需要承担部分村民迟交、拒交水费的风险。无论水费是否收齐，管水员都要准时全额向渠道管理部门上交全村的水费，否则就会出现整村无水可用的情况，因此管水员必须有能力垫付水费收取时的短期亏空。青铜峡市水务局的数据显示，2018年实施个体化管理的 4 个行政村水费在 30 万元左右，即使是其中的小部分，对身为农民的管水员来说也是一大笔钱。从这个意义上说，管水员的社会关系也极为重要，因为与村民的良好关系能降低收取水费的难度，而与周边村落和镇上主管部门的良好关系则可以确保用水时的

---

① J. X. Wang, Q. Q. Huang, J. K. Huang, and S. Rozelle, *Managing Water on China's Farms: Institutions, Policies and the Transformation of Irrigation Under Scarcity*, Academic Press, 2016.

协调与合作。农业技术和灌溉经验也是管水员的必备能力。在灌溉时节，水量短缺、设施失修、临时调整等日常事务不断，只有充分掌握相关技能的管水员才能胜任这份工作。综合以上条件，管水员的工作并不简单，而是需要长时间的积累学习（访谈 SGSX2019），所以常常落在长期从事灌溉具体管理事务的个别村民或村干部身上。事实上，所有采用个体化制度的村落，在过去五年内都没有更换过管水员（访谈 QJG2019）。

总的来说，个体化制度虽然看似简单且不稳定，但在实践中取得了相对不错的表现，能令多方满意。管水员工作到位时能够获得稳定的水费返还收入，村干部和村委会省去了灌溉管理的繁杂事务，村民们在日常农业生产中的用水问题都能得到解决，于是也会信任管水员，从而对个体化制度安排习以为常。

五　讨论与结论

本文基于青铜峡市 30 个行政村的调研，在一个自然和社会经济条件类似的县级行政单元中识别出单中心、多中心、官僚化、个体化四种不同类型的灌溉制度。每种灌溉制度不仅具有其相对突出的治理主体和实践，而且在政社关系变迁的影响下经历了各自的制度拼图过程，从而塑造了独特的制度类型。

首先，市场化改革标志着商品属性开始进入国家所有的水资源的供给和消费中。尽管单中心制度中的市场主体属性仍然有限，泵站在水资源供给、水费设定方面亦受到限制，但国家在供给服务的部分退出仍然对单中心制度的绩效表现产生了负面影响。可即便如此，新自由主义话语长期以来在中国各项改革中所建立起的正当性，仍然支撑了农业供水行业在局部供应模式和价格上的改变。

其次，参与式治理所伴随的社会化改革同样影响深远。引入农村用水者协会，代表了基层自治、公众参与、信息公开等治理模式被注入灌溉治理当中。由社区和社会组织自我承担具体的事务性管理，而国家仅提供监督和支持性工作。当然，这种多中心制度的存在和持续也建立在诸多条件之上，简单的外部移植并不能直接转化为实质有效的参与式治理模式。于是在案例地我们看到多中心制度和官僚化制度并存的图景。在用水者协会的组织行动能力充分且可以转化为实际灌溉治理效能的情况下，多中心制度得以在一些村庄中生根发芽。而在用水者协会的运作与本地社会结构和权力关系不匹配时，用水者协会则会名存实亡或是被替代，村委会则依然扮演灌溉治理主体的角色，维持了官僚化的灌溉制度。

最后，城镇化过程中的城乡人口迁移和基层权力真空下的社会结构也会催生扁平化的制度安排。此时，在基层政社关系中所看到的不仅是国家权力的收缩，还有集体组织的弱化，而个体化制度正是在这种情况下涌现出来的。管水员作为一种个体化制度的核心，凭借其个人强大的经济、社会、技术能力，同样可以支撑整村的灌溉事务。

灌溉制度是理解国家权力与基层公共事务治理的重要载体。西方主流制度主义的既有研究主要关注制度条件与灌溉绩效表现之间的关系，较少将制度放置于宏观的国家社会关系中，探讨制度形成与演化的动态过程。本文从批判制度主义的视角出发，揭示不同制度类型的多样性、约束条件和正当性，以制度拼图解释了灌溉制度在政社关系变迁过程中的动态形成和演化。本文强调制度的形成和演化是复杂的动态过程，在这个过程中，制度特征和影响制度演化的政社关系结构并非给定的。相反，不同的行动主体会在政社关系变化中，基于既有的社会、政治、历史结构，有意识或无意识地将不同形态的制度要素交织在一起，从而呈现多样的制度特征。

本文的发现对于未来的制度和社区灌溉治理研究也有一定启示意义。批判制度主义的制度拼图视角能够揭示制度产生、演化、延续的复杂多样过程，不仅将灌溉制度与日常实践紧密联系，而且将社区层面的灌溉制度放置在宏观的政社关系变化中。由于制度设计转化为真实世界的行动并不是线性过程，进一步展开探究制度产生和演化过程中的不确定性，对于准确认识制度发展和公共事务治理规律都有重要意义。

水权视角下的"政策性湖泊"初探[*]

——以河西走廊哈拉诺尔与北海子为例

王瑞雪　张景平[**]

摘　要：伴随着政府主导的中国干旱区生态治理不断深入，一些内陆河流域的干涸湖泊得以恢复，并作为生态文明建设的成果得到宣传。此类因生态政策干预而恢复的湖泊可称为"政策性湖泊"，但并非所有皆可以稳定存在。敦煌市哈拉诺尔与金塔县北海子是近年来河西走廊有过较明显恢复过程的两个湖泊，通过梳理其历史演化与现实消长过程，可以发现其所在内陆河流域的水权相关诸问题是决定此类"政策性湖泊"命运的关键。在从生态角度分析中国干旱区湖泊变化的趋势时，包括内陆河流域水权体系在内的复杂社会现象亦需予以充分关注。

关键词：政策性湖泊　水权　干旱区　河西走廊

* 本文系国家社科基金"晚清以来祁连山—河西走廊水环境演化与社会变迁研究"（18CZS068）、兰州大学中央高校基本科研业务费专项资金项目（lzujbky‐2019‐kb30）的阶段性研究成果。
** 王瑞雪，西北师范大学历史文化学院硕士研究生；张景平，兰州大学历史文化学院、兰州大学西部生态安全省部共建协同创新中心研究员。

一 "政策性湖泊"概念的提出

2017 年,中新社发表了一篇名为《甘肃敦煌盐碱荒滩现碧波湖面,引民众戈壁"看海"》的报道,[①] 其中提到位于甘肃省敦煌市西北 33 公里的哈拉诺尔重现世人眼前。哈拉诺尔曾是敦煌历史上的最大湖泊,位于党河与疏勒河两条内陆河的下游,20 世纪六七十年代彻底干涸。2010 年前后,酒泉市金塔县北部戈壁之中的湖泊北海子也在消失了几十年后再次出现,虽未见于新闻报道,但已作为当地民众所瞩目的大事而频频出现于自媒体与各种社交平台之中。

无论是在舆论场还是在学术视域中,消失湖泊的恢复已成为中国干旱区生态改善的重要标志。[②] 居延海的"复活"尤其著名。居延海位于内蒙古额济纳旗境内,是中国第二大内流河黑河的尾闾湖,汉代即见诸史籍。[③] 几十年来,随着黑河中游用水增加,向下游输水逐年减少,造成了下游生态恶化与尾闾湖居延海的干涸,由此形成了中下游之间长达数十年的水资源分配博弈。[④] 为遏制黑河下游生态环境的不断恶化,自 2000 年开始,由国务院统一部署的黑河干流水量调度工作启动,黑河干流开始根据制度安排向下游按期、按量输水。2001 年,国务院批准《黑河流域近期治理规划》,明确把居延海的水面恢复纳入治理目标。经过持续多年努力,黑河下游生态明显改善,东居延海重新恢复,并自 2003 年起实现全年不干涸;至 2017 年 10 月,东居延海水面恢复

---

① 冯志军等:《甘肃敦煌盐碱荒滩现碧波湖面,引民众戈壁"看海"》,http://www.chinanews.com/sh/2017/03 – 26/8183790. shtml, 2021 年 10 月 2 日。

② 樊自立、马英杰、王让会:《历史时期西北干旱区生态环境演变过程和演变阶段》,《干旱区地理》2005 年第 1 期;胡汝骥、姜逢清、王亚俊、孙占东、李宇安:《论中国干旱区湖泊研究的重要意义》,《干旱区研究》2007 年第 2 期。

③ 《汉书》卷 28《地理志第八下》,北京:中华书局,1962 年,第 1613 页。

④ 张景平、王忠静、陈乐道、吴居善主编《河西走廊水利史文献类编·黑河卷》,北京:科学出版社,2020 年,第 2 页。

至 66.3 平方公里，达到近 100 年来最大面积。[①]

无论是河西走廊的哈拉诺尔、北海子，还是靠近中蒙边境的居延海，这些湖泊的恢复显然与中国政府推进干旱区生态治理的一系列行动相关。包括湖泊在内的湿地生态系统在干旱区所占面积比例远小于湿润、半湿润地区，高度依赖内陆河流作为补给水源，生态平衡十分脆弱，对气候变化更为敏感，受人类活动的影响更为强烈。几十年来，在全球气候变化以及大规模水资源开发的影响下，干旱区湖泊的补给水源锐减，多数湖泊无法逃脱缩减甚至干涸的命运。在此背景下，中国政府实施以确保生态水量下泄为核心的干旱区生态环境治理，一些干涸已久的湖泊重获水源补给。对于这一类直接或间接因政府的生态政策而恢复的干旱区湖泊，我们姑且称之为"政策性湖泊"。

目前，中国干旱区的"政策性湖泊"数量众多，其具体恢复的机制也不尽相同。以居延海为代表的一类湖泊，它们的恢复被作为生态政策目标的一部分而写入各种治理规划，具有法律效应。恢复这些湖泊有何生态必要性、需要并且能够提供多少生态水量，这些问题都在各类治理规划的编制中得到反复论证，涉及生态、水文水资源、社会经济的相关学科领域。[②] 可见，居延海类型的"政策性湖泊"，是政府意志直接、完全的体现。另外，如本文开头所述的哈拉诺尔与北海子，其恢复同样与政府的生态治理行动有所关联，却非政策目标的直接产物；其盈缩在历史时期曾多次出现，且其原因都与干旱区内陆河流的水权问题相联系。本文即着重从水权视角针对第二类"政策性湖泊"的演化机制展开研究。

中国干旱区的水权问题，在经济学、法学、水文水资源学、历史学与人类学等领域均有不同的定义方式，并在各学科的基本逻辑框架中

---

① 龚家栋、董光荣、李森、高尚玉、肖洪浪、申建友：《黑河下游额济纳绿洲环境退化及综合治理》，《中国沙漠》1998 年第 1 期。

② 陈永金、袁峡、吐尔逊古丽、买买提、李卫红：《中国干旱区湖泊湿地生态系统恢复保护研究综述》，海峡两岸环境与资源学术研讨会学术论文集，中国内蒙古根河，2007 年，第 9 页。

体现出较大差异。经济学、法学侧重于从"产权"角度认识和分析水权问题，水文水资源学侧重于从"水资源管理"角度研究水权问题，历史学与人类学则侧重于引入"文化权力"的相关思路解释历史与现实中的各种水权现象。然而在干旱区的具体水权实践时，各学科所关注的对象又大致相同，基本围绕政府与其他用水主体在内陆河流域水资源分配事务展开，历史与现实中皆是如此。清华大学王忠静教授团队基于长期的水权研究，提出了面向实践的"水权三要素说"，即水权体系由初始水权的获得、水权流转机制以及水权分配流转的技术体系组成，基本上可视为各学科研究的最大公约数。本文所讨论的水权问题即遵循此框架，侧重从以上三点解释相关问题。①

二 水权与技术要素双重作用下的哈拉诺尔

哈拉诺尔，又作哈拉淖尔、哈拉脑儿。哈拉系蒙语黑色之意，诺尔、淖尔、脑儿皆蒙语湖泊之意，故又有黑海、哈拉湖等名。因其湖盆存留有地质时代遗留的盐层，又名青盐池。哈拉诺尔地区年降水量不足30毫米，蒸发量超过2000毫米，其水源补给主要来自疏勒河水系。疏勒河是河西走廊三大内陆河之一，在甘肃省西北部，源出青海省祁连山脉西段疏勒南山和托来南山之间，西北流经玉门、瓜州等绿洲，接纳第一大支流党河后注入哈拉诺尔，丰水时水流可溢出哈拉诺尔继续西行，最终消失于甘肃、新疆交界处的西湖湿地北部。

哈拉诺尔形成于公元18世纪初，是人为干预疏勒河中游水系的直接结果。清初，疏勒河水系最大湖泊为中游的布鲁湖。② 在清代初年，疏勒河大部分径流流入布鲁湖，只有很少部分可以进入下游瓜州、敦

---

① 郑航、王忠静、赵建世：《水权分配、管理及交易——理论、技术与实务》，北京：中国水利水电出版社，2019年。

② 张景平：《历史时期疏勒河水系变迁及相关问题研究》，《中国历史地理论丛》2010年第4期。

煌，更不可能在下游形成大的湖泊。

清康熙五十四年（1715），准噶尔部进攻哈密，西北边境局势紧张，清廷派兵救援，同时在疏勒河流域开设屯田。屯田最初开设于布鲁湖以南的靖逆卫（今玉门市）、柳沟所（今瓜州县三道沟镇）地区，系从疏勒河中游河道引水灌溉，未引用径流以及灌溉余水仍入布鲁湖。自康熙末年开始，吐鲁番等地的维吾尔民众为躲避战乱，主动要求内迁。清廷将安置这批维吾尔民众视为重大政治事务，选择疏勒河下游今瓜州一带作为安置区域之一。[①] 至此，疏勒河下游灌溉用水不足的问题开始凸显。在此情形下，水利专家王全臣被任命为安西兵备道以整饬河渠。从雍正十二年（1734）开始，王全臣先后在靖逆卫西北方面开凿两道名为"黄渠"的渠道，将未尽引用的疏勒河径流与渠道灌溉余水全部引入黄渠，不入布鲁湖而直接被输送至疏勒河下游河道，从而大大增加了下游水源。布鲁湖由此失去大部分补给水源，很快干涸，而疏勒河径流进入下游后，除灌溉农田外全部注入敦煌西北的洼地中。这个洼地在清初可能已存在一些水面，其水源主要来自疏勒河第一大支流党河，但因党河水量不大，故该湖泊面积不会很大。疏勒河水引入后，该湖迅速扩大为流域第一大湖泊，并被《西域水道记》等著作标识于地图中。

如果考察地质时期以来的历程，疏勒河河道曾发生较大变化，哈拉诺尔地区的湖泊景观可能反复出现。但清代中期的哈拉诺尔，应是西汉以来该地区最大的湖泊景观。清代中期以后，哈拉诺尔的面积开始缓慢缩减，主要原因是党河流域敦煌地区的农田水利开发大兴，党河进入哈拉诺尔之水量从"余波少减"到"无复余流"。但哈拉诺尔并未如布鲁湖一样立即消亡，这得益于疏勒河水持续注入，水权、技术两个要素起到重要作用。

---

① 王希隆、杨代成：《清前期哈密、吐鲁番维吾尔人迁居河西西部述论》，《民族研究》2020年第 1 期。

从水权方面观察，黄渠为保障下游瓜州地区维吾尔族移民的灌溉所建，清廷对于其给予了特殊的制度安排：下游维吾尔族所耕土地按"屯田"管理，具有优先于一般"民田"的用水特权。清代中叶之后，疏勒河中游玉门一带人口增殖、灌溉面积增加，不但进入黄渠水量减少，中游民众还从黄渠直接引水扩大灌溉面积。政府为保证下游不致失去灌溉水源，对黄渠的分水制度进行多次主动干预，确保了进入下游的水量不致减少，最终形成民国初年的"十道口岸分水制度"。① 这里的"口岸"即黄渠上的分水口，这一制度安排确保了灌溉期间经由黄渠的疏勒河径流不致被中游全部引用，仍有相当部分可流至下游，而灌溉时段基本涵盖河流每年的汛期。从技术方面观察，由于中游、下游并没有蓄水工程，非灌溉期间，所有河道径流沿黄渠而下，虽然已是枯水期，但仍有相当部分可全部流入哈拉诺尔。

特殊的水权保障、没有调蓄工程的灌溉技术特点，二者共同保障了疏勒河干流注入哈拉诺尔的补给水量，但这两个条件自民国时期开始先后遭到破坏。首先，随着"屯田"转化为"民田"，黄渠特权式微，下游水源分配的保障逐渐失去，酿成安西（今瓜州县）、玉门两地间持续的争水冲突，灌溉期间注入哈拉诺尔的水量锐减乃至消失。其次，1960 年双塔水库建成，非灌溉期间的疏勒河水被拦蓄在中游，下游河道常年无流水，哈拉诺尔彻底失去补给水源。大约在 20 世纪 60 年代，哈拉诺尔彻底消失。

双塔水库是疏勒河干流上第一座大型拦河式水库，位于瓜州县城以东 48 公里，是一座水域面积巨大的平原型水库，竣工后即取代哈拉诺尔成为流域最大水面。水库建设的初衷，是为了加大安西县灌溉的保障力度，同时解决安西 - 玉门之间长期的水利纠纷。水库建成后发挥了巨大的经济效益，但同时也造成了日渐累积的生态问题。哈拉诺尔与疏

---

① 邱田：《维吾尔移民内迁与清代河西走廊西部灌溉秩序的演化》，《西北民族论丛》2017 年第 2 期。

勒河下游河道，是敦煌西北部西湖湿地重要的地表与地下补给水源。西湖湿地是库木塔格沙漠与敦煌绿洲之间的重要生态屏障，著名的西汉玉门关遗址即坐落于湿地边缘。哈拉诺尔与疏勒河下游河道的干涸使西湖湿地逐渐退化，敦煌绿洲面临严重的生态威胁。[①]

为减缓敦煌地区面临的湿地萎缩、土地沙化、地下水位下降等生态问题恶化，2011 年，国务院批准实施《敦煌水资源合理利用与生态保护综合规划》项目（简称《敦煌规划》），明确规定疏勒河每年必须由双塔水库向下游排放不少于 2000 万立方米的生态流量，用于向西湖湿地补水。这些生态水量，主要通过灌区节水改造、压减农业用水得来。《敦煌规划》通过赋予政府生态水权，为下游生态改善创造了条件。2016 年，双塔水库首次向下游排放生态流量；次年，哈拉诺尔恢复水面的消息即为媒体所报道，其 24 平方公里的面积已超过双塔水库，重新成为流域第一大水域。

在此，我们似乎可以看到这样一个历史演化的链条：清代中期以来疏勒河流域最大水域面积经历了"布鲁湖—哈拉诺尔—双塔水库—哈拉诺尔"的演化规律，我们可以清晰看出人类活动对水系的塑造作用，还可以看出政府意志在其中扮演的关键角色。但如果详细考察 2017 年哈拉诺尔恢复的原因，则会发现其实是一场制度执行中的意外情况。

《敦煌规划》规定，每年由双塔水库下泄 2000 万立方米生态水量，其归宿地并非哈拉诺尔，而是哈拉诺尔更下游的敦煌西湖湿地。这些生态水量并非沿天然河道下泄，而是经过精心设计施工的人工河道。这是因为，疏勒河下游的地形决定了疏勒河天然河道的任何来水必须先灌满哈拉诺尔湖盆方可溢出至西湖。[②] 规划编制中，负责编制规划的清华大学王忠静教授团队通过计算，认为恢复哈拉诺尔基本水面后再行下

---

① 甘肃省水利厅、甘肃省发展和改革委员会：《敦煌水资源合理利用与生态保护综合规划（2011—2020）》。
② 甘肃省水利厅、甘肃省发展和改革委员会：《敦煌水资源合理利用与生态保护综合规划（2011—2020）》。

泄至西湖需要耗费大量生态水量，流域无法提供如此多的水量；针对地方部分人士恢复"历史时期疏勒河终端湖哈拉诺尔"的呼声，王忠静教授团队通过历史考证否认了哈拉诺尔"自古以来"即存在的说法，认为其不过是一个只存在两百余年的年轻湖泊。因此，《敦煌规划》舍弃了恢复哈拉诺尔的计划，采用人工河道绕避湖盆直接注入西湖的方案。2016 年是《敦煌规划》中规定的双塔水库向西湖湿地排放生态用水的年份，但彼时下游人工河道因环境影响评价手续未通过而延期竣工，大量下泄水量只得排入哈拉诺尔湖盆，遂意外形成 2017 年初的哈拉湖水面。

由于《敦煌规划》中并没有安排哈拉诺尔的生态水权，所以面对记者的采访、游人的宣传，执行生态放水的流域管理部门十分低调，但地方政府有意大力宣传。后经双方反复协调，最终决定不加大宣传力度。2017 年夏季，人工河道竣工，疏勒河下泄生态水量直接进入西湖湿地。哈拉诺尔再次失去补给水源，逐渐干涸。2017 年后，地方政府曾就继续向哈拉诺尔补水事宜与流域管理部门进行沟通，终因《敦煌规划》中未规定此项生态水权而作罢。

2019 年，哈拉诺尔更西端的新湖泊哈拉奇出现，在宣传领域代替了哈拉诺尔的地位。[1] 由于哈拉奇在西湖湿地更西的位置，接近罗布泊东缘，说明《敦煌规划》中所预期的敦煌西湖湿地水环境有了巨大改善。[2] 但哈拉诺尔由于长期被认定为疏勒河终端湖，始终具有很大影响力，它的再次干涸，使得部分知识分子和当地民众的观感产生明显负面影响。为了应对这样的舆情，有关部门在宣传中有意无意把哈拉奇描述为清代疏勒河的终端，这实际上源于瑞典水文学家霍涅尔的推测，与实际并不相符。哈拉诺尔的再次出现与干涸表明，如果没有明确的水权与技术保证，意外出现的"政策性湖泊"将无法稳定存在。

---

① 冯绳武：《疏勒河水系的变迁》，《兰州大学学报》1981 年第 4 期。
② 张景平：《历史时期疏勒河水系变迁及相关问题研究》，《中国历史地理论丛》2010 年第 4 期。

三 水权争议中应运而生的北海子

北海子，位于金塔县西坝乡西移村北的戈壁滩上，是目前黑河第一大支流讨赖河西支的终端湖。北海子补给水源不够稳定，只有当讨赖河有较大洪水时，才会有部分水量经西支进入北海子，其余时间径流经东支进入黑河。故历史时期北海子虽然时常有水，但面积不大，其景观在湖泊－沼泽之间摇摆。《创修金塔县志》中曾有诗句"一片晴漪断复连""水草萃成游牧地"[①]，即此种情形的写照。

清康熙末期，清廷开始在金塔地区修坝建渠、设置屯田，并专门设置"王子庄州同"以监管讨赖河下游水利事宜。随着水利开发的不断推进，金塔地区的讨赖河天然河道相继渠系化，北海子也成为金塔西北部灌区灌溉余水的汇潴之处。

讨赖河流域的灌溉地域分为中游酒泉灌区与下游金塔灌区。历史时期，酒泉灌区开发较早，且因上游更无灌区，故能得灌溉之便。金塔灌区在明代被弃置边外，清代再次开发时主要利用酒泉灌区未充分利用的讨赖河径流进行灌溉。但 20 世纪初，随着酒泉盆地改用拦河引水技术并不断扩大耕地面积，下游的主要灌溉水源被截流在中游，金塔灌区无水可灌。金塔县各界遂向上级政府请求，在讨赖河全流域进行轮灌，即在灌溉期间不得由中游酒泉灌区垄断水源。1936 年初，甘肃省政府派员调查后，决定实行以轮灌为核心的"均水制"，遭到酒泉各界的强烈反对。河西走廊民国时代最为惨烈的水资源纠纷"酒金水案"由此揭开序幕。

酒泉方面反对轮灌制并没有理由。受到环境影响及传统水利技术限制，酒泉灌区缺乏永备水工建筑，每年要重新修建并在汛期多次抢修拦河渠首，民众水利负担远重于下游的金塔盆地。在当时的工程条件

---

① 民国《创修金塔县志》卷 11《诗文》，《北海晴烟》，第 167 页。

下实行轮灌制度，为金塔县放水需要掘毁上游拦河渠首，再次重修无疑将加重酒泉民众负担。政府虽声称将督促金塔民众协助酒泉民众修复因轮灌而掘毁的拦河渠首，但实际上无力承担监管职责。由此，酒泉、金塔两县官民发生严重对立，并数度酿成严重冲突，轮灌未能实现。在争夺外来水源未果的情况下，金塔县官民萌生开发本县水源以自救的想法。20世纪30年代，金塔县曾对个别渠道进行了改造，使非灌溉时期的讨赖河水得以较多进入北海子，北海子面积因此有所扩大。但因为北海子低于全县大多数耕地，无法将水源用于灌溉，未改善灌溉效果。[①]

直到1943年，为解决酒泉、金塔两县灌溉用水问题，甘肃省政府在经过调查后发现酒、金水利纠纷案件的根本原因在于无调蓄手段，两县人民无法利用非灌溉时期的水量，导致在灌溉期间急需用水时，无水可用。经国民政府拨款支持，甘肃省政府开始修建鸳鸯池蓄水库，历时四年，完成了该工程。当时有报道称："民国二十七年，甘肃省政府始勘测地形，拟于洪水口及鸳鸯池间，筑蓄水库，泯患兴利，复勘决行。三十年八月委托甘肃水利林牧公司董其役，至三十二年六月兴工，迄三十六年五月告成，历时四载，国内土坝工程之巨，尚无出其右者。"[②]甘肃省用了四年时间，修建了当时西北最大的水利工程之一。

1947年鸳鸯池水库竣工后，金塔县可以收集全流域的灌溉余水以及洪水资源，灌溉水源稳定，于是不再向北海子额外注水，鸳鸯池水库不能蓄积的水源，任由原河道下泄入黑河河道。新中国成立后，政府从技术、制度两个层面介入灌区管理，使得灌区水利纠纷逐渐减少，并趋于消失。[③]北海子原补给水源讨赖河西支也在农田水利建设中被用于灌溉。1958年至1960年，金塔县共建成小型水库13座，并加高、整修了

---

① 张景平、王忠静：《干旱区近代水利危机中的技术、制度与国家介入——以河西走廊讨赖河流域为个案的研究》，《中国经济史研究》2016年第6期。

② 宁人：《鸳鸯池水库工程》，《新甘肃》1947年第3期，第61页。

③ 张景平、王忠静：《干旱区近代水利危机中的技术、制度与国家介入——以河西走廊讨赖河流域为个案的研究》，《中国经济史研究》2016年第6期。

鸳鸯池水库，库容增至 8000 万立方米。① 在此背景下，北海子逐渐干涸，讨赖河与黑河亦失去水力联系。

进入 21 世纪之后，讨赖河流域及其周边发生一系列涉及水权问题的重要变化。2000 年，《黑河流域近期治理规划》实施，为达到给居延海输水、改善下游生态的目的，黑河干流大力压缩农业用水，实行"全线闭口"式的强制关闭渠道，这给流域各县的农业生产与社会稳定造成极大的短期压力。讨赖河作为支流虽不在《黑河流域近期治理规划》之列，但"全线闭口"的冲击仍然使地方政府心有戚戚。此时鸳鸯池水库运行 60 年，淤积严重，库容严重缩小，不得不在灌溉吃紧的情况下于汛期下泄水量以确保安全，意外造成讨赖河与黑河的再次连通。由于黑河下游一直存在继续向中游扩大声索生态水权的声音，有关领导为防止讨赖河被纳入声索范围，遂于丰水年份相机启动了讨赖河西支河道恢复工作，将因鸳鸯池水库淤积而不能蓄积的洪水排入北海子湖盆而非黑河。由此，北海子水面得到正式恢复。

在鸳鸯池水库不断淤积的同时，讨赖河上游开始规划修建多座水库。此举将根本改变目前流域洪水资源由金塔独享的情况，金塔县对此表示强烈反对，但交涉未果。在此情境下，恢复北海子有利于金塔县在未来水权博弈中以生态水权为由争取更多水权。2015 年，国家林业局批准了金塔县建立甘肃金塔北海子国家湿地公园（试点）的申请，现总面积达 6900 公顷，其中湿地面积占 4763 公顷，湿地率为 69%。②

民国时期的北海子曾因水权争议而扩大，如今的北海子同样因水权问题而恢复，都是地方政府一手推动的结果；尤其是今日的恢复，与生态治理有着千丝万缕的联系，是典型的"政策性湖泊"。但与哈拉诺尔恢复时地方政府的积极宣传不同，当地政府并不热衷于宣传北海子

---

① 金塔县地方志编纂委员会编《金塔县志·水利》，兰州：甘肃人民出版社，1992 年，第 208 页。

② 甘肃省林业厅：《甘肃省酒泉市金塔县北海子国家湿地公园湿地保护与恢复项目建设已竣工》，http://www. isenlin. cn/sf_ 943EFA37179A4D7EA7D671F046A04F 21_209_ D50BB7EB 762. html，2021 年 10 月 2 日。

的"复活"。当地政府恢复北海子的初衷，一是避免黑河下游的过度生态水权声索，二是为在讨赖河上游的水权博弈中争取有利地位，这都是着眼于金塔水资源仍然十分匮乏的现实。但大举宣传北海子的"复活"，会给外界"金塔其实不缺水"的假象，使自身陷入被动。可以说，北海子的命运不但是"政策性"的，也是"策略性"的。

四　结语

以上我们历时性地梳理了哈拉诺尔与北海子这两个"政策性湖泊"的演化历程，可以发现水权要素在其消长中扮演了关键角色，在当代甚至是决定这一类湖泊命运的原动力。与被明确纳入治理目标的居延海类型"政策性湖泊"相比，哈拉诺尔－北海子类型"政策性湖泊"具有脆弱性与不确定性，这主要是由于没有确定的生态水权保证，甚至其自身还充当水权博弈的筹码。这一类"政策性湖泊"的恢复无疑深具复杂性，其中既是干旱区悠久的水权事务在当代的延续，也生动折射出当代政府面对生态治理目标时的不同行为方式。个中肯綮，值得深入研究。

然而，尽管"政策性湖泊"存在如此重大的差异，但在一般公众认知中将其等量齐观地视为干旱区生态治理的成效，此点应该引发充分的注意。不同的"政策性湖泊"有着完全不同的历史渊源和现实成因，其恢复并非都是生态治理的目标。从生态学角度来看，恢复湖泊并不意味着生态效益最佳，故很多生态治理工作并不把恢复湖泊作为目标，并不把追求更大的水域面积作为成绩。不恰当地恢复湖泊，不但不意味着生态治理的成功，反而可能造成水资源的巨大浪费。对此，学术界有着清晰的认识。① 因此，不加分辨地将恢复干旱区历史湖泊作为政府环保事业的象征，意味着政府将背负不必要的包袱。哈拉诺尔－北海

---

① 李新荣、赵洋、回嵘、苏洁琼、高艳红：《中国干旱区恢复生态学研究进展及趋势评述》，《地理科学进展》2014年第11期。

子类型"政策性湖泊"缺乏生态水权保障，加之气候变化、自然灾害等不确定因素，使得在湖泊形成后无法保证维持。不切实际的宣传，不仅会增加政府的信用风险，更不利于公众对于生态治理复杂性的理解。

哈拉诺尔的宣传实例表明，生态治理的"历史合法性"在一定程度上存在被滥用的危险，史学工作者需要更为积极地参与到生态治理的"标杆"确定中，提供精准、有效的历史证据。北海子的演化也表明，水权博弈可能成为干旱区"政策性湖泊"产生的重要推手，生态治理与水权博弈究竟应当保持何种良性的关系，本文在这里抛砖引玉，希望引发诸位方家的深入思考。

从历史学角度来看，以长时段的视角梳理"政策性湖泊"的演变，对于认识历史时期的中国绿洲诸问题亦有重要启发。拉铁摩尔[①]、前田正名[②]等，都着眼于"绿洲"的孤立性、分散性，但拉铁摩尔的观点是相对于草原而言，前田正名的观点是相对于中原而言。事实上，"政策性湖泊"诸问题并非一个湖泊本身的问题，而是涉及整个内陆河上下游的系统性问题，而此种系统性在历史学领域并未得到充分重视。这种系统性不仅体现在生态方面，更体现在社会方面。内流河灌溉的绿洲社会内部具有明显的上下游属性，中原王朝治理下的河西走廊绿洲地区以及新疆伊犁河谷地区，处理上下游关系的灌溉关系决定绿洲整体存亡。从某种程度而言，中国绿洲水利社会是华北水利社会向干旱区的延伸与变异，对其运行基本机制的揭示，需要结合内陆河流域的系统性要素予以详细挖掘。

---

① 欧文·拉铁摩尔：《中国的亚洲内陆边疆》，南京：江苏人民出版社，2017 年，第 104～113 页；黄达远：《在古道上发现历史：拉铁摩尔的新疆史观述评》，《新疆师范大学学报》（哲学社会科学版）2013 年第 4 期。
② 前田正名：《河西历史地理学研究》，陈俊谋译，北京：中国藏学出版社，1993 年。

社会学视野下中国自然资源治理模式的演进及展望

卢春天　马怡晨*

摘　要：本文回溯了自然资源治理模式的演进历程，并将其融入社会转型过程中，分析不同社会基础对自然资源治理模式及其演进产生的影响。新中国成立至今，依次经历了命令型、管束型、监管型和统筹型四种自然资源治理模式，每种模式对应不同的治理主体、治理方式、治理手段以及治理机构。在这一过程中，以社会价值取向、社会力量结构、社会风险结构为代表的社会基础共同形塑了自然资源治理模式及其演进。为了实现自然资源治理体系与治理能力现代化，中国必须以坚持党委领导、政府主导的统筹治理为基本前提，落实多元主体协同治理机制，积极探索社区治理实践，最终形成自然资源治理的中国特色模式。

关键词：自然资源治理　社会结构转型　社会基础

---

* 卢春天，西安交通大学人文与社会科学研究院社会学系教授；马怡晨，西安交通大学人文与社会科学研究院社会学系博士研究生。

人类对自然资源的认识和利用最早可追溯到从猿到人的过渡阶段，因此人类社会的发展史也是自然资源的利用史。[①] 自然资源是"在一定时间和技术条件下，能够产生经济价值，以提高人类当前和未来福利的自然环境因素的总和"[②]。对生态系统而言，它是必不可少的重要组成；对社会经济发展而言，它是至关重要的物质基础。随着各国人口规模逐步扩大，工业化、城市化、现代化速度不断加快，自然资源愈加重要且稀缺。自然资源危机引发的"蝴蝶效应"[③] 影响了各国政治、经济、社会，即便是地大物博的资源大国，也难逃"资源诅咒""公地悲剧"的泥潭。在这样的现实挑战下，各国依据国情、国力、国体以及自然资源禀赋形成不同类型的自然资源管理体制。[④] 回溯历史有助于把握未来，目前已有不少研究对中国自然资源管理进行历史溯源，通过归纳不同时期的自然资源管理模式或体制，描绘改革发展趋势，以掌握其历史脉络，总结其发展经验。

一 文献回顾与问题提出

从经济维度出发，研究往往将自然资源管理与经济体制改革挂钩。从适应集中计划管理需要到适应市场经济发展需要，[⑤] 自然资源管理模式经历了供给管理、需求管理、资源化管理和资产化管理四个阶段的发展历程。[⑥] 从政治维度出发，研究关注组织机构改革和制度政策变动。

---

① 参见刊评《自然资源治理须走出中国道路》，《中国国土资源经济》2019 年第 10 期。
② 张丽萍：《自然资源学基本原理》（第二版），北京：科学出版社，2017 年，第 2 页。
③ 例如，温室气体排放、生物多样性丧失、水资源短缺等。联合国环境规划署国际资源小组于 2019 年编撰的《全球资源展望》指出："超过 90% 的生物多样性丧失和水资源短缺现象，以及近半数的全球温室气体排放，都是由自然资源开采和加工造成的。"
④ 钱丽苏：《自然资源管理体制比较研究》，《资源与产业》2004 年第 1 期。
⑤ 陈安国：《从"公地的悲剧"看我国自然资源管理方式的转变》，《科技进步与对策》2002 年第 8 期。
⑥ 梁勇、成升魁、闵庆文：《中国资源管理模式的发展历程与改革思路》，《资源开发与市场》2003 年第 6 期。

比如中国自然资源管理体制与历届政府机构改革相伴而生,① 呈现了由分散互相牵制耗能管理向相对集中互相协调聚能管理转变的发展趋势;② 谷树忠等人则将中国自然资源政策的演进历程划分为四个阶段,且自 2011 年起进入向政府规制、全面负责、促进转型、系统协调和差异设计方向不断优化的第五阶段。③ 从社会维度出发,研究关注社区对自然资源管理转型的影响。如唐远雄和李浩功认为社区共管是推动中国自然资源管理从合法律性向合法性、从统治向治理转变的主要原因。④ 此外还有研究在汇总多维要素的基础上梳理自然资源管理的历史脉络。如袁一仁等人以党的十一届三中全会、十四大、十八大为界限将新中国成立后的自然资源管理体制改革划分为四个阶段;⑤ 邓锋等人则分别描绘了自然资源管理模式、职能、方式、手段、理念的转变方向。⑥

虽然学者们在关注点和学科视角上的不同,使其在梳理和划分国内自然资源管理方式、体制、模式的历史演进上存在一些差别,但其结论基本承认自然资源治理与社会转型之间存在强关联性。因此,有必要从社会学视角出发考察不同历史阶段自然资源治理模式及其社会基础的变化。基于此,本研究试图回答以下三个问题:中国自然资源治理模式的历史演进及其特征如何?哪些社会基础影响其演进?什么样的自然资源治理模式更适合中国的现实与未来发展?考虑到如今中国正在推动社会管理向社会治理转型、环境管理向环境治理转型,为论述统一,本文使用"自然资源治理"替代以往研究惯用的"自然资源管理"。

---

① 苏迅、方敏:《我国自然资源管理体制特点和发展趋势探讨》,《中国矿业》2004 年第 12 期。
② 钱丽苏:《自然资源管理体制比较研究》,《资源与产业》2004 年第 6 期。
③ 谷树忠、曹小奇、张亮、牛雄、曲冰、何绍维:《中国自然资源政策演进历程与发展方向》,《中国人口·资源与环境》2011 年第 10 期。
④ 唐远雄、李浩功:《从统治到治理——中国自然资源管理合法性的转向》,《社科纵横》2015 年第 11 期。
⑤ 袁一仁、成金华、陈从喜:《中国自然资源管理体制改革:历史脉络、时代要求与实践路径》,《学习与实践》2019 年第 9 期。
⑥ 邓锋、石吉金、姚舜禹:《国土资源管理改革的总体趋势与若干思考》,《中国国土资源经济》2011 年第 5 期。

二　自然资源治理模式的历史演进

新中国成立后的自然资源治理历程可以由三个自然资源治理领域内的重要事件划分为四个阶段，并分别对应国家治理的四种"理想型"模式，即命令型模式、管束型模式、监管型模式和统筹型模式。

1. 自然资源治理的命令型模式（1949～1978 年）

新中国的主要任务是开展社会主义改造运动和经济建设活动，而这些活动离不开对作为工农业发展基础的自然资源的利用。自 1949 年建立新中国第一批自然资源治理机构（包括内务部地政司、林垦部、水利部等）起，到 1978 年《中华人民共和国宪法》（以下简称《宪法》）确立自然资源保护的法律地位之前，中国实行自然资源治理的命令型模式。该模式脱胎并服务于社会主义社会的新时期，意指在党委领导下，政府作为唯一治理主体，通过行政命令自上而下直接干预自然资源的开发利用行为，并要求社会各主体的无条件服从。主要具备以下特点。

首先是自然资源治理理念强调人定胜天。20 世纪 50 年代，中央曾号召开展植树造林和水土保持工作，却更多出于服务工农业发展的经济目的。到了"大跃进"时期，工农业生产高潮使得对自然资源的开发利用进一步扩大，从而推动人定胜天的思想深入人心。此时的中国虽没有明确理念指导自然资源治理，但相关工作基本围绕人定胜天的思想，以开发利用和规模扩张为重点，缺乏保护意识。

其次是以党和政府为单一治理主体，形成党委领导、政府包揽下的命令控制。为加快向社会主义转型，中国仿照苏联建立高度集权的计划经济体制和传统社会管理模式，主张政府对公共事务的大包大揽，忽视其他社会主体的参与权、话语权。自然资源治理也囿于其中，因此当时对自然资源的大规模开发利用更多反映的是国家意志，而非社会实际需求。

再次是主要采用规范性办法等行政手段，法律手段较弱。新中国成立初期，以《中华人民共和国土地改革法》（1950）、《宪法》（1954）为代表的相关立法多集中于规范自然资源，尤其是土地资源的权属问题（主要指所有权与使用权）。对开发利用行为主要借助行政命令自上而下地干预，而未在法制层面予以落实。例如，中央政府曾出台《渠道管理暂行办法草案》（1951）和《水利工程水费征收使用和管理试行办法》（1965）以规定水资源的收费制。但该制度实行不久就因受"大跃进"和"文化大革命"的影响而"付诸东流"，其他相关法律制度建设也暂时停滞。

最后是依据自然资源属性成立对应治理机构，并呈现分散治理状态。不同于美国等西方国家设置一个行政机构统一治理所有自然资源，新中国按照属性、产品和生产技术专业设置产业经济部门以分类管理自然资源。[1] "种树的只管种树，治水的只管治水，护田的只管护田。"[2] 有些自然资源还会同时被多个机构分割治理，如土地资源治理划分城乡，农村土地归农业部和农垦部治理，城市土地由城建、规划、房产等部门治理。[3]

综上，命令型自然资源治理模式是新生政权快速建立工业体系、奠定国民经济基础、稳定社会秩序的必然产物。该模式对战后中国的自然资源治理发挥了较强的积极作用，既克服了当时"一盘散沙"式的社会关系，使政府具备强大的社会动员和社会控制能力，又促使工农业生产和经济发展能力快速恢复，保证国家战略意图的顺利实施。但该模式也存在不可忽视的消极作用：一方面体现在自然资源保护意识的淡薄造成资源浪费和生态破坏现象严重；另一方面体现在自然资源治理僵化，缺乏社会活力，并在国家治理路径依赖[4]的惯性作用下导致社会参

---

① 袁一仁、成金华、陈从喜：《中国自然资源管理体制改革：历史脉络、时代要求与实践路径》，《学习与实践》2019 年第 9 期。
② 严金明、王晓莉、夏方舟：《重塑自然资源管理新格局：目标定位、价值导向与战略选择》，《中国土地科学》2018 年第 4 期。
③ 姚华军、丁锋：《我国国土资源管理体制的历史、现状及发展趋势》，《中国国土资源经济》2001 年第 11 期。
④ 曹龙虎：《国家治理中的"路径依赖"与"范式转换"：运动式治理再认识》，《学海》2014 年第 3 期。

与治理机制的长期匮乏。

2. 自然资源治理的管束型模式（1978～1995 年）

1978 年，中国进入改革开放和市场经济转轨时期，简政放权、法治建设成为国家治理新方向，但探索治理新模式离不开政府强有力的组织领导。因此，自 1978 年《宪法》确立自然资源保护的法律地位起，到 1995 年正式提出可持续发展战略之前，中国实行自然资源治理的管束型模式。该模式脱胎并服务于中国从传统社会主义向现代社会主义过渡的历史转型期，意指在党委领导下，政府作为唯一治理主体，运用行政与法律手段共同约束自然资源的开发利用行为，政府权力部分下放。主要具备以下特点。

首先是治理理念发生转变，资源保护在《宪法》层面得到认可。20 世纪 70 年代世界环保运动的兴起和国内改革开放的启航，共同推动中国自然资源治理理念从大力开发向合理利用转变。1981 年川陕山区严重的泥石流和洪涝灾害更是让人们意识到无节制开山伐木的严重后果。因此，中央在 1983 年第二次全国环境保护会议上推出以合理开发利用自然资源为核心的生态保护策略。"大力保护，合理利用"由此贯彻指导自然资源治理工作。

其次是治理方式转变为党委领导、政府主导下的管理约束。改革开放后，计划经济时期高度集权的传统社会管理模式不再适应生产力的发展，政府逐步以宏观管理替代微观管理。但在计划经济尚未脱嵌，市场化转轨刚刚发轫，其他社会主体力量发育还不充分的现实条件下，自然资源仍离不开党和政府的管理约束。即便约束有所放松，但政府依然表现出全能与独揽的特征。为有效防止自然资源被过度开发，国家对资源利用形成一种刚性限制。[①]

再次是行政手段多元化，法治框架初步构建。行政命令明显减少，

---

① 唐远雄、李浩功：《从统治到治理——中国自然资源管理合法性的转向》，《社科纵横》2015 年第 11 期。

行政引导、信息、咨询服务等手段相继出现。在法律手段上，不仅规范了自然资源的保护和有偿使用问题，如《宪法》（1978、1982）、《中华人民共和国自然保护区条例》（1994）、《中华人民共和国资源税条例（草案）》（1984），还完善了权属问题，如《盐业管理条例》（1990），并开始实施自然资源的资产化管理制度，包括耕地占用税、城镇土地使用税等自然资源有偿使用制度、产权分割制度。

最后是治理机构依然维持分散治理状态，但已出现统一治理趋势。1978～1995年，中国历经了3次以精兵简政为任务的政府机构改革，但效果并不彻底。如在1988年的国务院改革中建立能源部，替代煤炭工业部、石油工业部和核工业部，又在1993年的国务院改革中撤销能源部，分为电力部和煤炭部。因此，自然资源的治理机构依然维系了改革开放前的分散治理状态。虽然政府机构改革历经了精简膨胀再精简的循环，但自然资源治理机构仍在总体规模数量上呈现下降趋势，① 在部门关系上呈现统一治理趋势。

综上，管束型自然资源治理模式是中国为适应经济转轨而选择的一种较为保守的过渡模式。这一阶段法治框架的初步形成推动国内自然资源治理朝着利于资源有偿使用、资源资产保值增值的现代治理道路发展。但该模式实质上并未解决公众保护意识薄弱和治理参与度低的问题，"人定胜天"的传统思维遗留致使人与生态之间的紧张关系持续加剧。这也成为后期市场化规模扩大，而监管和处罚制度尚未完善时，多地政府和企业采取以生态环境换取经济利益的根源之所在。

3. 自然资源治理的监管型模式（1995～2013年）

十几年的改革开放为中国带来经济腾飞的同时也带来了自然资源治理危机。在"野蛮生长"的市场经济思维和"GDP主义"导向的政绩考核指标影响下，部分地方政府与当地企业"合作"以不计后果的资源开发换取短期经济利益。在消费主义影响下，公众无法摆脱对自然

---

① 苏迅、方敏：《我国自然资源管理体制特点和发展趋势探讨》，《中国矿业》2004年第12期。

资源的依赖，自然资源消耗量不断增加。① 到 20 世纪末，中国重要产粮区耕地质量下降、水源地采量过度、生态保护区非法开发等生态问题已十分严峻，"倒逼"国家加强生态监管，走可持续发展道路。因此，自 1995 年可持续发展正式作为国家重大发展战略起，到 2013 年提出"山水林田湖是生命共同体"原则之前，中国实行自然资源治理的监管型模式。该模式脱胎并服务于中国落实市场经济、深化社会主义现代化建设时期，意指在党委领导下，政府运用行政、法律、经济手段共同监管自然资源的开发利用行为，并尝试引导其他社会主体参与治理。主要具备以下特点。

首先是以可持续发展为治理理念，强调保护而非开发利用。为改变传统资源利用方式，缓解资源消耗和生态破坏的严峻局势，中央于 1995 年正式将可持续发展战略纳入"九五计划"。1998 年长江流域的特大洪水再次警醒人们无节制开发利用自然资源带来的危害。21 世纪初，中央又逐步提出循环经济、建设资源节约型和环境友好型社会、绿色发展等思想，而这些也都属于可持续发展理念的拓展与深化。

其次是企业被纳为治理主体，形成党委领导、政府主导、企业参与下的监督管理。20 世纪末，社会主义市场经济体制进入稳步发展阶段。与此同时，1998 年国务院机构改革推动政府职能转向宏观调控、社会管理和公共服务，并将部分治理权力分给市场。考虑到企业作为开发利用自然资源的主要责任主体，政府借助市场机制引导、监督企业参与自然资源治理，但忽略了一般公众的责任。

再次是继续完善行政和法律手段，开始运用市场手段。在行政手段上，既通过国家发展规划加强对资源保护的宏观管理，也借助成立全国人大环境与资源保护委员会、组织开展全国环保执法活动、向地方派驻国土督察局等方式加大资源利用监管力度。在法律手段上，《中华人民

---

① 张玉林、郭辉：《消费社会的资源—环境代价——"2019 中国人文社会科学环境论坛"研讨综述》，《南京工业大学学报》（社会科学版）2020 年第 1 期。

共和国刑法》（1997）首次规定破坏环境资源保护罪，并在自然资源治理领域先后建立监督问责机制、信息公开和公众参与制度。在经济手段上，通过规划建设国家重大绿色工程引导市场参与治理。比如《中国跨世纪绿色工程规划》强调污染者负责，要求资金投入以企业和地方为主。

最后是多机构相对分散治理转变为国土资源部相对统一治理。1998年中国再次推行以职能转变、政企分开为主要任务的政府机构改革，原有多机构分散治理、互相牵制的状态被打破，出现相对统一趋势。中央撤销了几乎所有工业专业经济部门，由地质矿产部、土地管理局、海洋局和测绘局共同组建国土资源部，但林业局、住建部、农业部、水利部的部分职责还未整合到国土资源部之内。

综上，监管型自然资源治理模式是生态问题倒逼和政府职能转变需求下的必然选择。为缓解现代化转型过程中资源保护与经济发展之间的矛盾，中央一方面下放权力，推动地方政府的监察与问责工作制度化、常规化；另一方面借助市场机制刺激、引导、监督企业担负治理责任。这在一定程度上提高了自然资源治理的整体效率以及基层政府的治理能力。但已有法律制度对个体行为约束力不强，多数企业属于被动服从于硬性规定而非主动参与治理。个体和企业的嵌入度和积极性都不高，导致中国自然资源治理缺乏内生动力，治理水平偏低。

4. 自然资源治理的统筹型模式（2013 年至今）

2013 年，党的十八届三中全会提出要以"推进国家治理体系和治理能力现代化"为主要目标，生态环境领域也被纳入其中。这一目标的实现需要将多类资源、多方力量统筹于同一个治理体系，因此，中央自 2013 年提出"山水林田湖是生命共同体"原则开始布局自然资源治理的统筹型模式。该模式脱胎并服务于中国全面深化改革的新阶段，意指在党委领导下，政府运用行政、法律、经济以及其他新型手段共同治理自然资源的开发利用行为，推动形成多元主体协同治理机制。主要具备以下特点。

首先是以习近平生态文明思想为治理理念。习总书记不仅在党的

十八届三中全会上提出"山水林田湖是生命共同体"原则，还进一步
围绕生态文明建设提出建立系统完整的生态文明制度体系。2017 年和
2021 年，"草"和"沙"分别被纳入"山水林田湖"生命共同体中。
直至今日，习近平生态文明思想包含可持续发展、绿色发展、美丽中
国、生态文明建设、山水林田湖草沙系统治理等理念在内，可指导自然
资源治理。

其次是目标形成多元主体协同治理方式。政治与社会背景的转变
对治理方式提出更高要求。2013 年社会管理向社会治理转型带动生态
管理向生态治理转型，2019 年国家治理体系和治理能力现代化重大战
略部署涵括生态环境治理体系和治理能力现代化。与此同时，以环境
NGO 组织和社区自组织为代表的群体意识觉醒、绿色社区和生态网格
化治理试点等具体实践开始为自然资源治理注入"新鲜血液"。多元主
体协同治理成为自然资源治理现代化目标实现的必然路径。

再次是传统治理手段继续完善，新型治理手段出现。修订完善《环
境保护法》《水污染防治法》等以进一步提升自然资源保护底线，重视前
端预防而非后期治理；加快建立健全资源有偿使用制度和生态补偿制度
等，形成生态文明体制建设的"四梁八柱"[①]。增加国家级生态系统保护
和修复重大工程建设，吸引社会资本参与其中以探索重大工程市场化模
式。借助大数据等新型手段治理自然资源，如充分运用大数据和地理信
息系统的技术支持实现自然保护区的网格化治理。虽然新型手段仍处于
探索阶段，但已有研究和实践经验[②]证实了其可行性和有效性。

最后是实现从国土资源部相对统一治理向自然资源部集中统一治
理的转变。2018 年，在整合国土资源部、住建部、水利部等 8 个部门

---

① "四梁八柱"指的是与生态文明体制建设相关的八类制度，具体包括自然资源资产产权、
国土开发保护、空间规划体系、资源总量管理和节约、资源有偿使用和补偿、环境治理体
系、市场体系、绩效考核和责任追究。
② 王春水：《自然资源数据治理与应用研究——以山西省为例》，《国土资源信息化》2019 年
第 4 期；许单云、何友均、赵晓迪、叶兵：《自然资源适应性治理探索——以钱江源国家公
园体制试点为例》，《世界农业》2019 年第 12 期。

全部或部分职责的基础上，中央成立了新中国成立以来覆盖范围最广、权力最大的自然资源统筹治理部门——自然资源部，标志着中国自然资源治理机构正式从分散走向统一。这种机构设置方式有助于决策者、执行者和监督者的适当分离和相互监督，也有助于将"山水林田湖草沙"作为整体来保护，提高自然资源治理效率。①

综上，统筹型自然资源治理模式是中国追求生态环境治理现代化目标的必然选择。直至今日，中国的自然资源治理在理念上体现了系统化特点，在方式上表现出多元协同趋势，在手段上表现出多样化趋势，在机构上体现了集中统一特点。但统筹型模式仍处于发展和完善阶段，比如多元协同治理机制尚未落实。有些地区还出现了将自然资源开发与生态文明建设简单对立的"一刀切"型治理，极大阻碍了统筹型治理模式发挥积极作用。

为清楚对比四种自然资源治理模式，本文将其基本情况简述、归纳于表1当中。需要强调的是，虽然本研究将中国自然资源治理演进划分为四个阶段和四种模式，但演进实质上是渐进式而非割裂式的，后一种模式既替代前一种模式，也继承前一种模式的部分特点。

表 1　中国不同历史发展阶段中的四种自然资源治理模式对比

治理模式	命令型模式 1949～1978 年	管束型模式 1978～1995 年	监管型模式 1995～2013 年	统筹型模式 2013 年至今
划分节点	1949 年建立新中国第一批自然资源治理机构	1978 年《宪法》首次规定"国家保护环境和自然资源"	1995 年"可持续发展"正式成为国家重大发展战略	2013 年提出"山水林田湖是生命共同体"原则
治理理念	人定胜天	大力保护，合理利用	可持续发展	习近平生态文明思想体系
治理方式	党委领导、政府包揽下的命令控制	党委领导、政府主导下的管理约束	党委领导、政府主导、企业参与下的监督管理	党委领导、政府主导、企业主体、社会组织和公众共同参与的多元主体协同治理

---

① 叶榅平：《新体制下自然资源管理的制度创新与法治保障》，《贵州省党校学报》2019 年第1 期。

续表

治理模式	命令型模式 1949～1978 年	管束型模式 1978～1995 年	监管型模式 1995～2013 年	统筹型模式 2013 年至今
治理手段	行政手段为主，法律手段较弱	行政手段多元化，法律手段初步完善	行政、法律、经济手段并存	行政、法律、经济手段进一步完善，新型治理手段出现
治理机构	多机构分散治理	多机构相对分散治理	从多机构相对分散治理到国土资源部相对统一治理	从国土资源部相对统一治理到自然资源部集中统一治理

三 自然资源治理模式演进的社会基础

回溯历史，我们发现社会转型在带来生态问题的同时，也带来自然资源治理模式的转变。但社会转型（social transformation）概念的抽象性和丰富性致使其影响自然资源治理的作用机制尚不清楚。由于社会转型实质上是社会结构基础发生转变，所以社会基础及其变化可以被认为是在社会转型进程中影响自然资源治理模式演进的决定性因素。这与用卢曼系统理论分析环境问题的逻辑是一致的，即"恰恰是社会结构本身决定着社会所面对的环境问题"[1]。因此，本文通过寻找在中国社会转型过程中影响自然资源治理模式演进的社会基础，以准确把握其发展脉络。

1. 社会价值取向的转变

人是社会发展的主体，支配人类行为的价值取向是一切生态环境模式的逻辑始点。[2] 伴随中国转变发展方式，人类中心主义浸染下的工业文明价值取向开始向人与自然和谐共生的生态文明价值取向发展，

---

① 秦明瑞：《系统的逻辑——卢曼思想研究》，北京：商务印书馆，2019 年，第 283 页。
② 范和生、刘凯强：《从黑色文明到绿色发展：生态环境模式的演进与实践生成》，《青海社会科学》2016 年第 2 期。

带动自然资源治理模式演进。

新中国成立初期，国家重视工业发展，忽略了经济增长与生态环境之间潜存的矛盾。此时的发展道路明显受工业文明价值取向影响，人类中心主义支配国家行动。以人定胜天为代表的口号、标语成为国家鼓励公众投身社会主义建设热潮的话语工具，并影响治理者更关注自然资源的权属与开发利用问题。改革开放后，大力发展生产力成为解决当时中国社会主义理论和现实问题的根本出路。[①] 经济增速加快的同时，其与生态环境之间的矛盾也初步显露。在利益驱动和政绩考核影响下，一些地区选择牺牲生态环境以换取经济增长。因此，工业文明价值取向仍影响了改革开放初期的自然资源治理工作：理念上强调"大力保护，合理利用"，却在实践中以开发利用为主，以保护为辅，甚至忽略保护。

直到可持续发展理念传入国内，并成为国民经济计划中的战略规划，中国的发展道路才开始出现人与自然和谐共生的生态文明价值取向。在生态问题集中爆发并引发经济、社会矛盾等问题集体"倒逼"下，治理者开始反思和正视现代性的消极后果，并决心转变原有发展路径。受此影响，可持续发展成为自然资源治理的指导理念，并在理论发展和生态文明建设的过程中，逐步融入习近平生态文明思想，以指导自然资源治理工作。

2. 社会力量结构[②]的转变

与西方国家不同，中国独特的政治体制决定其拥有强大的政治力量。这种政治力量能在较大程度上运用各种手段干预自然资源治理，如新中国成立初期的土地改革运动和近几年的散乱污企业强制停工。政

---

① 陈东辉：《改革开放以来党的发展思路的转变与生态文明建设》，《重庆社会科学》2010 年第 5 期。

② 从阶级阶层视角出发，社会力量结构等于社会分层结构。研究证明新社会阶层在社会治理领域具备独特优势和更强烈的现实需求，但聚焦到环境与资源治理领域，这一结论未得以证实。因此，本文涉及的社会力量结构由政府力量、市场力量与社会力量组成。与此同时，"社会力量结构"中的"社会力量"不同于后面的"社会力量"，前者是包含政治力量、市场力量、（狭义）社会力量三者在内的广义社会，后者特指除了政治力量和市场力量之外的社会群体和个人，如非政府组织、知识分子、新闻媒体等。

治力量在自然资源治理中的强大作用源于其在社会力量结构中的强势地位。但中国的社会力量结构并非完全固化。伴随市场经济发展，传统社会力量结构出现从"强政府－弱市场－弱社会"向"强政府－强市场－强社会"转变的趋势，带动自然资源治理模式演进。

新中国成立初期的社会力量结构表现为"强政府－弱市场－弱社会"。一方面，国家需要集中力量完成社会主义改造目标和经济建设任务，政府成为凝聚社会整合力和控制力的国家机器；另一方面，公众普遍缺乏治理能力与动力，而市场又被严格控制。改革开放后，计划经济体制向社会主义市场经济体制过渡，传统社会管理体制下的政府管理能力和传统社会自我管理能力"双重失落"①，政府意识到只有向市场放权、赋权，才能起到减轻政务压力、活跃市场的作用。在国家治理路径依赖的惯性作用下，改革初期仍离不开政府对自然资源实施强有力的管束。

直到市场机制正式确立，市场力量的崛起开始打破固有社会力量结构，并朝着"强政府－强市场－弱社会"发展。但资本的无序扩张带来更严重的生态问题，资源开发利用量呈指数级增长②导致治理压力骤涨。考虑到自然资源治理对象主要是企业，政府借助购买项目服务等经济手段引导其从单纯的被监管者变成拥有被监管者和主动参与者双重身份的治理主体。公众意识的觉醒和行动的组织化则拉动中国社会力量结构向"强政府－强市场－强社会"发展。拥有较强生态责任意识的公众及其组成的社会组织、居民自组织、志愿者群体、新媒体通过资源保护和监督行动不断为社会力量争取参与自然资源治理的正当权益。此外，国家也通过基层组织、主流媒体引导公众合理合法参与自然资源治理。公民权利意识及其合法性得到认可，多元主体协同治理机制在自然资源治理领域扎根发芽。

---

① 姚华平：《我国社会管理体制改革 30 年》，《社会主义研究》2009 年第 6 期。
② 以 2000～2010 年的能源消费总量（单位：万吨标准煤）为例，能源消费总量年平均增长率高达 9.39%，远超同期世界均值（2.81%）（数据来源于国家统计局统计年鉴）。

3. 社会风险结构的转变

社会风险是认识和理解社会转型的重要维度之一。已有研究指出，社会风险结构以及决策者的风险认知会随社会转型而发生变化，进而推动社会政策的调整。① 同样，伴随中国社会主要矛盾和冲突的转变，以政治风险和经济风险为主的社会风险结构逐渐向以复合型社会风险为主的社会风险结构转化，带动自然资源治理模式的调整。

新中国的社会风险主要来自国内外敌对势力的政治威胁与经济封锁，因此必须走快速工业化的发展道路，以增强国力、稳固政权。此时的行政手段，尤其是行政命令是符合现实需求的，因为它能快速动员全国上下多方资源，集中力量办大事。自然资源的开发利用直接关系到工农业发展问题，其权属也关系到社会主义国家的本质问题，因此需要通过行政命令加以严格管束。

改革开放后，市场化带来多样的社会风险，包括生态破坏、贫富悬殊、全球化的风险等。② 社会风险结构不再以单纯的政治、经济风险为主，复合型风险逐渐增多，如环境邻避事件折射出环境风险向社会风险转化的困局。与此同时，控制社会风险所需要的大量资源涌向市场并由各种市场主体掌握，行政手段效力降低，法律成为应对风险的主要手段。③ 因此，市场化之后的自然资源治理需要面临并控制更复杂的复合型社会风险。此时单一的治理主体与手段不再适用，多元耦合才能更好地解决复杂问题与冲突。

四 自然资源治理模式的未来展望

统筹型治理模式是中国当前自然资源治理的主流方向，但仍处在

---

① 颜学勇、周美多：《社会风险变迁背景下中国社会政策的调整：价值、内容与工具》，《广东社会科学》2018 年第 4 期。
② 田启波：《论当代中国社会风险的构成与应对》，《理论探讨》2007 年第 4 期。
③ 李路路：《社会变迁：风险与社会控制》，《中国人民大学学报》2004 年第 2 期。

探索阶段。多元主体参与机制落实不到位、"一刀切"将自然资源开发利用与生态文明建设简单对立等问题依然是阻碍中国实现自然资源治理现代化目标的桎梏。通过把握中国自然资源治理发展脉络及其社会基础，本研究认为新时代背景下的自然资源统筹型治理模式应朝着以下方向继续完善。

1. 坚持党委领导和政府主导下的自然资源统筹治理

为实现利益最大化，自然资源治理需统筹考虑相应的优先次序和发展管理计划。[①] 党和政府作为国家的决策领导层，具有统筹全局的优势和能力，也有承担社会治理的责任。回顾新中国成立以来的历史，"国家始终在场"是 70 年社会发展与社会治理的主基调。[②] 同样，中国自然资源治理模式的方方面面也为国家所塑造，无论是治理理念、治理方式还是治理手段、治理机构，都充分体现了国家意志。因此，坚持党委领导和政府主导是把握自然资源治理方向、坚持统筹治理的基本与前提。

坚持党委领导和政府主导下的统筹治理。一是需要中国共产党扮演顶层设计者和引领者的角色，让自然资源治理具有党建引领特征。这要求我党既要把握治理方向以指导自然资源治理的全盘规划，又要加强基层党委建设以引导自然资源治理的地方行动。二是需要政府扮演"元治理"角色，即"同辈中的长者"。这一方面要求政府在平等基础上起对外带头作用：持续回应社会诉求的同时，为其他社会主体治理自然资源打通切实可行的参与途径；引导市场和社会力量达成多元主体参与治理的同时，借助法律制度的约束力对自然资源开发利用行为实行严格的监督和违法处罚。另一方面要求政府对内处理好纵向层级关系和横向部门关系：纵向而言，中央政府要向地方政府合理放权、授权，激发地方政府自然资源治理的内部驱动；横向而言，坚持自然资源部对各门类自然资源的集中统一治理，最大限度降低不同治理机构间

---

① 刘华、屠梅曾、侯守礼：《自然资源决策领域的公众参与模式研究》，《中国软科学》2006 年第 7 期。

② 冯猛：《中国社会治理转型的动力与路径》，《探索与争鸣》2019 年第 6 期。

的信息传递不畅和信息响应延迟。

2. 落实自然资源领域的多元主体协同治理机制

社会治理现代化不是单靠行政命令推进的，还要在承认个性、尊重多元的基础上通过沟通、对话、协商、妥协等方式整合利益、形成共识、达成契约。① 自然资源治理现代化同样需要纳入多元主体协同治理机制。这要求以企业为代表的市场力量，以公众和社会组织为代表的社会力量具备自觉保护自然资源的责任意识。目前，国内已有地区在自然资源的治理实践中基本落实多元主体协同治理机制，例如，毛乌素沙地、库布齐沙漠的荒漠化治理都离不开当地农牧民的广泛参与。

多元主体协同治理机制的落实需要内部推动和外部制衡的共同作用，其中，外部制衡包括正向的激励性机制和负向的惩罚性机制。对企业而言，内部推动可以通过企业内部党组织带动影响企业采取绿色行动；② 外部制衡既可以通过政策优惠、财政补贴等方式鼓励企业技术创新和应用，也可以通过强制性的法律手段、政府行政监管，以及公众监督督促企业自觉履行生态责任、减少生态破坏行为。③ 对社会组织而言，内部推动包括加强信息交流与共享、加强自身公信力建设、拓展资金渠道、提升能力等；④ 外部制衡一方面依靠政府搭建有利的制度环境和资源平台，⑤ 另一方面也依靠政府监管和公众监督。对公众而言，内部推动来源于自身生态素养的提升、生态知识的积累、生态意识的增强、生态行为的落实；外部制衡既要依靠政府健全制度环境，借助新媒体平台、生态社区和环保组织等拓宽治理参与渠道，也要重视对个体行

---

① 肖祥：《社会承认与社会治理正义》，《江苏社会科学》2020年第2期。
② 王舒扬、吴蕊、高旭东、李晓华：《民营企业党组织治理参与对企业绿色行为的影响》，《经济管理》2019年第8期。
③ 付易东：《中美企业环境治理责任制衡比较研究——基于环境公共治理视角》，硕士学位论文，华南理工大学，2020年，第33～36页。
④ 蒋惠琴、俞银华、张潇、邵鑫潇：《利益相关者视角下非政府组织参与环境治理的模式创新研究——以绿色浙江"吾水共治"圆桌会为例》，《环境污染与防治》2020年第7期。
⑤ 谭爽、崔佳：《环境NGO的政策倡导实践——基于"倡议联盟框架"的分析》，《南京工业大学学报》（社会科学版）2019年第6期。

为的监督和违法追责。

3. 探索社区参与自然资源治理的实践经验

党和政府引导统筹治理要求上下整合统一，多元主体协同治理机制要求尊重多元智慧，这两种治理思路往往在落实过程中产生矛盾与冲突。自然资源治理要想集二者之大成，就要面临如何缓和二者矛盾的问题，解决"权力－结构集中"与"社会－利益多元"之间的张力问题。[①] 人类学家和社会学家认为，当地社区最了解他们所处的环境，因而更能以可持续的方式管理社区。[②] 已有研究也证明了社区在邻避事件[③]、环境治理[④]中发挥着重要作用。20 世纪 80 年代末，社区共管作为一种崭新的后发展地区资源管理模式在多国渔业、海岸资源、森林和国家公园的治理工作中取得显著成效，也逐步引入中国自然保护区的治理当中。社区共管并不违背现行中国党委领导和政府主导下的自然资源统筹治理模式，它旨在将生物多样性保护与当地经济发展联系起来，[⑤] 其核心是加深基层政府和社区成员之间的相互理解，弥合社区内经济发展与生态平衡之间的"张力"，在保护基础上实现自然资源的可持续利用。

虽然社区共管模式能在很大程度上缓和政府与社会、生态与经济之间的矛盾，但它并不适用于所有地区。尤其是在中国多数社区力量较为疲弱的情况下，社区往往难以支撑起为政府、企业、居民等多方力量创造良好共商环境的重任，也欠缺引导当地居民参与自然资源治理的

---

① 周庆智：《改革与转型：中国基层治理四十年》，《政治学研究》2019 年第 1 期。
② 文军：《社区发展及其在我国的现实意义》，《岭南学刊》1998 年第 2 期。
③ 程军、刘玉珍：《环境邻避事件的情感治理——当代中国国家情感治理的再思考》，《南京工业大学学报》（社会科学版）2019 年第 6 期；Petrova Maria A. , "From NIMBY to Accept-ance: Toward a Novel Framework—VESPA—For Organizing and Interpreting Community Con-cerns," *Renewable Energy: An International Journal*, vol. 86, 2016, pp. 1280 – 1294。
④ Graham R. Marshall, "Nesting, Subsidiarity, and Community – based Environmental Governance Beyond the Local Scale," *International Journal of the Commons*, vol. 2, no. 1, 2008, pp. 75 – 97.
⑤ 张宏、杨新军、李邵刚：《社区共管：自然保护区资源管理模式的新突破——以太白山大湾村为例》，《中国人口·资源与环境》2004 年第 3 期；Minghai Zhang and Shuangling Wang, "Co-management: Transformation of Community Affair Model in Chinese Nature Reserves," *Journal of Forestry Research*, vol. 15, no. 4, 2004, pp. 313 – 318。

能力，反而容易产生"搭便车问题"进而损耗公众的积极自觉性。但考虑到自然资源治理具有较强的地域差异性，所以还是要格外注重地方治理的自主性和独特性。因此，中国应在现有统筹型治理模式的体系框架内，逐步积累不同类型社区参与自然资源治理的实践经验，将社区纳入治理主体当中，依靠基层党委、基层政府、社区自组织带动更大范围的社会行动，持续"供血"自然资源治理工作。

五　结论

综上，本研究将中国自然资源治理的演进历史划分为四个阶段，并分别对应四种治理模式。从表面来看，自然资源治理模式是自然资源治理理念、方式、手段、机构的组合；从深层次来看，自然资源治理模式是"经济－社会－自然"系统、"政府－企业－社会组织－公众"系统内不同互动关系的产物；从静态视角来看，自然资源治理模式体现了自然资源治理的阶段性特征；从动态视角来看，自然资源治理模式体现了自然资源治理适应社会转型而不断调适的过程。受社会转型过程中社会价值取向、社会力量结构、社会风险结构等不同现实基础的影响，自然资源治理模式不断演进并朝着统筹治理的方向发展，包括统筹多类资源、多方主体、多种手段、多个机构。

目前而言，统筹型模式是符合中国当下和未来发展需求的一种自然资源治理模式。这种模式能在坚持党委领导、政府主导的前提和基础上，集合多方力量，建立起从中央到地方、从体制内到体制外，目标一致、上下互动、要素齐全、纵横交错的"自然资源治理网"。庞大的治理网需要每项治理要素都能明晰定位、展现活力，"政府－企业－社会组织－公众"系统中每个治理主体都能平等合作、相互支持，"经济－社会－自然"复合生态系统的每端都能彼此协调、密切联动。在保障生态安全的同时提高自然资源治理效率、治理能力、治理水平，最终实现自然资源利用的科学化、合理化、集中化、专业化，以及公共利益的最大化。

农村环境治理主体重构的实践及逻辑[*]

——一项案例研究

陈　涛　郭雪萍^{**}

摘　要： 环境治理中的社会参与往往聚焦于组织型的社会力量，常常忽视或弱化了普通公众的功能发挥。兴桥村环境治理实践的研究发现，"谁养殖、谁管护"的属地管理规则和"以废易物"的废弃物回收规则，激发了社会力量参与环境治理的内生动力，推动了治理主体从行政权威向普通村民的重构。这种实践策略依赖于村民对于治理规则的认同，而规则认同依托于相应的组织机制、激励机制与互惠机制。这种地方实践提升了村民参与环境治理的内生性动力，并为创新农村环境治理的社会参与机制提供了"新的想象力"。

关键词： 激活社会　建构规则　培育认同　主体重构农村环境治理

---

* 本文为国家社科基金一般项目"机制创新背景下环境治理的地方实践研究"（18BSH066）的阶段性成果。
** 陈涛，河海大学社会学系、环境与社会研究中心教授；郭雪萍，河海大学社会学系硕士研究生。

一 问题的提出

社会参与是环境治理体系的重要组成部分，也是推动环境治理社会化的关键突破口。面对基层社会公共性消解①和内生动力不足的普遍性困境，因地制宜地建构适宜可行的社会化治理机制，关系着环境治理秩序的重塑与优化，关联着环境治理绩效的实现及其稳定。

伴随国家高位推动环境治理的常态化，我国的环境质量得到了显著改善。但需注意的是，这种绩效依然具有明显的局限性。从治污实践来看，工业污染治理是重点，且污染源数量呈现由东向西的减少态势。② 相比之下，生活污染虽已不再处于"注意力外围"，但尚未形成有效的治理方案。从空间范围来看，当前我国生态环境保护工作重心还是在城市，普通农村的环境治理与人民群众的期待还存在较大差距。③ 从全局来看，农村环境治理依然存在很多结构性"短板"，如何实现农村环境质量的总体改善已经是十分紧迫的现实问题。

费孝通在 20 世纪 80 年代指出，在工业梯度迁移过程中，污染会由大中城市扩散至小城镇，再由小城镇扩散至农村，④ 话语中已经影射对农村环境问题的忧虑。陈阿江将外在于村落的工业污染称为外源污染，而将村民自己产生的污染称为内生污染，认为农村正经历着从外源污染到内生污染的演变。⑤ 在现代性的影响下，村民的日常生产生活实践深刻影响着村庄生态环境的波动。进言之，村民的环境认知以及生

① 吴理财：《公共性的消解与重建》，北京：知识产权出版社，2014 年。
② 滕晗：《生态环境部：全国污染源数量由东向西逐渐减少》，https://wap.peopleapp.com/article/rmh13902644/rmh13902644，2020 年 6 月 11 日。
③ 黄润秋：《深入贯彻落实十九届五中全会精神 协同推进生态环境高水平保护和经济高质量发展——在 2021 年全国生态环境保护工作会议上的工作报告》，《中国环境报》2021 年 2 月 2 日，第 1 版。
④ 费孝通：《及早重视小城镇的环境污染问题》，《水土保持通报》1984 年第 2 期。
⑤ 陈阿江：《从外源污染到内生污染——太湖流域水环境恶化的社会文化逻辑》，《学海》2007 年第 1 期。

产生活实践与环境质量之间具有高度的相关性。激发村民的环保自觉意识，构建环境治理的内生动力，是促进环境质量改善的重要基础。

在中国环境治理实践中，政府主导性角色的确立源于其在计划经济时期承担了过多的责任及义务，进而形成了社会依附于政府的治理传统。① 因环保资源供给的限度，这种主导性在乡村社会表现得更为明显。然而，政府包揽的局限性早已显露，亟须激活社会力量。基于此，社会参与的重要性与迫切性频频出现于政策文本之中。比如，2014 年环境保护部（现为生态环境部）发布《关于推进环境保护公众参与的指导意见》，明确提出"广泛动员公众参与"的意见要求。此外，党的十九大报告提出了构建"共建共治共享的社会治理格局"，② 党的十九届四中全会提出了"建设人人有责、人人尽责、人人享有的社会治理共同体"。③ 这都表明国家在构建新型环境治理体系，推动公众由传统意义上的管理或治理对象向治理主体的身份转变。④

从历时性视角来看，自我国学界呼吁构建社会参与机制以来，它主要停留于理论建构和学术构想层面，缺乏深度广泛的实践。随着国家对创新社会治理体制机制的常态化推进，社会参与逐渐实现了从理论到实践的逻辑转换。比如，浙江嘉兴市 2011 年通过搭建组织框架为社会参与环境治理提供制度化平台，这一机制突破了政府单一主体的"小环保"视野，逐步将社会组织和公众纳入环境治理结构之中。然而，在由政府主导建构的社会参与机制中，社会组织与公众对政府具有很强的依附性，社会力量的长远发展缺乏内部驱动力。⑤ 此外，已有的社会参与机制多聚焦于社会组织，而公众个体或群体参与环境治理的意

---

① 余敏江：《生态理性的生产与再生产——中国城市环境治理 40 年》，上海：上海交通大学出版社，2019 年，第 45 页。
② 习近平：《决胜全面建成小康社会　夺取新时代中国特色社会主义伟大胜利——在中国共产党第十九次全国代表大会上的报告（2017 年 10 月 18 日）》，《人民日报》2017 年 10 月 28 日，第 1 版。
③ 《中国共产党第十九届中央委员会第四次全体会议公报》，《旗帜》2019 年第 11 期。
④ 燕继荣：《国家治理体系现代化的变革逻辑与中国经验》，《国家治理》2019 年第 31 期。
⑤ 林卡、易龙飞：《参与与赋权：环境治理的地方创新》，《探索与争鸣》2014 年第 11 期。

愿和效度尚未随着国家对于公众主体作用的话语强化而提升,甚至在自上而下的话语传导及地方实践中偏于形式化。究其原因,第一,在由政府建构的社会参与机制中,公众位次的理论与实践常常存在悖论。比如,公众时常是作为管理对象而存在,并非政策意义上的环境治理主体。第二,行政权威层层深入的管治力量常常改变了不同群体的角色关系和行动机会,[①] 甚至会妨碍基层社会自治的传统与秩序。由此,公众常常缺少自知的主体责任意识,习惯于作为"依附者"将自身利益托付给行政权威。综上,公众参与遭遇着主体身份的解构,个体在治理场域中面临"参与失灵"的困境。相应地,这意味着环境治理由"要我参与"到"我要参与"的转型困境亟待破解。

因此,重新审视当前的社会参与实践,从公众的价值引导与生活需求出发探寻符合中国语境的社会参与路径,是迫切需要研究的课题。与政学两界从应然层面探究社会参与的价值和政策思路,以及从实然层面探究社会参与的困境等研究理路不同,本文围绕东部沿海地区兴桥村[②]的环境治理实践,重点围绕激活社会何以可能、何以持续等基本问题展开探讨。

二　文献回顾与案例

(一) 文献回顾

长期以来,关于社会参与的研究多聚焦于政府主导的动员型参与。而当面对常规机制难以解决的社会问题时,从中央到地方都会构建强大的动员机制。在此,政治权威依托宣传和社会动员,旨在形成自下而上的"认同聚合",[③] 产生以政府为主导、社会力量共同参与的联合行

---

① 张静:《现代公共规则与乡村社会》,上海:上海书店出版社,2006年,第3页。
② 按照学术惯例,兴桥村以及其他关键性的地名、人名与河流名均已做了匿名处理。
③ 孔繁斌:《政治动员的行动逻辑——一个概念模型及其应用》,《江苏行政学院学报》2006年第5期。

动。这种由国家或政府建构的社会动员模式虽已关注到社会力量，但尚未涉及激活公众的主体性和能动性，公众整体上处于被动地位。

环境治理要"让社会充满活力"，[①] 环境善治需要依托广泛的社会力量，并建构合理适宜的策略引导其共同开展环境治理实践。近年来，伴随社会治理重心下移，学界研究视角已更多地投向"社会"，但仍存在很大不足。从区域来看，国内关于社会参与问题的实证研究多集中于城市地区，农村地区的社会参与研究相对较少。从主体来看，社会组织被认为是多元共治的重要社会力量，[②] 相关研究多以社会组织作为焦点，进而探讨国家治理与社会参与之间的关系，而这在一定程度上忽略了"常民"的重要价值。比如，有学者指出，作为引导农民群体参与环境治理的重要力量，环保组织需要深入农村并发挥主体性作用。[③] 相比之下，人们习惯于将农民视为环保认知不足、参与意愿低的草根群体，同时认为经济利益才是驱动他们主动参与的根本动因。[④] 但事实上，经济利益并非农民参与环境治理的唯一或决定性因素，上述论断限制了对农民作为治理主体的全面认知。

农村污染来源的复杂性以及治理的滞后性，决定了亟须吸纳全社会力量共同参与环境治理。[⑤] 然而，农村环境治理中存在"农民集体不作为"的社会现象，杜焱强等认为这是"政府角色错位及其消极回应、农村转型期村庄治理能力不足、农民权责不匹配"等因素综合作用的结果。[⑥] 黄森慰等发现公众的参与意愿和参与程度并不是正相关关系，认为公众参与是一种理性经济行为，它取决于文化程度和自身利益，其中

① 李培林：《社会治理与社会体制改革》，《国家行政学院学报》2014 年第 4 期。
② 王名、蔡志鸿、王春婷：《社会共治：多元主体共同治理的实践探索与制度创新》，《中国行政管理》2014 年第 12 期。
③ 刘鹏：《推进环保社会组织参与农村环境治理》，《学习时报》2019 年 10 月 16 日，第 A7 版。
④ 晏俊杰：《利益与规则：村民自治基本单元的行动基础》，《东南学术》2017 年第 6 期。
⑤ 韩喜平：《农村环境治理不能让农民靠边站》，《中国社会科学报》2014 年 3 月 28 日，第 A07 版。
⑥ 杜焱强、刘诺佳、陈利根：《农村环境治理的农民集体不作为现象分析及其转向逻辑》，《中国农村观察》2021 年第 2 期。

文化程度影响着个体价值观及其对环境的认知，而利益得失关联着个体对环境治理事务的参与程度。① 针对农民参与的现实困境，有学者重点讨论了农村社会参与的机制构建。有学者认为亟须培育农村环境治理的社会机制，将分散的农民有效地组织起来，形成共建共享的良性机制。② 陈涛发现，农村精英的生态实践对于提高环境质量具有重要作用，当生态利益自觉成为普遍性的社会行为时，会形成一种预防和抵制污染的社会力量。③ 这类研究突破了将行政权威视为单一治理主体的视野，关注到了公众在农村环境治理中的功能，但这些研究局限于"由谁治理"的问题，缺乏对"如何治理"及其机理的深入解剖。相比之下，有学者选择"从乡村认识乡村治理"，进而关注到农村环境治理社会化的新动向。比如，有学者提出"内发性治理"的分析框架，认为应在人与环境之间构建一个平衡点，农村环境治理需要回归乡村生活主体，紧密结合农民的生产生活方式展开治理实践。④ 唐国建、王辰光同样认为农村环境治理需要回归生活，即以满足村民的生活需要为目的，以他们的地方性生活常识为基础推动环境问题的解决。⑤ 这类研究关注到了乡村居民及其生活实践在环境治理中的价值，注重探究"由谁治理"与"如何治理"的合力效应。但问题在于，这类研究没有系统地分析普通村民"为何愿意"参与到环境治理实践中，也没有深入解剖基层群众性自治组织"何以吸纳"或"何以动员"这一主体的实践策略。

---

① 黄森慰、唐丹、郑逸芳：《农村环境污染治理中的公众参与研究》，《中国行政管理》2017年第3期。

② 冯肃伟、戴星翼主编《新农村环境建设》，上海：上海人民出版社，2007年，"前言"，第3~4页。

③ 陈涛：《从"生态自发"到"生态利益自觉"——农村精英的生态实践及其社会效应》，《社会科学辑刊》2012年第2期。

④ 蒋培：《农村环境内发性治理的社会机制研究》，《南京农业大学学报》（社会科学版）2019年第4期。

⑤ 唐国建、王辰光：《回归生活：农村环境整治中村民主体性参与的实现路径——以陕西Z镇5个村庄为例》，《南京工业大学学报》（社会科学版）2019年第2期。

综上，公众在环境治理中的价值与作用已得到普遍认可，学界关于社会参与已经开展了视角多元的研究，但仍存在需要进一步深入研究之处。既有研究探讨了行政权威在动员公众以及改善农村环境方面的实践，注意到了地方政府、社会组织、农村精英等在推动公众参与方面的导向作用，但对于后者参与的内生性动力，以及如何从"动员式参与"向"内生性参与"转变这一问题仍缺乏深入的分析。此外，现有研究对地方创新社会参与的探索与实践及其机制运作的深层次解剖依然不足。鉴于此，本文提出激活社会这一分析框架，它主要包括三层意思：一是挖掘地方性的社区资源（既包括人力、物力等有形资源，也包括生活习惯、行为规范、社会关系等无形资源），建构适宜的环境治理策略；二是激活村民的主体性，形塑农村环境治理的内生秩序；三是激发和培育村民对于地方性规范的认同，形成持续性的环境治理合力。这一框架与自上而下的国家动员视角不同，旨在聚焦农村社会，探究如何依托基层组织和地方精英作为动员主体，推动普通村民从"动员式参与"迈向"内生性参与"。

（二）案例选择

本文以东部沿海地区的兴桥村作为研究个案，该村所在的 Q 市（县级市）位于东部黄金海岸线的中段，水资源优势明显，历史上"因有鱼盐之利，民居乐焉"。兴桥村位于长江入海口北岸，总人口接近2230 人。依水而建是村落空间布局的典型特征，居民区广泛分布在河流两岸。

村内共有 276 条河流（其中村级河道 4 条、泯沟①272 条），曾是村

---

① 泯沟指的是农民自行开挖的水道，比一般河道窄且小，用于引河水灌溉周边田地，又称"民沟"或"宅沟"。"泯沟"是农耕文明的产物。在土地私有制的历史时期，"泯沟"是划分民间田地界线的标志。新中国成立后，农村土地归集体所有，"民沟"改名为"泯沟"。参见"上海发布"公众号 2020 年 4 月 8 日发布的《洪、溇、港、河……崇明这些关于水的故事，你知道吗？》。

民生活及农业用水的重要来源。20 世纪 90 年代，垃圾围村、河流污染等现象趋于凸显，地方政府未能及时出台有效的环境治理措施，导致村庄环境持续恶化。2003 年之后，地方政府曾开展过垃圾回收、河道清淤等活动，但治理短效且污染反弹问题无法遏止。自 2010 年起，地方政府开始全面启动农村环境长效管护。在此背景下，兴桥村制定了一系列规则动员村民参与环境治理，并依托地方政府、基层组织、地方精英，多方合力推动了村庄环境的持续改善。这种实践策略使得通常意义上的治理对象变成环境治理中的"主角"，实现了治理主体从行政权威向普通村民的重构。本文通过对兴桥村环境治理实践的观察，剖析该村激活社会进而重构治理主体的逻辑理路，探讨其激活村民主体性的实践机制，并阐述这种机制对于推动农村环境治理的参鉴价值。

课题组对于激活社会的实践观察已有多年，并在不同地区展开了广泛的调查和分析，收集了丰富的经验性材料，这为本案例的选择和学理讨论奠定了基础。本文的经验材料来源于课题组 2020 年 12 月在兴桥村的实地调研以及 2021 年 6 月的回访调研。本文选择兴桥村作为研究个案，主要原因在于两个层面。第一，兴桥村的环境治理已有较长的历史跨度，环境治理的历史探索与现实状况比较清晰，便于深入探究治理策略演化的内在机理。第二，兴桥村环境治理实践中的基本经验已在其所隶属的县级市得到了推广，案例本身具有一定的区域典型性。

三 建构规则：激活社会何以可能

规则是个体有序参与社会行动的基础。按照制度主义的解释，所谓规则即关于何种行动是必须、禁止抑或允许的，以及不遵守规则时受到何种惩罚的规定。[①] 社会学家将规则引入基层社会治理，认为规则是人

---

① 埃莉诺·奥斯特罗姆、罗伊·加德纳、詹姆斯·沃克：《规则、博弈与公共池塘资源》，王巧玲、任睿译，西安：陕西人民出版社，2011 年，第 39 页。

们的行为所需遵循的准则，不论个体或群体是否承认或意识到，这些规则都在发挥作用。[①] 需要注意的是，具有社会动员效果的往往是源于群体合作自治需求的内生性规则，[②] 这代表着乡村社会内生的非正式的行为准则。兴桥村在推进环境治理过程中，基层组织通过制定贴近群众生活传统与生产活动的治理规则，引导村民自发地参与到环保行动中，进而激活他们参与这项公共事务的主体性。

（一）属地管理规则："谁养殖、谁管护"

属地管理本是一种行政管理体制，实质上是一种责任落实机制。[③] 本文的属地管理指的是兴桥村在环境治理过程中探索出的一种"谁养殖、谁管护"的治理规则，其中，地方精英作为发起者，引导和动员河流两岸的村民通过采用生态技术开展生态养殖，进而实现水环境的改善，并由普通村民作为责任主体对河流进行长效管护，从而达到"无治而治"[④]（通过以养促治、养护结合的方式改善水环境）的效果。

在传统社会，兴桥村和其他地方一样，是一个弃废物能得到循环利用的农村区域。但是，自 20 世纪 90 年代初以来，村民在河道内大量插设网簖（一种渔具），严重影响了水体流动。此外，村民将生活垃圾乱扔进河道等行为导致河道淤塞。加之环境治理处于边缘化地位，久而久之，水体自净功能逐渐丧失。到了 90 年代末，兴桥村 80% 以上的河流都遭遇着垃圾堵塞、水体黑臭等问题，其中兴桥一河（村级河道）便是当时遭遇环境污染的一个典型。

　　由于河流南北两岸都是居民区，居民随手倾倒垃圾的陋习将

---

① 张静：《现代公共规则与乡村社会》，上海：上海书店出版社，2006 年，第 14 页。

② 白雪娇：《规则自觉：探索村民自治基本单元的制度基础》，《山东社会科学》2016 年第 7 期。

③ 颜昌武、许丹敏：《属地管理与基层自主性——乡镇政府如何应对有责无权的治理困境》，《理论与改革》2021 年第 2 期。

④ 陈阿江：《无治而治：复合共生农业的探索及其效果》，《学海》2019 年第 5 期。

河道糟蹋得不堪入目。另外，河里水生植物生长迅速，因长期得不到清理而逐渐腐烂，加上垃圾堵塞，河道日益黑臭，河流岸边脚滩①也因此逐渐废弃。（访谈编号：ZH20211218）

2005 年后，在当时"四位一体"② 总体布局的战略导向下，"全面协调可持续发展"成为现代化建设的内在要求。在此背景下，兴桥村所在的 N 市（地级市）借鉴了国家层面的"四位一体"表述，提出了农村环境"四位一体"的管理办法，即构建生活垃圾集中处置、沟河保洁、公路管护和绿化养护等环境管理框架。2010 年，N 市全面启动农村环境整治工作。基于自上而下的行政动员，兴桥村开展了河道清淤、垃圾回收等基础性的工作。这一时期的环境治理内嵌于地方政府主导的环保格局之中，由其基层代理人（村干部）作为治理主体，普通村民未能充分参与到治理实践之中。这不仅源自村民自身的责任意识不足，更源自新中国成立后以行政权威为主导的乡村治理传统。

从人水关系视角来看，生活者成为污染者的事实凸显了环境问题的内生属性，村民在日常生产生活中对河流造成的破坏，表明其已然降低甚至丧失了对河流的保护欲。村民将河道当作生活及生产废弃物处理的"垃圾池"就是这方面的有力注脚。此外，就当时的河道治理而言，因缺乏配套的长效管护措施，整治后的河流水体难以恢复洗涤、游泳、渔业等高层次功能，久而久之仅剩下"纳污"③ 功能。在某种程度上，环境质量与个体环保意识和行为具有内在关联性，即环境质量越好，越能强化人的环保意识和行为，反之亦然。当河流仅剩下"纳污"功能时，往往很难再唤起村民的保护意识，人水关系逐渐陷入恶性循

---

① "脚滩"是一种由河道岸边延伸至水里的水泥板，主要是为了方便村民在河边洗衣、洗菜、淘米等而修建。

② "四位一体"中的"四位"是指社会主义经济建设、政治建设、文化建设与社会建设。

③ 陈阿江：《从外源污染到内生污染——太湖流域水环境恶化的社会文化逻辑》，《学海》2007 年第 1 期。

环。另外，在地方政府自上而下动员农村开展环境治理时，治理主体逐渐聚焦到了精英群体（包括村干部、党员、经济能人等）身上，普通村民的责任与权利并没有被纳入治理结构之中，进一步疏离了人水关系。由此，环境保护缺乏足够的内源性动力，"边治理边污染"现象难以有效根除，成为环境问题"久治难愈"的重要诱因。

面对村内河流持续污染态势和地方政府的治污要求，兴桥村于2010 年提出采用"以鱼净水"模式对河道进行治理。"以鱼净水"模式源自农村精英老郑的养殖经验，他从 1988 年开始从事水产养殖，以此致富并成为当地公认的"经济能人"，此外，还于 1998 年被推选为兴桥村经济合作社副社长。30 余年的水产养殖经历让其成为地方公认的养殖专家。2010 年担任村党支部书记后，老郑带领村"两委"统筹谋划村庄整体环境的改善方案。从技术层面来看，这种模式的基本原理在于通过生物种类的多样性及养殖密度的科学搭配，建构一种生物间共生互补的循环生态链，达到遏制水体富营养化和提升河流水体自净的能力。

> 草鱼、鳊鱼喜食水草和浮萍，鲢鱼、鳙鱼吃浮游生物，而螃蟹则是水花生的克星。按照养殖空间和范围的大小，对河道养殖的鱼类进行合理配比，能有效起到清洁河道的功效。（访谈编号：ZH20201218）

这种治理方式蕴含着生活环境主义理念，即强调挖掘并激活生活者的智慧，根据当地居民的生活传统和生活经验，寻找解决环境问题的答案。[①]"以鱼净水"的生态养殖模式关照到了当地群众喜爱食鱼的生活传统，鼓励村民以养鱼为媒介助推水环境改善。同时，该地配以"谁养殖、谁管护"的属地管理规则，督促参与养殖的村民自觉主动地管护河道（包括清理河岸污染物、监督并阻止他人往河道乱扔垃圾等），达到

---

① 鸟越皓之：《环境社会学》，宋金文译，北京：中国环境科学出版社，2009 年，第 50～53 页。

对河流环境的长效维护，由此构建一种以村民为行动主体的农村治水（或护水）机制，进而实现"还水于民"以及"还岸于民"。

"谁养殖、谁管护"的治理规则是一种创新性的治理手段。但正如埃弗雷特·M. 罗杰斯所言，创新往往伴随着不确定性，决策者难以完全清楚新的方案在多大程度上能够优于传统的解决方案。[①] 创新性的治理机制往往都需要经历"试点－推广"的过程性演变，才能获得广泛认可与接纳。"以鱼净水"的设想萌生后，村干部们对于养殖过程中涉及的村民参与意愿、参与规模及治理成效等问题，并没有确定性的把握或预判。用老郑的话来说，这是一个"摸着石头过河"的探索性过程。

> 一开始（2010年）并不确定是否有人愿意参与，毕竟风险还是有的，所以我们选择了兴桥一河（总长度2300米）中的200米河段作为试点。当时，我们动员了河岸两边的8户村民以家庭为单位进行围网养鱼，鱼苗由我提供。农户不用花一分钱，最后收获的鱼全都归他们。但是我们村干部会提前跟养鱼的农户说明，如果确定参与，需要先自行清理河道，比如打捞水花生，拆除河岸的鸡棚、鸭棚等。同时我们会提前说清楚，养鱼的目的是改善水域环境，所以养殖过程中必须对所负责的河段尽到管护责任。（访谈编号：ZH20201218）

兴桥村的水产养殖严格按照水域面积匹配适量的鱼苗，是一种小范围养殖模式，具有特定的优势。一方面，小范围养殖的鱼类产品通常不以市场流通为导向，这可以防止村民因市场竞争而过度投放鱼苗，避免个体理性行为可能带来的集体非理性的"公水悲剧"问题；另一方面，河流不再是"无主"的公共空间，而是被暂时性地"私有化"。这

---

① E. M. 罗杰斯（Everrtt E. M.）：《创新的扩散》，唐兴通、郑常青、张延臣译，北京：电子工业出版社，2016年，第2~3页。

相当于将河流的公共属性进行一定转换，并与村民的私有利益进行联
结，从而激活了他们保护水环境的主体意识。

> 我们家养鱼的河段就在家门前，平时要是有人往河里乱扔乱
> 倒垃圾，我们肯定是不允许的。当然，现在大家都知道村民在河里
> 养着鱼，所以也都越来越自觉了，一般不会有人随便往里面扔垃
> 圾。（访谈编号：CNS20201224）

由此，以村民为主体的水环境保护共同体渐具雏形。从实践效果来
看，一年之后（2011 年），"以鱼净水"模式就展现出了成效，"投放
鱼苗一年后，效果就显现了，水不臭了，鱼也长得很好，参与养殖的农
户都收获了很多鱼"（访谈编号：ZH20201218）。这种阶段性成效增强
了村干部和参与者的信心，同时也激发了前期持观望态度的农户的参
与动力。2011 年投放鱼苗时，很多农户自发地联系村干部，表明参与
"以鱼净水"实践的意愿。基于此，兴桥村开始扩大养殖范围以及参与
规模。当年养殖户由 8 户增加到 100 户，仍以兴桥一河作为试点，并且
养殖场所覆盖了整条河流。与前期不同的是，此次不再局限于依赖基层
组织和地方精英的动员式参与，而是由参与者主动参与协商和分配河
段。随着参与规模的逐渐扩大，"以鱼净水"实践中的风险与效益逐渐
清晰化，不确定性不断降低。到了 2015 年，该村约有 80% 的农户参与
到生态养殖实践之中，养殖范围覆盖村落内的全部河流（见表 1）。

表 1 兴桥村参与生态养殖情况

时间	河道类型	河道数量	主体类型	参与规模	鱼苗费用
2010 年	村级河道	1 条（其中 200 米河段）	普通村民	8 户	村支书个人提供
2011 年	村级河道	1 条		100 户	村民承担
	村级河道	4 条			
2015 年	泯沟	272 条		约 1760 户	村民承担

时间	河道类型	河道数量	主体类型	参与规模	鱼苗费用
2018 年至今	村级河道	3 条	低收入群体	36 户	镇政府 60%、村委会 30%、村民 10%
	村级河道	1 条	普通村民	约 1760 户	村民承担
	泯沟	272 条			

资料来源：兴桥村村委会提供。

2018 年，在开展精准扶贫时，村委会与基层政府联合创设了"以鱼净水、结对帮扶"的扶贫项目，将扶贫与河道生态管护进行结合，由此该村新增了 36 户贫困户参与养殖。随着这种"寓养于治"的河流管护机制的扩散，全村水域环境逐步得到改善，并于 2018 年获得了"江苏水美乡村"称号。从河流利用情况来看，之前废弃的脚滩等亲水设施已经得到修缮和再利用，岸边居民又恢复了传统的生活用水场景（如在河里洗衣、游泳等），在某种意义上实现了人水关系的再和谐。

在上述属地管理规则实践中，有三个问题较为关键。其一是参与主体。一般而言，人的亲水心理与行为倾向于一种"就近原则"，即人水在空间上的关联性越强、距离越短，则前者越有可能对后者产生深厚的情感，进而也更愿意尽到管护之责。选择居住在河流岸边的农户作为初试阶段的参与主体，正是考虑到他们对于河流的距离优势和情感需求。这些居民是河流从清水变为污水的亲历者，对于河流复清具有更高的期待。其二是参与动力，即如何驱动理性化的个体参与公共性的"以鱼净水"行动。低成本、低风险是激发村民参与意愿的基础性要素，比如，老郑最初自掏腰包为农户提供鱼苗，养殖过程中还无偿提供技术指导。此外，年终所捕之鱼尽归养殖者的让利行为，无形中为扩大试点的参与规模争取了更多的社会资本。其三是参与成效，即如何保证规则驱动下的社会参与达到预期效果。在此方面，它也取决于规则运作的"韧性"。比如，2015 年，Q 市要求统一拆除河道网籪等阻水设施，兴桥村"以鱼净水"实践不得已而停止。然而，因缺乏日常管护，河道在 2016 年就出现了污染反弹现象。2017 年，村"两委"继续动员村民进行生态养殖。与之前不同的是，养殖户将之前使用的铁丝网换成了尼龙网（与铁丝网相比，尼龙网不容易附着青苔，有助于规避长期围网造成的水流不畅问题）。这种方式在市人大领导视察①过程中得到了充分肯定，并于 2018 年在全镇乃至全市范围内得到了经验推广。

（二）废弃物回收规则："以废易物"

沿袭"以鱼净水"实践中村民作为治理主体的思路，兴桥村针对村内遍布的农业废弃物（如农药瓶、农药包装袋、废弃农膜等），探索出了"以废易物"的兑换规则。从溯源来看，这与经济领域"以物易物"的交易思维或物品互换的交易方式颇为相似。而所谓的"以废易物"则指普通村民自主收集农业塑料废弃物，然后到村委会兑换生活物品。

自 2013 年起，兴桥村开始探索生活垃圾回收工作机制，并形成了"日产日清"的垃圾回收模式。但是农业生产中的塑料废弃物污染，一直未能得到有效治理。伴随国家推出的土地流转政策，兴桥村于 2018 年开始着力建设"高标准农田"②，共计流转土地 720 亩。所流转土地主要用于稻麦轮作、生态草坪种植以及蔬菜（如毛豆、蚕豆等"四青作物"）大棚种植。土地流转提高了土地利用率，吸纳了农村劳动力本地就业。但规模化农业对农药、农膜的依赖性更大，所产生的农业废弃物更多。就农业污染而言，主要包括两个层面，一是农药对于环境造成的危害，二是农药外包装、农用塑料薄膜等自然界难以降解的"白色污染"。对于前者，国家已经出台了限制使用的相关政策，比如 2015 年农业部（现为农业农村部）印发《到 2020 年农药使用量零增长行动方

---

① 2017 年 5 月，Q 市人大常委会主任在兴桥村调研河长制工作及水环境整治情况时，公开称赞兴桥村采用尼龙网养鱼净水的做法。村支书老郑认为这给当时的村干部和养殖户们都吃了一颗"定心丸"，增强了他们开展"以鱼净水"实践的信心。

② 高标准基本农田建设是很多地方助推土地流转政策的重要路径，可以提高农业机械化水平和耕地质量及其利用率。

案》，规范了农药的使用标准。但是，农药包装、农膜的回收处理，依然是个棘手的难题。

> 我们农村每年产生的农药瓶等农业塑料废弃物的量很大。如果由村委会组织人员进行收集清理，这个成本就太大了。我们之前也试过，花费大不说，成效也不明显。从村民角度来说，塑料废弃物本就是他们在农业生产过程中产生的，如果我们村干部帮他们去收集清理，村民在整个环境治理过程中完全是被动的，他们不会再愿意自行清理这些废弃物，所以我们就积极探索能够让村民愿意主动去做这件事的机制。（访谈编号：STJ20201222）

环境治理的重点不在于污染物本身，而在于解决与之相关的人的问题。[1] 就农业塑料废弃物而言，村民无意识地乱扔、乱丢是导致废弃物污染的关键。相关资料显示，我国每年产生的农药包装废弃物高达100亿个，其中30%被农民随意丢弃。[2] 对此，农业农村部、生态环境部2020年发布实施的《农药包装废弃物回收处理管理办法》指出，农药使用者未按规定履行农药包装废弃物回收处理义务的，将由地方政府按照《中华人民共和国土壤污染防治法》第八十八条规定（农药使用者不得随意丢弃农药包装物，未按规定及时回收并交由专门机构进行无害化处理的个人，将处以二百元以上两千元以下的罚款）[3] 进行处罚。[4] 这是一种"以罚代管"的命令性规制，在一定程度上能够对农民乱扔废弃物行为进行约束。但需要注意的是，这种治理逻辑仍是把农民看作治理对象。再者，"重惩罚轻激励"容易疏离基层组织与村民之间

---

① 陈阿江：《水污染的社会文化逻辑》，《学海》2010年第2期。

② 《环保部起草〈农药包装废弃物回收处理管理办法〉》，《中国农资》2015年第17期。

③ 《中华人民共和国土壤污染防治法》，http://www.npc.gov.cn/zgrdw/npc/lfzt/rlyw/2018-08/31/content_2060840.htm，2018年8月31日。

④ 《农药包装废弃物回收处理管理办法》，http://www.gov.cn/zhengce/zhengceku/2020-09/01/content_5538947.htm，2020年8月27日。

的关系，既不利于农村环境的长效治理，也不利于其他社会问题的解决。

2019 年 5 月，兴桥村探索出"以废易物"的塑料废弃物回收兑换机制，即通过设置一定的奖励规则激励村民参与，引导人们正确处理塑料废弃物。村民收集的废弃物按照《有害垃圾有奖兑换制度》进行兑换，兑换过程公开透明。具体规则如下：10 个农药包装袋兑换 1 袋食盐；100 个农药包装袋兑换 1 桶食用油；2 斤废弃农膜兑换 1 袋食盐；50 斤废弃农膜兑换 1 桶食用油。兑换地点设置在村委会，每两周进行一次统一兑换。

> 以前村里没有针对农业废弃物的回收机制，村民也不会收集那些散落在田间地头的农药瓶。现在我们通过有奖兑换的方式，鼓励村民自发收集有害垃圾兑换小礼品，并且会在兑换的过程中向村民讲解废弃农药瓶、农用塑料薄膜对环境的危害。（访谈编号：STJ20201222）

近年来，不少地方纷纷通过这种兑换奖励方式，调动和激发村民参与环境治理的主动性。比如，黄山市 2018 年 9 月在 6 个行政村建成"生态美"超市，村民将收集到的垃圾、废品等带到"生态美"超市兑换生活物品。[①] 有学者将此称为一种生态补偿机制，认为它存在激励的短暂性、兑换物品种类的单一性、兑换过程中的"人情操作"以及资金来源的政府依赖性等问题，[②] 具有不可持续性。其实，"生态美"超市虽然挂上了"超市"这一市场化标签，但仍然是政府主导下的环境治理模式，其运行高度依赖地方政府的资源投入力度。在此过程中，村

---

① 苏艺、严飞：《"生态美"超市美了环境也美了村民》，http://ah. anhuinews. com/system/2019/10/24/008259731. shtml，2019 年 10 月 24 日。

② 陈绍军、朱晨铭：《生态补偿视阈下农村垃圾分类兑换激励引导机制研究——以安徽黄山市 S 县生态美超市运作实践为例》，《学习论坛》2020 年第 2 期。

"两委"与普通村民一样充当着"执行者"或"参与者"角色。

与"生态美"超市有所不同，兴桥村的废弃物兑换是一种由基层组织自发构建的环保机制，它重点围绕农业塑料废弃物进行有针对性的回收。相较于依赖政府转移支付的"生态美"超市，这种废弃物回收机制是由村委会出资，尽管在一定程度上也面临收支难以平衡的风险，但废弃物种类相对单一，能在很大程度上降低兑换成本，进而促进废弃物回收机制的良性运行。

> 我们把收集上来的废弃物统一转运给第三方公司进行无害化处理，在此过程中，我们也会获得一定数额的收入，比如一个农药包装袋 2 毛钱。之后我们用这笔钱购买一些贴近百姓生活的物品，比如洗衣粉、食用油等，这些生活用品就被当作村民收集废弃物的奖品。整体算下来，我们的收支基本是持平的，不会增加村里的支出成本。（访谈编号：STJ20201222）

从村民角度来看，回收特定的塑料废弃物，使得收集种类具有固定性及数量具有有限性，能够降低村民收集废弃物的时间成本。质言之，规则运作过程中的便民性和利民性，直接关联着村民参与的积极性和主动性。

> 以前使用过的农药瓶没有专门回收的地方，只能随手丢弃，现在村里有了专门回收的地方，而且能换到生活用品，我现在都舍不得丢了，有时候看到别人丢弃的我还会攒起来。（摘自 2020 年 6 月 2 日《NT 日报》A3 版发表的文章，田野调查期间由镇河长办提供）

截至 2020 年 4 月，废弃物兑换点共计回收农药瓶等 10891 只，回收率约为 95%。[①] "这个成效还是比较明显的，现在到田间地头去看，基

---

① 相关数据由村委会于 2020 年 12 月 23 日提供，数据为估算值。

本上已经看不到农业废弃物随地乱扔的现象了。"（访谈编号：ZH20201222）成效反馈表明，基于村民生活需求构建的"以废易物"机制成为激活村民主体性的关键，激发了村民主动参与废弃物回收的热情和动力。于村民而言，本是"无用之物"的农业废弃物可以换取生活必需品，由此转变为"有用之物"。不难看出，"以废易物"贴近百姓的日常生活需求，驱动着村民在环境治理中由被动到主动的角色转变。

四　培育认同：激活社会何以持续

治理秩序的达成和维系对于强化环境治理绩效具有重要作用。兴桥村环境治理秩序的形成主要依靠基层组织创新的规则，而治理秩序的维系则依赖于社会成员对于规则的认同。在很大程度上，村民对于规则的认同程度与地方精英利用规则进行社会动员的能力关联紧密，前者的认同程度越高，后者的动员能力往往就越强，社会参与的效果也就越好。在环境治理实践中，基层组织通过相应的组织机制、激励机制与互惠机制，积极培育规则认同。

（一）组织机制

梁漱溟曾言，"乡村问题的解决，天然要靠乡村人为主力……任何一个问题的解决，没有不是靠大家齐心合作的"。① 解决乡村问题需以乡村人的通力合作为必要条件，而相应的组织机制是合作得以开启的基础，它指的是分散的村民自我主动或被动地组织起来的活动过程，② 在本质上是村民由原子化状态逐步转变为彼此联系的组织状态的过程。③ 适宜的

---

① 梁漱溟：《乡村建设理论》，上海：上海人民出版社，2006 年，第 220～221 页。
② 吴琦：《农民组织化：内涵与衡量》，《云南行政学院学报》2012 年第 3 期。
③ 翟军亮、吴春梅、黄宏：《农民组织化与农村公共性的交互性建构：理论框架、当代实践与未来路径——兼论推进农业农村现代化的路径选择》，《南京农业大学学报》（社会科学版）2019 年第 6 期。

组织机制是农村环境治理主体重构的前提，对于推动环境治理社会化和增进村民对治理规则的认同具有重要作用。

"干部组织、群众主力"的环保实践带来了治理范式的转变。首先，它促进了分散的个体或家庭的组织化参与。一方面，该村以河段承包到户的方式，构建"一户一河段"或"多户一河段"的协同管护模式，形成了一种针对河流治理及管护的机制。在此过程中，河段的分配经历了由地方精英分配到村民主动协商分配的过程。从组织化视角来看，这种村民参与实现了从被组织化到自组织化的逻辑转变。另一方面，该村通过设置废弃物回收奖励机制，鼓励并引导村民将收集的农业塑料废弃物进行有奖兑换。而村委会开展定期、定点的兑换活动，助推村民形成回收废弃物的行为习惯，提高村民持续参与环保的热情。由此，原本离散的村民被纳入环境治理结构之中，这打破了以村干部或地方精英为主体的环境治理范式，建构了以村民为主体的环境治理范式。其次，它促进了正式或非正式的互动。生态养殖虽吸纳了大量村民参与，但它仍然存在一定的技术门槛。为此，村"两委"借助党员大会或村民代表会议等集体活动，为养殖户开展水产养殖知识的讲解与普及。在鱼苗成熟之季，村干部还组织集体收鱼，这种现场气氛能够营造出"村民参与意愿浓厚"的景象，进而带动了更多的村民参与到"以水养鱼、以鱼净水"实践。此外，为了让污染物兑换机制更加顺利地运行，村"两委"依托村民大会、环保文艺会演等活动，有针对性地向村民宣传废弃农药瓶和塑料薄膜的危害，介绍废弃物兑换的操作方法。此举旨在构建面向村民的环保宣传机制，促进村民形成环保实践的理性认知，从而为村民持续参与环境治理创造可能。

综上，在这种组织化的环保实践中，村干部与地方精英是发起者，村民作为主体力量与前者并存于环境治理的组织结构之中。这种组织结构与等级化的科层组织不同，成员之间并非上下级关系，而是偏向于一种非正式的平等合作关系。同时，村民拥有一定的自主性权利（比如养殖过程的自我决策、自我管理），这有助于提升他们的"存在感"

与"归属感"，增强村民对规则的认同意识。此外，组织化互动在（少数）村干部与（多数）村民之间形成了调和机制，打破了"少数人主导就是多数人被动"的局面。村民之间、村民与村干部（或地方精英）之间能够就参与过程中所遇问题进行磋商。比如，曾有农户在养殖过程中出现了鱼苗死亡问题，他随即找到养殖精英老郑寻求解决路径。老郑分析后发现，鱼苗种类及数量配比不当是鱼苗死亡的原因所在。在老郑的建议下，该农户调整鱼苗配比及管护方式，之后再未出现类似问题。可见，良性的社会互动有助于增加技术供给，助益减少或解决技术供应不足引发的社会参与不可持续问题，从而巩固社会信任和情感联结。

（二）激励机制

意识能否向行动转化是一个复杂的问题。其中，激励机制是个重要的中介变量，适宜的激励机制是培育环保认同以及将相对抽象的环保意识转化为具体行动的重要动力。就兴桥村环境治理实践而言，激励机制是其向下调动村民参与的积极性，向上配合地方政府实现环境治理目标的重要策略。这种激励机制不仅包括规则本身附带的满足村民利益诉求的内在激励（比如，生态养殖获得的渔获，村民收集农业废弃物获得的物质补助和积分奖励），还包括地方政府、基层组织对于参与者的外在激励。就后者而言，这种激励主要包含两个方面。

首先是自上而下的经济（物质）激励。兴桥村隶属的 N 市于 2014 年开始争创"全国文明城市"，并为此发布了系列文件。2020 年，市政府还结合农村人居环境签发《农村人居环境整治暨全国文明城市行动方案》。在此背景下，基层政府将农村环境治理纳入基层组织年度考核体系之中，公开提出"力争在三年内培育 10 个美丽宜居村庄，打造 100 条环境优美道路，推选 1000 户文明家庭，评比 10000 户清洁家庭"等考评目标和细则。考评结果直接关联村庄及村民所能获得的资源，比如镇政府对于获得"美丽宜居村庄"称号的行政村发放 10 万元补助，对于获评"文明家庭""清洁家庭"的农户统一发放荣誉证书。同时，兴桥村还构建了以家庭或农户为单位的文明实践积分制度，即村委会对获评"文明家庭""清洁家庭"以及主动参与志愿服务、收集农药瓶的农户发放文明实践积分卡（见表2），所得积分能够换取一定的生活必需品（见表3）。由此，自上而下形成"地方政府－基层组织－村民"的嵌套式考评链条。进言之，这种考评模式建构了一种合作收益空间。于地方政府而言，这种合作收益的落脚点在于经济激励所带来的村庄层面的主动环保，促进了地方治理绩效的提升。于基层组织而言，合作收益之重点则在于获得更多政策与经济层面的资源扶持，由此推动其积极开展面向村民的动员实践。于村民而言，他们的亲环境行为则会获得物质奖励，这种正向激励反过来会增强村民自我的行为认同。

表 2　兴桥村文明实践积分考评

评分依据	所得积分
每季度评到"最美庭院"	350
每季度评到"文明家庭"	300
每季度评到"清洁家庭"	300
参与志愿服务 1 小时	10
收集塑料瓶 20 个	1
收集旧报纸 1 斤	1
收集农药包装袋 1 个	1

资料来源：兴桥村村委会提供。

表 3　兴桥村文明实践积分兑换

兑换物品	所需积分
食盐（一包）	10
菜篮（一个）	50
脸盆（一个）	60
洗发水（一瓶）	70
牙膏（一盒）	70
食用油（一桶）	100
阳伞（一把）	350

资料来源：兴桥村村委会提供。

总体来看，不同地方自主开展的环保动员实践效果往往差异很大，正是这种差异性成效构成了地方政府对基层环保实践的政策支持依据。在此过程中，当各方均可看到可能的合作收益时，这种"收益空间会为地方性规范的延续提供动力"。① 比如，兴桥村自主探索的环保实践得到了地方政府的认可，先后被评为"江苏省水美乡村"、全市"美丽宜居示范村"等。由此，这种村庄内部的治理经验不断向外扩散，成为该项创新性治理实践得以持续开展的关键。

其次是由外向内的精神激励与规范引导。基层政府通过举办"乡风文明天天讲"活动，利用全镇 29 个行政村的 486 只户外喇叭，围绕农村环境治理等重点工作进行广播宣传。除了上述"标准动作"，兴桥村还自主打造图文并茂的"文化墙"，将治理理念形象化、大众化地向村民展示，强化村民建设美丽家园的意识。此外，该村还将农村环境保护、文明新风等写入村规民约，定期组织评选"护绿卫士"和"清洁文明户"，由此引导和激励村民常态化地履行环境保护之责。众所周知，传统伦理和村落规范在现代性的侵蚀下早已式微，那么，凝聚规范共识的村规民约在兴桥村为什么能够发挥作用？第一，"关键少数"的日常宣传引导。基层治理往往依赖于村庄内的"关键少数"。就兴桥村而言，以村干部为代表的"关键少数"在地方性规范的日常传播和实践中扮演着意见领袖的角色，影响着村民的认知及行为。第二，治理规则"落地"的正向效益反馈。治理成效关联着村民对于"关键少数"的信任程度，影响着普通村民对于地方性规范的认可与采纳。一般而言，治理效果显著对于形成广泛的群众基础会具有促进作用，反之则可能会增加地方性规范流于形式的可能。从兴桥村的治理实践来看，规则引导的治理实践要先于村规民约在认知层面的引导，前者取得的绩效助推了后者在村民意识中的不断内化。

概言之，激励机制影响着社会参与的广度与效度。作为理性经济

---

① 贺雪峰：《乡村治理的社会基础》，北京：生活·读书·新知三联书店，2020 年，第 137 页。

人，普通村民的环保实践不仅受到自我主观意愿的影响，还取决于外在激励机制的驱动。但无论是何种激励方式，都需要从治理需求出发构建有效的激励链条，进而推动地方环境治理实践的常态化运行。

（三）互惠机制

社会是由无数私人关系构成的网络，个体行为在很大程度上受到社会内部结构性关系的约束。[①] 建构一种具有普遍意义的规则认同机制，还需要形成利益群体间的互惠关系。整体而言，互惠文化引导着个体的行为，形塑着环境治理的秩序。随着市场化的推进，农村传统意义上的地缘或血缘式利益互惠格局不断遭遇着现代性的解构。面对利益分化的乡村社会，重塑利益群体间的互惠关系，对于深化环境治理具有重要意义。在本案例中，这种互惠性主要体现在"以鱼净水"的河流管护实践中，具体包含两个层面。

一是面向未参与农户的养殖成果共享。"以鱼净水"通常是以治理对象（被污染的河道）来匹配治理主体，而前者数量上的限度决定了参与主体难以覆盖所有村民，它注定只能是一部分人的"游戏"。因此，如何拓展利益体验的覆盖面，成为一项重要议题。对此，参与养殖的农户将养殖成果（主要是养鱼收获）分享给没有机会参与的农户，从而建构了一种"参与－未参与"群体间的物质共享，即参与者在获得利益成果的同时，能够主动照顾到未参与者的情绪与需求。在"面子文化"扎根的乡土社会，接受他人的馈赠象征着人情关系的深化，使得未参与农户自觉遵守参与者建立的规则秩序成为可能，由此使得来之不易的治理成效得以巩固。

二是面向低收入群体的特殊帮扶。兴桥村存在低收入群体，为帮助他们提高生活质量，地方政府与村"两委"将水环境常态化治理与生态扶贫进行有机结合，创设"以鱼净水、结对帮扶"的扶贫项目。从

---

① 费孝通：《乡土中国》，北京：北京出版社，2005 年，第 29~40 页。

治理费用来看，一条村级河道的人工保洁费大约是 1 万元/年，该村276 条河流每年的人工保洁费用不容小觑。而将节省下来的人工保洁费用于购买鱼苗，鼓励低收入群体参与水产养殖，平均 1 条河的保洁费可带动 5 个贫困户脱贫，每户每年平均可增收 4000～5000 元。[①] 在此过程中，河道治理及管护工作全权交由养殖户负责，既为村集体节省了河道管护的成本开销，也实现了环境效益与社会效益的双向增收。这种做法能够拉近村民与村干部以及基层政府之间的心理距离。长远来看，这有助于形塑村庄的强社会关联，增强环境治理过程中的村庄内聚力，助推农村环境的持续改善。因此，理解乡土社会的利益互惠，不能单纯局限于经济属性的物质利益。作为乡土社会的文化基因，"守望相助"意味着这种互惠需要延展到邻里互助、弱势群体帮扶等层面，进而形成一种非经济属性的情感回馈以及更大范围内的互信互助和社会联结。

五 结论与讨论

在农村环境治理实践中，普通村民往往处于"少数人决策或行动"的治理结构之边缘，甚或被排斥在由少数人建构的治理场域之外。兴桥村环境治理实践的观察发现，适宜的规则建构对于激活社会具有重要价值，具体表现为利用地方性规则激发普通村民产生亲环境行为，进而形成重构治理主体的机制。与此同时，组织机制、激励机制与互惠机制相互交织，影响着农村环境治理体系中的资源分配及利益关系协调，进而使得激活社会得以持续。

从更宏观的视野来看，激活社会需要具备结构性要件。从中国环境治理实践来看，影响社会参与的关键在于其所处的制度环境。首先，我国环境治理的制度环境发生了根本性变化，无论城市还是农村的环境治理需求都在显著增长。基于政府主导型环境治理的局限，国家大力构

---

① 相关资料由兴桥村所隶属的镇的河长制办公室于 2020 年 12 月 23 日提供。

建多元主体共治的社会治理格局。在农村地区，自 2018 年起从中央到地方相继发布的有关农村人居环境治理的行动方案，都突出了"尊重村民意愿"和"发挥村民主体作用"的基本定位。这意味着我国正试图强化公众在环境治理中的主体性功能。其次，改革开放以来，我国社会力量的行动空间尽管很有限，但在很大程度上已经打破了政治领域全权支配的局面。[①] 政治权威对于社会越发从"支配型"转向"引导型"，依赖社会获得治理秩序成为转型时期国家治理的重要特点。[②] 由此，良好的制度环境为基层社会治理机制创新提供了有利契机。

进一步考察本案例，我们发现村庄内的结构性要件对于激活社会也具有重要作用。第一，地方精英的引导作用。梁漱溟认为，"中国乡村问题之解决，从发动以至于完成，全在其社会中知识分子与乡村居民打拼在一起"。[③] 这类知识分子掌握着（普通村民所不具备的）知识和方法，拥有更开阔的眼界和视野，而且深谙乡土社会的伦理规则，在社会治理体系中占有重要地位。依托规则的环境治理是一种"精英引导＋村民主力"的实践过程。以老郑为代表的村干部（地方精英）作为建构规则并引导社会参与的倡导者，主张发挥村民的主体性力量。在"以鱼净水"实践中，老郑凭借个人的社会关系，吸引普通村民加入生态养殖中，促进了农村水环境质量的改善。由此，这种实践经历了从精英个体的生态实践向群体性、社会性生态实践行动的逻辑演变。第二，行之有效的地方性规则。激活社会实践并非运行于"真空"之中，也"并不是停留于抽象的社会或人民"，[④] 而是扎根于地方的生产生活方式及社会关系。在本案例中，规则运作与农村生产生活样态相适应，即从满足村民基本生活需求出发，探索出符合村民利益需求的治理机制。同

---

① 康晓光：《权力的转移——转型时期中国权力格局的变迁》，杭州：浙江人民出版社，1999年，第 82 页。

② 贺雪峰：《乡村治理的社会基础》，北京：生活·读书·新知三联书店，2020 年，第 15 页。

③ 梁漱溟：《乡村建设理论》，上海：上海人民出版社，2006 年，第 322 页。

④ 罗祎楠：《为己之学——中国治理历史的内生性悖论与当代突破》，https://www.sohu.com/a/399950195_822934，2020 年 6 月 5 日。

时，它与政府关于 "发挥村民主体作用" 的制度性要求相衔接，使得基层组织在充分理解政策文本的基础上，找准了发挥自身作用的行动空间。总体来看，这为村民作为主体深度融入环境治理实践提供了新路径，也为实现治理主体重构提供了重要契机。第三，村庄的综合发展条件。综合发展条件好的村庄对于政府注意力往往具有高吸引度。随着环境治理高压态势的常态化推进，地方政府在认真履职的同时还要建设具有标志性、示范性的绩效工程，在实现政绩积累的同时，也为向上争取更多的治理资源创造可能。出于治理期望和基层治理能力的考量，基础设施条件好、资源承载力强的区域更易吸引地方政府注意力的投射。兴桥村地处长江三角洲，靠近市域主干公路，区位发展优势明显。长期依靠水产养殖、大棚种植等产业已经形成了较为稳定的产业发展模式。加之村庄被认为是全市（县级）农村地区发展的 "门面"，其环境治理效果代表着地方政府的能力及水平。上述优越性条件对于政府注意力分配具有较强的拉力，使其在政策支持与资源获得方面更具优势。比如，2015 年，兴桥村成为所隶属的镇唯一获得 "中央财政小型农田水利工程建设专项资金项目"① 支持的村庄，获得了 700 万元的政策补贴。这为其后续的环境治理提供了资金保障，并为村庄探索 "村民主力" 的治理模式创造了有利条件。

上述结构化要件相互依赖并作用于农村环境治理，促进了公众力量的激活，这对于构建现代环境治理体系具有重要价值。一方面，它打破了地方政府、基层组织或地方精英单打独斗的局面，构建了普通公众广泛参与的环境治理共同体。这种共同体的构建得益于规则运作中 "上下" "内外" 的关系联结和利益互惠，摆脱了 "少数人行动" 的困

---

① 自 2009 年起，国家启动了 "中央财政小型农田水利工程建设专项资金" 项目，Q 市（兴桥村所隶属的县级市）从 2011 年开始获得此项目支持后，每年投入河道治理的配套资金突破 3000 万元。2014 年，Q 市创新性地提出将河道风貌整治纳入此项目，这不仅提升了村庄河道的灌溉能力，还改善了河流水体质量及岸坡环境。资料来自《中国县域经济报》2017 年 5 月 18 日第 12 版。

局。另一方面，这种地方实践突破了正式权威的行政动员模式，推动了农村环境向内源性治理转变。这有利于提升基层组织的自治能力，完善基层社会的治理体系，由此产生的治理成效能为基层争取更多的治理资源。总体来看，我国农村环境治理的社会氛围正逐步形成，但还存在很多问题。比如，很多地方围绕激活社会力量治污开展了大量的探索与实践，但取得实质性成效的不多，还有一些盆景式治理缺乏可持续性。相比之下，兴桥村的激活社会实践之所以能够持续至今，与其所属区域的地方性氛围存在很大关联。自 20 世纪 80 年代末以来，以老郑为代表的水产养殖精英在村内进行养殖技术推广，带动了一批村民参与水产养殖。在他的引领下，该村累计诞生了 10 多个水产养殖大户，逐渐形成了水产养殖的地方特色，这为动员更多的村民参与"以鱼净水"实践提供了技术和经验支撑。此外，鉴于治理成效，地方政府认识到依托村庄内生动力治理环境所具备的优势，并为此提供了很多的"后扶政策"。

需要注意的是，这种环境治理实践也存在一定的局限性。其中的主要问题在于，环境治理规则的建立与地方精英有着重要关联，规则认同在一定程度上是以他们的知识素养和个人能力为基底的，而普通村民建构及调适规则的内在动力与能力仍然不足。一旦这些精英不再引导规则运行（如村干部的动态调整），或者没有形成规则持续运行的接力模式，就容易造成治理规则面临瓦解的风险。因此，这需要地方政府与基层组织开展更为科学化、精细化的制度设计，避免环境治理落入精英依附造成的窠臼，进而培育更为长效的社会激活动能。对此，我们将开展持续的追踪研究。

海洋环境治理绩效评估：基于效能与效率的双维审视[*]

王　刚　毛　杨[**]

摘　要： 海洋环境治理绩效评估是实施海洋环境治理的关键环节和提高海洋环境治理绩效的有效途径。本文在建构海洋环境治理绩效的实证内涵的基础上，运用目标渐进法对海洋环境治理效能进行测量，同时运用基于非期望产出的超效率 SBM 模型对海洋环境治理效率进行测量，以综合评估海洋环境治理绩效。研究发现：研究期内的海洋环境治理绩效处于非均衡状态，海洋环境治理效率整体优于海洋环境治理效能；海洋环境治理效能虽整体水平偏低，但向好发展态势明显，同时，海洋环境污染与海洋环境状态初步实现弱脱钩；海洋环境治理效率处于良好水平，海洋环境治理效率的空间分布呈现明显的空间差异，且纵向和横向的海洋环境治理效率存在一定的差异性；海洋产业结构和地区生产总值对海洋环

---

* 基金项目：国家社会科学基金重点项目"总体国家安全观下沿海特大城市风险的韧性治理研究"（21AZZ014）；山东省社科规划研究项目"新时代山东省风险应对与应急管理体系建设研究"（21CZZJ02）。

** 王刚，中国海洋大学国际事务与公共管理学院教授；通讯作者：毛杨，中国海洋大学法学院博士研究生。

境治理效率没有显著影响，城镇化水平和海洋环境规制力度对海洋环境治理效率具有消极的负向抑制作用，人力资本质量对海洋环境治理效率具有积极的正向激励作用。

关键词： 海洋环境治理　绩效评估　海洋环境效能　海洋环境效率

一　引言

政府绩效管理（Government Performance Management）是以官僚制为基础的传统公共行政范式演进背景下政府行政管理理念的变革与实践的创新，体现了时代发展对政府管理与时偕行的诉求，而政府绩效评估（Government Performance Evaluation）是政府绩效管理的核心环节，在政府绩效管理中发挥着承上启下的关键作用。党的十六届三中全会首提"建立预算绩效评价体系"，[①] 政府绩效评估开始进入中央政府的决策议程。党的十八大明确要"创新行政管理方式，提高政府公信力和执行力，推进政府绩效管理"，以此为契机，政府绩效评估的顶层设计进一步展开，[②] 改变了我国以地方"自发体制"为主[③]的政府绩效评估的发展路径。

当前，政府组织综合绩效评估是政府绩效评估的要点领域，[④] 但政府职能绩效评估也在不断发展，如湖北省、广西玉林市在政府绩效评估

---

① 曹堂哲、施青军：《基于政府治理范式的政府绩效评估演变分析——兼论中国政府绩效评估发展的路径选择》，《财政研究》2018 年第 3 期。

② 2013 年 6 月，习近平总书记在全国组织工作会议上强调，要改进考核方法手段，把民生改善、社会进步、生态效益等指标和实绩作为重要考核内容；2013 年 11 月，党的十八届三中全会通过的《中共中央关于全面深化改革若干重大问题的决定》要求"完善发展成果考核评价体系，纠正单纯以经济增长速度评定政绩的偏向"；2017 年 12 月，中央经济工作会议提出"加快形成推动高质量发展的指标体系、政策体系、标准体系、统计体系、绩效评价、政绩考核，创建和完善制度环境"。

③ 尚虎平、雷于萱：《政府绩效评估：他国启示与引申》，《改革》2015 年第 11 期。

④ 负杰：《中国地方政府绩效评估：研究与应用》，《政治学研究》2015 年第 6 期。

中着重从政府财政绩效评估入手。具体到海洋生态环境保护领域不难发现，除浙江省最早于 2021 年 4 月编制《浙江省海洋生态综合评价指标体系》外，中央、地方或第三方机构尚未开展海洋环境治理绩效评估实践。海洋环境治理绩效评估是对政府海洋环境治理效能、效果等的评价与反思，是实现海洋环境善治的必然选择，通过海洋环境治理绩效评估的"杠杆效应"，能够撬动海洋环境管理体制的变革，推动更加深入地参与全球海洋生态环境治理，构建中国全球海洋生态环境治理的话语体系。因此，有必要对中国海洋环境治理绩效展开系统性评估，以期明晰中国海洋环境治理绩效水平，剖析中国海洋环境治理绩效的历史演变规律，同时解析中国海洋环境治理绩效的影响因素，推动中国海洋环境治理绩效水平稳健提升。

二　文献回顾与概念界定

（一）文献述评

现代意义上的政府绩效评估是伴随 20 世纪 70 年代"新公共管理"运动而在西方国家率先兴起的一种新的行政管理模式，[1] 学界对政府绩效评估的大规模理论研究发端于 20 世纪 90 年代中期以后，研究指向具体政府部门的绩效评估、政府具体职能的绩效评估、政府绩效评估结果的问责与反思以及信息绩效化。[2] 政府环境绩效评估是以政府环境保护职能为导向的政府绩效评估，同时伴随全球范围内公民环境权的确认以及公众对环境权的主张和行使，政府环境绩效评估的实践与理论研究悄然兴起。

---

① 尚虎平：《政府绩效评估中"结果导向"的操作性偏误与矫治》，《政治学研究》2015 年第 3 期。

② 尚虎平、钱夫中：《从绩效问责到宏观调控工具——2003～2014 年国外政府绩效评估综述》，《北京行政学院学报》2015 年第 5 期。

　　何谓环境绩效？既有环境绩效评估研究的主流认知是环境治理过程中的投入与产出之比，即环境效率；[①] 或者是以环境治理过程为导向的环境治理结果对预期环境治理目标的实现程度，即环境效能；[②] 或者是政府环境治理行为下实际的环境状况，即环境效果；[③] 抑或是公众对政府环境治理成效的认可，即环境满意度。但也有学者认为环境绩效应该是多维建构，而非非此即彼的一元论，如黄磊、吴传清等学者打破传统环境绩效评估研究的桎梏，将环境绩效视为生态环境质量、生态效率和绿色全要素生产率的统一。[④] 在研究客体上，环境绩效评估研究侧重于综合环境绩效评估，[⑤] 同时也热衷于水环境和大气环境[⑥]等具体环境领域的绩效评估。在研究方法上，环境绩效评估偏好于指数分析法与数据包络分析法，[⑦] 其中数据包络分析法是对决策单元相对有效性进行评价的一种非参数估计方法，由于无须对生产函数进行预先设定，也无须预设指标权重，同时能够避免由市场价值难以衡量导致的评估困难，[⑧] 逐渐成为环境治理绩效评估的热门研究方法，常见环境绩效评估的 DEA 模型多为改进后的 DEA 模型，如 SBM 模型、[⑨] DEA –

①　邱士雷、王子龙、刘帅、董会忠：《非期望产出约束下环境规制对环境绩效的异质性效应研究》，《中国人口·资源与环境》2018 年第 12 期。

②　魏微、尚英男、江沂璟、王琴、王杰才、文博：《成都市环境绩效评估研究》，《中国人口·资源与环境》2018 年第 7 期。

③　陈燕丽、杨语晨、杜栋：《基于云模型的省域生态环境绩效评价研究》，《软科学》2018 年第 1 期。

④　黄磊、吴传清：《长江经济带生态环境绩效评估及其提升方略》，《改革》2018 年第 7 期。

⑤　相关研究参见黄小卜、熊建华、王英辉、林卫东《基于 PSR 模型的广西生态建设环境绩效评估研究》，《中国人口·资源与环境》2016 年第 5 期；魏微、尚英男、江沂璟、王琴、王杰才、文博《成都市环境绩效评估研究》，《中国人口·资源与环境》2018 年第 7 期；黄磊、吴传清《长江经济带生态环境绩效评估及其提升方略》，《改革》2018 年第 7 期。

⑥　龚虹波、陈金阳、陈慧霖、李昌达：《环境治理绩效评估研究综述》，《宁波大学学报》（理工版）2021 年第 1 期。

⑦　黄磊、吴传清：《长江经济带生态环境绩效评估及其提升方略》，《改革》2018 年第 7 期。

⑧　李莉、张华：《基于 DEA 的区域环境绩效研究综述》，《生态经济》2016 年第 9 期。

⑨　黄永春、石秋平：《中国区域环境效率与环境全要素的研究——基于包含 R&D 投入的 SBM 模型的分析》，《中国人口·资源与环境》2015 年第 12 期；李佳佳、罗能生：《中国区域环境效率的收敛性、空间溢出及成因分析》，《软科学》2016 年第 8 期。

Malmquist 模型、[①] Bootstrap – DEA 模型[②]等。

　　海洋环境绩效评估是环境绩效评估的子范畴，是以海洋环境为对象的政府环境绩效评估。早期的海洋环境绩效评估研究侧重于海洋经济与海洋环境的协调性以及海洋环境库兹涅茨曲线的存在性问题，[③] 新近时期的海洋环境绩效评估研究聚焦于海洋环境治理效率评估，研究发现中国海洋环境效率整体水平较低，[④] 且中国沿海省份的海洋环境效率格局犬牙交错，呈现明显的空间差异特征，[⑤] 环境规制力度、海洋产业结构、地区经济发展水平和对外开放程度等外部环境变量对海洋环境效率具有显著影响，在评估方法与手段选择上热衷于数据包络分析法。

　　综观既有研究成果发现，脱胎于政府绩效评估的政府环境绩效评估研究已然形成较为系统的研究体系，环境治理绩效评估的研究成果较为丰富、研究方法较为成熟、研究尺度较为多元，但具体到海洋环境绩效评估研究不难发现，现有研究仍存在亟待完善与拓展之处：第一，研究成果较少，缺乏研究结论间的互检与互证，因而研究结论的科学性与可靠性仍有待商榷；第二，研究维度较为单一，几乎均是从环境效率的一元视角评估海洋环境绩效，强调绩效评估的过程导向，但忽视了绩效评估的结果导向；第三，海洋环境治理绩效评估研究的理论体系尚不健全，什么是海洋环境治理绩效评估？海洋环境治理绩效评估的要素有哪些？既有研究尚未对此进行论证。有鉴于此，本文将从海洋环境治理

---

① 孙鹏、宋琳芳：《基于非期望超效率 – Malmquist 面板模型中国海洋环境效率测算》，《中国人口·资源与环境》2019 年第 2 期；杨钧：《城镇化对环境治理绩效的影响——省级面板数据的实证研究》，《中国行政管理》2016 年第 4 期。

② 赵峥、宋涛：《中国区域环境治理效率及影响因素》，《南京社会科学》2013 年第 3 期。

③ 相关研究参见蔡静、赵光珍《海洋经济与海洋环境保护协调发展的初步探讨——大连海域案例研究》，《湛江海洋大学学报》2005 年第 2 期；盖美、周荔《海洋环境约束下辽宁省海洋经济可持续发展的思考》，《海洋开发与管理》2008 年第 9 期。

④ Di Qianbin, Zheng Jinhua, and Yu Zhe, "Measuring Chinese Marine Environmental Efficiency: A Spatiotemporal Pattern Analysis," *Chinese Geographical Science*, 2018, pp. 823 – 835.

⑤ 孙鹏、宋琳芳：《基于非期望超效率 – Malmquist 面板模型中国海洋环境效率测算》，《中国人口·资源与环境》2019 年第 2 期。

绩效评估的理论研究入手，进而系统评估中国海洋环境治理绩效现状，以期为提升中国海洋环境治理绩效提供有益指导。

（二）概念界定

公共管理语境下的绩效概念是由企业管理引入，绩效是一个多维建构，传统公共行政范式下，公共行政学的价值追求是效率，对经济和效率的追求是传统公共行政范式下理解绩效内涵的核心所在；新公共管理范式下，公共行政学的价值追求多元化，在强调经济、效率和效益的同时，关注产出、效果、回应性和公众满意度，新公共管理范式下多元价值追求的平衡是理解绩效内涵的关键所在；新公共治理范式下，公共行政的目标是提升更为广泛的公共利益，而不仅仅是效率、效益或回应性，[①] 公民参与的价值也被更加突出地强调，绩效概念的外延不断拓展。但不可否认的是，效率、效能、结果等要素依然是理论界与实务界解读绩效的核心之所在，正如夏书章等学者所言，绩效是效率（efficiency）与效能（effectiveness）的总和，[②] 效率是投入与产出的比率，关注管理过程和系统自身的成效；效能则是将实际成果与预期成果进行比较，关注实际成果对预期目标截面的追赶。该界定在关注管理过程的同时强调管理结果，在一定程度上避免了单纯以行为－过程或结果为导向的绩效行为观和绩效结果观导致的形式主义或"不计成本"地追求结果的认知弊端，因此，本文认为海洋环境治理绩效是涉海政府机构、市民社会、跨国机构或组织通过正式或非正式机制管理和保护海洋自然环境与海洋生态环境、控制海洋环境污染和解决海洋环境纠纷所取得的治理效率与治理效能的统一，关注海洋环境治理过程的同时强调海洋环境治理结果。

---

① 包国宪、〔美〕道格拉斯·摩根：《政府绩效管理学——以公共价值为基础的政府绩效治理理论与方法》，北京：高等教育出版社，2015 年。

② 夏书章：《行政管理学》（第六版），广州：中山大学出版社，2018 年。

三 研究进路、研究方法与数据来源

（一）研究进路

本文在梳理并整合目前有关海洋环境治理绩效评估研究的理论成果与实践基础上，将海洋环境治理绩效评估的内涵操作化为海洋环境治理效能评估和海洋环境治理效率评估，并在充分占有相关数据资料的基础上，运用目标渐进法对海洋环境治理效能进行测评，探讨海洋环境治理效能的发展演变规律，同时运用超效率 SBM 模型对海洋环境治理效率进行科学测度，探讨海洋环境治理效率的发展演变规律，进一步通过面板数据回归深入探究影响海洋环境治理效率的要素，揭示要素的作用机理。最后，在归整海洋环境治理效能和海洋环境治理效率的基础上，综合评估海洋环境治理绩效，描述并揭示海洋环境治理绩效的发展演变规律，本文的研究进路如图 1 所示。具体评估指标体系如下。

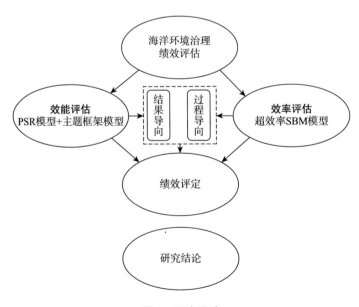

图 1 研究进路

1. 海洋环境治理效能评估指标体系

以海洋环境治理效能为导向的海洋环境治理绩效评估意味着构建完备的评估指标体系，参考魏微等的研究成果①，本文基于成熟的 PSR 模型，结合主题框架模型，按照政策相关性、科学性、可度量性、数据可得性以及指标饱和性原则，设立包括陆源压力、海源压力、海洋自然环境、海洋生态环境、海洋环境治理五个准则层十六个指标层的海洋环境治理效能评估指标体系，其中负向指标八项，正向指标八项，目标值根据《"十三五"生态环境保护规划》和"十三五海洋经济发展主要目标"的规划目标值、历史最优值、经验最优值设立（见表1）。

2. 海洋环境治理效率评估指标

以海洋环境治理效率为导向的海洋环境治理绩效评估则需设立投入与产出指标，考虑到经济与环境的一体性，本文将海洋环境经济绩效与海洋生态绩效进行整合。参照孙鹏、宋琳芳等学者的研究成果②，将涉海就业人员数、海洋资本存量③、海洋环境治理投资总额④设为投入指标，将近岸一、二类海水比例和海洋生产总值设为期望产出，将直排海废水排放量和直排海氨氮排放量设为非期望产出（见表2）。

（二）研究方法

1. 目标渐进法

本文采用指数分析法中的目标渐进法评估海洋环境治理效能，为使最终结果更具可比性，首先对原始数据进行标准化处理，将原始数据

① 魏微、尚英男、江沂璟、王琴、王杰才、文博：《成都市环境绩效评估研究》，《中国人口·资源与环境》2018 年第 7 期。
② 孙鹏、宋琳芳：《基于非期望超效率 – Malmquist 面板模型中国海洋环境效率测算》，《中国人口·资源与环境》2019 年第 2 期。
③ 本文在参考孙鹏等学者运用永续盘存法对海洋资本投入计算时，直接以 2000 年为基年推算 2006 ~ 2016 年的社会资本存量，这是由于基年选择越早，则基年资本存量的估计误差对后续年份的影响越小。
④ 由于尚未就海洋环境治理投资总额进行专项统计核算，本文海洋环境治理投资总额由当年该省环境治理投资占 GDP 比重乘以该省当年海洋生产总值求得。

表 1 海洋环境治理效能评估指标体系

目标层	系统层	准则层	指标层	属性	目标值	单位	数据来源
海洋环境治理效能	压力	陆源压力	主要河流污染物入海量	负向	历史最优 1149	万吨	中国海洋生态环境状况公报
			直排海污染物排海强度	负向	历史最优 628.5	万吨	中国近岸海域环境质量公报
			入海排污口达标排放比例	负向	最优 0	%	中国海洋生态环境状况公报
			入海河流水质劣五类水质比例	负向	规划目标 0	%	中国近岸海域环境质量公报
			海洋倾废区倾倒量	负向	历史最优 12144	万立方米	中国海洋生态环境状况公报
		海源压力	海洋油气污染物入海量	负向	历史最优 10850.2	万立方米	中国海洋生态环境状况公报
			海洋垃圾平均数量密度	负向	历史最优 3293	个/平方千米	中国海洋生态环境状况公报
	状态	海洋自然环境	近岸海域海水无机氮样品达标率	正向	最优 100	%	中国近岸海域环境质量公报
			近岸海域海水活性磷酸盐样品达标率	正向	最优 100	%	中国近岸海域环境质量公报
			近岸海域水质优良比例	正向	规划目标 75	%	中国近岸海域环境质量公报
		海洋生态环境	典型海洋生态系统健康比例	正向	最优 100	%	中国海洋生态环境状况公报
			海水增养殖区综合环境"优良"比例	正向	最优 100	%	中国海洋生态环境状况公报
			赤潮累计覆盖面积	负向	最优 0	平方千米	中国海洋生态环境状况公报
	响应	海洋环境治理	沿海省市污水处理率	正向	最优 100	%	中国环境统计年鉴
			海洋环境政策强度	正向	历史最优 3.92	无量纲	北大法律法规库和各部门门户网站
			海洋环境治理投资总额	正向	历史最优 904.4	亿元	中国环境/海洋统计年鉴

表 2　投入 – 产出指标描述性统计信息

投入 – 产出	指标	最小值	最大值	标准差	均值
投入	涉海就业人员数（万人）	81.50	868.50	209.21	305.06
	海洋资本存量（亿元）	573.57	41704.89	7522.51	9484.75
	海洋环境治理投资总额（亿元）	2.46	254.21	37.28	43.29
期望产出	近岸一、二类海水比例（%）	0.00	100	31.06	64.72
	海洋生产总值（亿元）	300.70	15968.40	3254.24	4078.78
非期望产出	直排海废水排放量（万吨）	1188.00	196767.00	52923.79	46781.13
	直排海氨氮排放量（吨）	0.06	17294.00	3065.42	2357.88

转化为 0 ~ 100 具有可比性的得分，指标标准化处理方法如下。

正向指标标准化（指标数值越大绩效越好）：

$$t_{ij} = \begin{cases} 100, a_{ij} \geqslant a_{目标值} \\ \dfrac{a_{ij} - a_{\min}}{a_{目标值} - a_{\min}} \times 100, a_{ij} < a_{目标值} \end{cases} \qquad (1)$$

负向指标标准化（指标数值越小绩效越好）：

$$t_{ij} = \begin{cases} 100, a_{ij} \geqslant a_{目标值} \\ \dfrac{a_{ij} - a_{\max}}{a_{目标值} - a_{\max}} \times 100, a_{ij} < a_{目标值} \end{cases} \qquad (2)$$

其中，a_{ij} 表示指标值，$a_{\max}$、$a_{\min}$ 分别表示最大值和最小值，$a_{目标值}$ [①] 表示历史最优值、经验最优值和规划目标值。

在指标权重设计上，本文采用均权法平均分配权重，以避免人为因素和主观因素的干扰而影响最终结果的客观性。

指标标准化处理后，依据指标权重进行综合评价。本文采用海洋环境治理效能指数（*M*）进行综合评价，*M* 得分越高，海洋环境绩效越好，计算公式如下：

---

① 对正向指标而言，目标值即历史最大值；对负向指标而言，目标值即历史最小值。

$$M = \sum_{i=1}^{n} (w_i x_i) \tag{3}$$

其中，i 表示指标顺序，n 表示指标总数，w_i 表示第 i 个指标权重，x_i 表示指标标准化值。采用该方法进行分层加权计算，最终获得海洋环境治理效能指数 M，得分结果参考魏微等学者的研究[①]划分为四个等级：优秀（$M \geqslant 80$）；良好（$80 > M \geqslant 70$）；一般（$70 > M \geqslant 60$）；较差（$M < 60$）。

2. 超效率 SBM 模型

数据包络分析（Data Envelopment Analysis，DEA）是由美国著名运筹学家 Charnes 和 Cooper 于 20 世纪 70 年代创建的一种非参数估计方法，[②] 传统 DEA 模型（CCR 模型和 BCC 模型）对无效 DMU 的改进方式为所有投入或产出的等比例调整，故而也被称为径向模型，[③] 但传统径向模型在计算过程中未考虑松弛变量的影响，因而测量结果往往与实际情况存在较大偏差。为克服传统径向模型的局限性，Tone 提出了包含松弛变量、无量纲、非角度的非径向 SBM 模型，[④] SBM 模型在解决松弛变量问题的同时，能够有效避免由量纲不同和角度选择的差异导致的偏差和影响，[⑤] 但经典 SBM 模型存在不能对有效 DMU 进行区分的问题。

因此，Tone 在经典 SBM 模型的基础上发展出超效率 SBM 模型，该模型允许有效 DMU 的效率值大于等于 1，解决了有效 DMU 的排序问题。[⑥] 超效率 SBM 模型在测量包含非期望产出的环境效率方面具有独特

---

① 魏微、尚英男、江沂璨、王琴、王杰才、文博：《成都市环境绩效评估研究》，《中国人口·资源与环境》2018 年第 7 期。

② Charnes, A., Cooper, W. W., and Rhodes, E. "Measuring the Efficiency of Decision Making U-nits," *European Journal of Operational Research*, vol. 2, no. 6, 1978, pp. 429 – 444.

③ 杨博、曹辉：《基于超效率 SBM – Malmquist 模型的我国各地区高校技术创新国际化效率评价》，《科技管理研究》2018 年第 16 期。

④ Tone, K, "A Slacks – based Measure of Efficiency in Date Envelopment Analysis," *European Journal of Operational Research*, vol. 130, no. 3, 2001, pp. 498 – 509.

⑤ 尹传斌、朱方明、邓玲：《西部大开发十五年环境效率评价及其影响因素分析》，《中国人口·资源与环境》2017 年第 3 期。

⑥ Tone, K., "A Slacks – based Measure of Super – efficiency in Date Envelopment Analysis," *European Journal of Operational Research*, vol. 143, no. 1, 2002, pp. 32 – 41.

的优势，并得到学界的广泛认可。① 故而，本文拟采用超效率 SBM 模型测算海洋环境效率，包含非期望产出的超效率 SBM 模型如下：

$$\min \rho^* = \frac{\frac{1}{m}\sum_{i=1}^{m}\frac{\bar{x}_i}{x_{io}}}{\frac{1}{S_1+S_2}\left(\sum_{r=1}^{S_1}\frac{\bar{y}_r^g}{y_{r0}^g}+\sum_{r=1}^{S_2}\frac{\bar{y}_r^b}{y_{r0}^b}\right)}, s.t. \begin{cases} \bar{x} \geqslant \sum_{j=1,\neq K}^{n}\theta_j x_j \\ \bar{y}^g \leqslant \sum_{j=1,\neq K}^{n}\theta_j y_j^g \\ \bar{y}^b \geqslant \sum_{j=1,\neq K}^{n}\theta_j y_j^b \\ \bar{x} \geqslant x_0, \bar{y}^g \leqslant y_0^g, \bar{y}^b \geqslant y_0^b, \bar{y}^g \geqslant 0, \theta \geqslant 0 \end{cases}$$

(4)

式中：n 表示决策单元 DMU 数量，每个 DMU 由 m 项投入、S_1 项期望产出和 S_2 项非期望产出构成，$\bar{x}$、$\bar{y}^g$ 和 $\bar{y}^b$ 分别表示投入、期望产出和非期望产出的松弛变量，y^g 和 y^b 分别表示期望产出和非期望产出，目标函数 ρ^* 表示决策单元的效率值，当 $0.8 \leqslant \rho^* < 1$ 时，认为效率良好；当 $\rho^* > 1$ 时，认为效率较好。②

（三）数据来源

中国海洋环境信息向公众开放始于 20 世纪末 21 世纪初，2000 年新修订的《海洋环境保护法》首次对海洋环境信息公开做出了原则性规定，但早期的数据统计口径不一，统计标准各异，数据难以形成较长时间内的连续统。基于此，为确保较长时间内相关统计指标的连续性和稳

---

① 相关文献参见林江彪、王亚娟、张小红、刘小鹏《黄河流域城市资源环境效率时空特征及影响因素》，《自然资源学报》2021 年第 1 期；任梅、王小敏、刘雷、孙方、张文新《中国沿海城市群环境规制效率时空变化及影响因素分析》，《地理科学》2019 年第 7 期；马骏、李夏、张忆君《江苏省环境效率及其影响因素研究——基于超效率 SBM – ML – Tobit 模型》，《南京工业大学学报》（社会科学版）2019 年第 2 期；马晓君、李煜东、王常欣、于渊博《约束条件下中国循环经济发展中的生态效率——基于优化的超效率 SBM – Malmquist – Tobit 模型》，《中国环境科学》2018 年第 9 期；任海军、姚银环《资源依赖视角下环境规制对生态效率的影响分析——基于 SBM 超效率模型》，《软科学》2016 年第 6 期。

② 张文彬、郝佳馨：《生态足迹视角下中国能源效率的空间差异性和收敛性研究》，《中国地质大学学报》（社会科学版）2020 年第 5 期。

定性，本文以相对时间段内的海洋环境治理绩效为研究对象，具体而言：海洋环境治理效能以中国整体海洋环境为研究对象，原因在于单一省（区、市）的数据难以同时满足数据的饱和性、相关性、可得性、连续性和可度量性要求；海洋环境治理效率以沿海 11 个省（区、市）为决策单元（香港、澳门、台湾由于数据难以获取，不在本研究的研究序列），数据主要来源于 2007～2016 年《中国近岸海域环境质量公报》《中国海洋（生态）环境质量/状况公报》，2007～2017 年《中国海洋统计年鉴》《中国环境统计年鉴》，以及国家统计局网站、中国海洋经济信息网、北大法律法规库等。

四　海洋环境治理绩效评估结果及分析

（一）海洋环境治理效能评估结果及分析

1. 中国海洋环境治理效能整体呈上升态势，但显现出明显的波动性特征

纵而观之，海洋环境治理效能得分由 2007 年的 21.15 分增长至 2016 年的 55.45 分，年均增长率为 15%，表明海洋环境治理效能整体处于上升趋势，这与《中国海洋发展指数报告》中的"海洋环境生态指数"所描述的中国海洋环境综合状况的发展趋向相一致。但聚焦于具体时间段可以发现，海洋环境治理效能呈现明显的"波动性"特征（见图 2）。研究发现，这些波动在很大程度上受到焦点事件的影响。例如，2007～2008 年海洋环境治理效能水平提升，主要原因在于 2008 年北京奥运会这一焦点事件引发中央政府和地方政府在该时期的环境政策偏好；随后为应对全球金融危机导致的经济增速放缓（2008 年国民经济增速由 13% 下滑至 9%，自 2002 年以来首次跌出 10% 的增速关口），中国实行宽松的货币政策，取消对商业银行信贷规划的约束，同时实施增值税转型改革以减轻企业负担，强力的宏观调控政策极大促进了企业生产规模的扩大，由此导致海洋污染压力骤增，海洋生态环境恶化；2011 年、2012 年海洋环境治理效能水平再度回升，可能的原因在于"十二五"规划开局之年中央政府倡导建立资源节约型和环境友好型社会，同时全国海洋经济发展"十二五"规划强调要"生态优先，绿色发展"，因此该时期整体海洋环境状况改善；2013 年国务院机构改革对海洋管理体制进行调整，海洋环境管理的各项常规事务的执行主体在机构改革的大背景下进行重组，导致 2013 年整体处于制度真空和过渡期，在一定程度上对海洋环境治理效能产生了负向影响，随后，伴随2013 年机构改革下新的海洋管理体制红利的产生，以及《水污染防治行动计划》、史上最严《环境保护法》、《土壤污染防治行动计划》等法规和政策的相继实施，海洋环境治理效能开始呈现稳定的持续上升的发展态势。

2. 中国海洋环境治理效能整体水平偏低，海洋环境污染压力依然巨大

十年间海洋环境治理效能得分均值仅为 41 分，各年度得分均小于60 分，处于"较差"水平，表明海洋环境治理效能依然不容乐观（见图 2）。十年间海洋生态环境状态和海洋环境治理响应水平不断提升，分别由 2007 年的 2.5 分和 3.0 分增长至 2016 年的 16.4 分和 30.0 分，但海洋环境压力得分则由 2007 年的 15.6 分降至 2016 年的 9.1 分，年均衰减率达到 3.5%，海洋环境压力得分整体呈下降态势，表明海洋环境压力显现出持续上升趋势，这也是导致海洋环境治理效能得分水平偏低的直接原因（见图 3）。为深入探讨海洋环境压力得分持续降低的内在原因，进一步将压力指标分解为陆源压力和海源压力[①]发现，陆源压力和海源压力整体均在持续上升，但陆源压力的上升速度明显低于海源压力，且陆源污染增量在经历较长时期的缓慢增长后开始消减，而海源污染增量增速却在迅速提升，换言之，当前我国海洋环境面临陆源

---

① 受篇幅限制，图表未在文章中呈现。

污染增量削减，但存量依然较大的同时，海源污染增量增长迅速的双重压力，海洋环境污染压力依然较大。

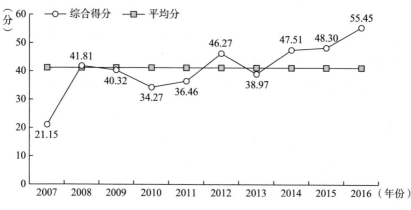

图 2 海洋环境治理效能得分趋势

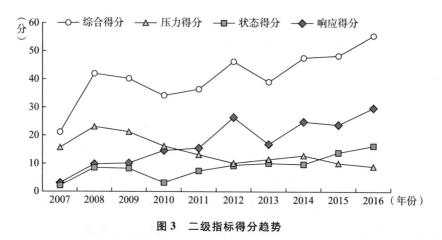

图 3 二级指标得分趋势

3. 海洋环境污染与海洋环境状态初步实现弱脱钩

压力指标得分与状态指标得分在 2007～2010 年同向发展，这是由于随着入海海洋污染物的增加，海洋生态环境状况不断恶化。但 2010 年后，压力得分与状态得分的耦合发展状态消散，压力得分整体呈现下降趋势，反观状态得分整体却不断增长，也就是说海洋环境污染压力不断增加，但海洋生态环境状况在不断改善，表明海洋环境污染与海洋环境状态间的张力在不断增加，单位海洋环境污染物的增长对海洋生态环境的破坏力在不断削弱。回顾我国海洋环境治理实践历程发现，"海洋生态修复"是弱化海洋环境污染与海洋环境状态间刚性关系的直接原因，具体而言：2010 年 5 月，财政部经济建设司、国家海洋局财务司联合印发《关于组织申报 2010 年度中央分成海域使用金支出项目的通知》，通过中央分成海域使用金支持地方实施海域、海岛和海岸带整治修复及保护项目，自此中国海洋生态修复工作正式启动。据统计，自 2010 年以来，中央财政资金累计投入 137 亿元用于海洋生态修复，修复后具有生态功能的岸线长度为 240 余公里，恢复修复滨海湿地面积 2300 余公顷。① 人为因素介入海洋生态环境修复极大提升了海洋环境承载力和海洋环境自我修复能力，降低了入海污染物对海洋环境的威胁系数。但需要指出的是两者仍处于一种微弱的脱钩状态，海洋环境污染依然会导致海洋环境恶化，只是恶化程度较以往有所减弱。

（二）海洋环境治理效率评估结果及分析

1. 超效率评估结果分析

（1）总体海洋环境治理效率评价

基于超效率 SBM 模型的海洋环境治理效率评估结果如表 3 所示。由表 3 可知，海洋环境治理效率整体水平较高，总体效率均值达到 0.919，但就整体而言未实现海洋环境治理效率有效。海洋环境治理效率在过去 11 年间整体呈现不规则的先上升后下降再上升的波动式发展趋势，关键时间节点出在 2009 年和 2014 年，2009 年之前，海洋环境治理效率整体呈上升趋势，这主要得益于 2008 年北京奥运会这一焦点事件引发全国范围内自上而下的环境保护高潮，2009 年至 2014 年，海洋环境治理效率持续下降，主要原因在于美国金融危机传导至中国，中国连续 5 年保持 10% 以上的经济增速在 2008 年跌至 9%，2009 年为 8.7%，因此，从中央政府到地方政府迅速调整注意力转向如何刺激经济发展以避免经济"硬着陆"，由此导致 2009 年后海洋环境治理效

---

① http://gi. mnr. gov. cn/201807/t20180712_ 2085008. html. 2019/11/14.

表 3　海洋环境治理效率

年份	辽宁	河北	天津	山东	江苏	上海	浙江	福建	广东	广西	海南	均值
2006	0.351	1.272	1.012	0.577	1.882	1.168	0.293	0.676	1.064	1.072	1.054	0.947
2007	0.435	1.510	0.401	0.411	1.639	1.137	0.242	0.528	1.136	1.064	1.044	0.868
2008	0.416	1.459	1.217	0.423	1.136	1.099	0.190	1.005	1.137	1.053	1.140	0.934
2009	0.420	1.311	1.192	0.450	1.391	1.087	0.385	1.056	1.100	1.098	1.121	0.965
2010	0.522	1.163	1.051	0.635	1.559	1.083	0.104	1.021	1.009	1.111	1.188	0.950
2011	0.392	1.262	1.041	0.646	1.530	1.081	0.361	0.518	1.076	1.138	1.118	0.924
2012	0.323	1.233	1.031	0.555	1.459	1.090	0.195	0.482	1.105	1.270	1.011	0.887
2013	0.452	1.435	1.023	0.546	1.464	1.081	0.115	0.465	1.094	1.053	1.204	0.903
2014	0.496	1.400	0.614	0.490	1.393	1.047	0.046	0.560	1.157	1.004	1.256	0.860
2015	0.431	1.309	1.106	0.680	1.668	1.061	0.149	0.597	1.159	1.010	1.252	0.947
2016	0.446	1.308	1.136	0.552	1.586	1.111	0.219	0.605	1.092	1.037	1.133	0.929
均值	0.426	1.333	0.984	0.542	1.519	1.095	0.209	0.683	1.102	1.083	1.138	0.919

率逐年下降。2014 年后，随着"海洋强国"战略和"生态文明建设"的持续深入推进，海洋环境治理效率开始"回暖"并维持在较高水准。

（2）空间地理分布分析

为更好了解海洋环境治理效率的空间分布特征，本文将 11 个沿海省（区、市）的海洋环境治理效率进行可视化处理，得到海洋环境治理效率空间分布图，从空间维度看，沿海省（区、市）海洋环境治理效率的空间分布呈现明显的空间差异，整体而言，南方沿海省（区、市）的海洋环境治理效率高于北方沿海省（区、市）。2006 ~ 2016 年，除辽宁省、河北省、天津市、江苏省和海南省外，其他各沿海省（区、市）的海洋环境治理效率并未发生明显变化，值得注意的是，江苏省的海洋环境治理效率出现了明显的下降趋势。同时不难发现，江苏省的海洋环境治理效率最高，其次为河北省，而浙江省的海洋环境治理效率最低，值得一提的是，浙江省紧邻长三角经济区，第二产业比重较大，陆源污染严重，直排海污染源排海量在 2006 年、2011 年和 2016 年分别占沿海地区直排海污染源排海总量的 18%、30% 和 28%，[1] 其排海力度远高于上海市、江苏省，114 个非法设置和设置不合理的入海排污口[2]在监督缺位的情况下加剧陆源污染强度，同时浙江省海洋环境污染治理政策工具存在管制型工具使用过溢、市场型工具使用不完善、参与型工具使用不足等问题，[3] 致使浙江省海洋环境治理效率整体水平较低。但不可否认的是，自 2013 年以来，浙江省海洋环境治理效率整体呈现明显的稳中有升的发展态势，加之浙江省率先拟定全国首个海洋生态综合评价指标体系，浙江省海洋环境治理效率有望实现质的提升。

---

[1]　依据《中国近岸海域环境质量公报》数据测得。

[2]　https://zhuanlan.zhihu.com/p/108327604.

[3]　陈莉莉、朱小露：《政策工具视角的浙江省海洋环境污染治理政策分析》，《海洋开发与管理》2021 年第 7 期。

（3）差异分析

箱形图（见图 4）展现了沿海省（区、市）2006~2016 年的海洋环境治理效率分布特征，由图可知：河北省、天津市、福建省、广东省、广西壮族自治区的海洋环境治理效率的中位数呈明显的低值集中的态势，辽宁省、山东省、江苏省和海南省的海洋环境治理效率的中位数则偏向于高值集中。天津市、江苏省和福建省的海洋环境治理效率的离散程度最大，表明各省（市）历年的海洋环境治理效率缺乏稳定性，上海市、辽宁省和广东省的海洋环境治理效率的离散程度最小，表明各省（市）历年的海洋环境治理效率较为稳定。此外，沿海省（区、市）的海洋环境治理效率呈现明显的阶梯分布：江苏省和河北省为第一梯队，海洋环境治理效率相对较高；其次为天津市、上海市、广东省、广西壮族自治区和海南省，海洋环境治理效率中等；最后为辽宁省、山东省、浙江省和福建省，海洋环境治理效率相对较低。

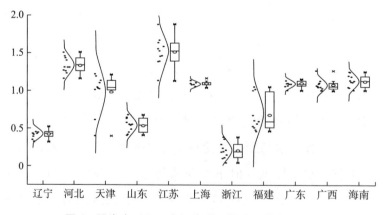

图 4　沿海省（区、市）海洋环境治理效率箱形图

σ 收敛性检验（见图 5）则表明，在 2007~2009 年和 2014 年之后的时间段内，沿海省（区、市）的海洋环境治理效率存在 σ 收敛，也就是说沿海省（区、市）间的海洋环境治理效率的差异性有弱化趋势，其原因可能在于高位推动下地方政府的集体理性自觉，海洋环境治理成为地方政府的"必修课"而非"选修课"。具体而言，2007～2009年的σ收敛原因在于2008年全球性体育盛会——北京夏季奥林匹克运动会这一焦点事件触发了全国范围内自上而下生态环境保护的运动式治理，海洋生态环境保护深深地嵌入该时期沿海地方政府的注意力范畴，但由于焦点事件的时效性和稳定长效机制的"缺位"，海洋生态环境保护在"事后"并未普遍受到沿海地方政府的持续关注，① 从而导致该时期各沿海省（区、市）海洋环境治理效率的σ收敛趋势并未持久；2014年之后σ收敛的原因在于国家发展战略高度的"海洋强国"战略的提出和纳入生态文明建设的"五位一体"中国特色社会主义总体布局的展开，使得海洋生态环境治理逐渐内化入沿海地方政府的管理理念，2013年海洋综合管理体制改革则在不同程度上突破了海洋生态环境治理的体制壁垒和组织壁垒，使得海洋生态环境治理在实践层面更具可操作性，因此沿海地方政府普遍开始重视并采取积极措施实施海洋生态环境的长效治理，可以预见的是，沿海省（区、市）间的海洋环境治理效率的差异性将在未来相当长时间内维持稳中有降的发展态势。

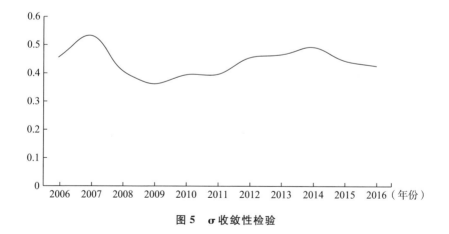

图5　σ收敛性检验

---

① 王印红、李萌竹：《地方政府生态环境治理注意力研究——基于30个省市政府工作报告（2006—2015）文本分析》，《中国人口·资源与环境》2017年第2期。

2. 海洋环境治理效率影响因素分析

（1）变量选取说明

参考既有相关研究①，本文选择海洋产业结构（psi）、地区生产总值（gdp）、城镇化水平（ul）、人力资本质量（qhc）和海洋环境规制力度（mer）作为自变量，因变量则选取上文中的超效率值。海洋产业结构选取海洋第二产业占海洋产业的比重；城镇化水平选取年末城镇人口比重；人力资本质量选取各省（区、市）6 岁及以上人口中各学历人数的受教育年限的加权平均值；② 海洋环境规制力度选取海洋环境污染治理投资总额占海洋生产总值的比重③，数据源于《中国统计年鉴》、《中国海洋统计年鉴》和《中国人口统计年鉴》。

（2）模型构建及结果分析

本文使用 Stata 软件进行 Tobit 模型④估计，回归模型如下：

$$E_{it} = \alpha + \lambda_1 psi_{it} + \lambda_2 gdp_{it} + \lambda_3 ul_{it} + \lambda_4 qhc_{it} + \lambda_5 mer_{it} + \kappa_{it} \tag{5}$$

其中，λ_1 至 λ_5 为各变量的回归系数，κ 为误差项，同时，本文使用固定效应模型进行稳健性检验，发现实证结论依然成立。实证分析结果如表 4 所示。

---

① 相关研究参见孙鹏、宋琳芳《基于非期望超效率–Malmquist 面板模型中国海洋环境效率测算》，《中国人口·资源与环境》2019 年第 2 期；Di Qianbin, Zheng Jinhua, and Yu Zhe, "Measuring Chinese Marine Environmental Efficiency: A Spatiotemporal Pattern Analysis," *Chinese Geographical Science*, 2018, pp. 823–835；尹传斌、朱方明、邓玲《西部大开发十五年环境效率评价及其影响因素分析》，《中国人口·资源与环境》2017 年第 3 期；邓波、张学军、郭军华《基于三阶段 DEA 模型的区域生态效率研究》，《中国软科学》2011 年第 1 期。

② 《中国人口统计年鉴》给出了全国及各地区 6 岁及以上人口中未上过学、小学、初中、高中/中职和大学及以上学历人口的抽样数据，本文按此五类人口数进行加权平均计算，权重设定参考康继军、张宗益、傅蕴英（2007）的做法，分别设定其受教育时间为 0 年、5 年、8 年、11 年和 14.5 年。参见康继军、张宗益、傅蕴英《中国经济转型与增长》，《管理世界》2007 年第 1 期。

③ 计算公式为：海洋环境规制力度 =（环境污染治理投资总额 × 海洋生产总值占地区生产总值的比重）/海洋生产总值。

④ 因变量为均大于 0 的截断数据，传统的最小二乘法回归会使参数估计产生误差，因此本文选用受限因变量模型中的规范截取回归模型，即 Tobit 模型对海洋环境治理效率的影响因素进行实证检验。

海洋产业结构和地区生产总值未能通过显著性检验，说明海洋产业结构的调整和地区生产总值对海洋环境治理效率的影响不显著，这是由于陆源污染占海洋污染的70%，海运活动和海上倾废活动占10%，海洋第二产业的发展对海洋环境的直接影响相对较小，因此海洋产业结构对海洋环境治理效率的影响不显著。而地区生产总值对海洋环境治理效率的影响不显著可能是由于地区生产总值的增加通过增加资本投入改进生产流程以达到对海洋环境治理效率的正向激励作用，但同时地区生产总值的增加也意味着入海污染物排放强度的增加，对海洋环境治理效率具有反向抑制作用，一正一反的对冲使得最终对海洋环境治理效率的影响不显著，同时也表明，海洋经济绿色发展水平仍亟待提高。

城镇化水平和海洋环境规制力度分别在1%和5%的水平上通过了显著性检验，表明城镇化水平和海洋环境规制力度对海洋环境治理效率具有反向抑制作用，这是由于伴随城镇化水平的提升，大量人口向城镇集聚，与之相伴随的则是城镇资源环境承载压力的不断增大以及大量的生活垃圾和人口集聚所催生的工业产业的增量污染物的排放，由此对海洋环境治理效率的提升产生消极的负向影响。海洋环境规制力度同样对海洋环境治理效率具有消极的负向影响，这与本文的预期结果相反，其原因可能在于，海洋环境规制力度越大，表明单位海洋生产总值的增加所负担的海洋环境污染治理成本越高，海洋经济绿色发展水平越低，海洋环境污染越严重，同时，意味着用于海洋经济技术创新、海洋环境保护政策实施等领域的相对财政投入越少，这种治标不治本的末端治理在"抢占"大量财政资源的同时变相地加剧了海洋环境污染的产生，由此抑制了海洋环境治理效率的提升，这也表明海洋环境污染治理绩效亟待提升。

人力资本质量对海洋环境治理效率具有积极的正向激励作用，同时该要素的系数较大，表明单位人力资本质量的增加能够催生更高的海洋环境治理效率。这是由于人力资本质量的增加意味着全社会受教育水平的整体提升，与之相伴随的则是全社会海洋环境保护意识的普遍提升和绿色低碳创新效率[①]的提高，进而提升整体的海洋环境治理效率。

表 4　Tobit 模型估计结果

自变量	系数	显著性
海洋产业结构（psi）	0.00268 (0.67)	—
地区生产总值（gdp）	0.00000341 (1.42)	—
城镇化水平（ul）	−0.0312 (−4.55)	***
人力资本质量（qhc）	0.589 (4.42)	***
海洋环境规制力度（mer）	−0.220 (−2.40)	**
_ cons	−1.730 (−2.59)	**
var（e. Y）	0.132（7.78）	***
N	121	

* $p < 0.10$, ** $p < 0.05$, *** $p < 0.01$。

五　结论与启示

本文在建构海洋环境治理绩效内涵的理论基础上，运用目标渐进法测算了 2007～2016 年中国海洋环境治理效能，同时运用基于非期望产出的超效率 SBM 模型测算了 2006～2016 年中国海洋环境治理效率，并深入分析了海洋环境治理效率的影响因素。研究发现（见图 6），①中国海洋环境治理绩效处于非均衡状态，具体而言：海洋环境治理效

---

① 秦天如、康玲：《人力资本对区域绿色低碳创新效率的影响效应研究》，《太原理工大学学报》（社会科学版）2019 年第 1 期。

能年均得分仅为 41 分，说明海洋环境治理效能整体偏低，处于"较差"水平；海洋环境治理效率均值为 0.919，整体处于"良好"水平，两者呈现明显的非均衡状态。②海洋环境治理效能虽整体偏低，但呈现可期的波动式上升的发展态势，同时，海洋环境污染与海洋环境状态初步实现弱脱钩，其动力源于 2010 年伊始的海洋生态修复工程的启动。③海洋环境治理效率整体未实现效率有效，但河北省、江苏省、上海市、广东省、广西壮族自治区和海南省实现了海洋环境治理效率有效。海洋环境治理效率的空间分布呈现明显的空间差异，整体而言，南方沿海省（区、市）的海洋环境治理效率高于北方沿海省（区、市）。④海洋产业结构和地区生产总值对海洋环境治理效率没有显著影响，城镇化水平和海洋环境规制力度对海洋环境治理效率具有消极的负向抑制作用，人力资本质量对海洋环境治理效率具有积极的正向激励作用，且激励效用十分显著。

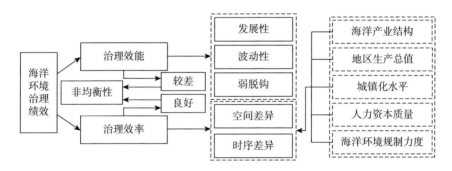

图 6　海洋环境治理绩效评估

本研究也存在一定的不足和有待改进之处：第一，囿于研究方法和有限的数据资料，本文建构的海洋环境治理绩效的内涵可能未穷尽绩效的内涵与外延；第二，囿于能力的有限性，基于 PSR 模型和主题框架模型的海洋环境治理效能评估指标体系未进行更为全面和深入的稳健性检验，这也是下一步亟待加强和改进之处；第三，面向全球海洋生态环境治理，如何在与全球海洋生态环境治理相衔接的同时提升中国海洋环境治理绩效，也是需要深入探讨与思考的问题。

生育意愿的环境之维：环境污染治理投资与期望生育子女数量的关系[*]

王　琰　张楚楚[**]

摘　要：当前社会面临严峻的老龄化趋势和生育率低迷的人口危机，作为生育行为的前导性因素，对生育意愿的研究具有重要的理论意义和实践价值。虽然早期研究者充分认识到环境在约束生育意愿上的关键作用，但近年来研究重心主要转向对经济、文化因素的剖析上，在一定程度上忽视了环境因素的影响。政府环境治理是推动生态文明建设的核心环节，在修复环境问题的同时，致力于建设一个更加平衡公正的社会系统，促进人、自然和社会的协调发展，与生育意愿存在密切关系。本文重新将环境因素纳入分析视野，通过对客观环境质量和环境污染治理投资占 GDP 比重的操作化指标的分析，探讨了环境污染和政府环境治理对期望生育子女数量的影响，更加综合地分析了生育意愿的影响因素。对我国全国代表性数据的多层次分析表明，在控制了个体和宏观层次变量后，客

---

　*　基金项目：中央高校基本科研业务费专项资金项目（63212070）。
**　王琰，南开大学周恩来政府管理学院社会学系副教授；张楚楚，南开大学周恩来政府管理学院社会学系硕士研究生。

观环境质量对生育意愿没有显著影响，环境污染治理投资占GDP比重则与期望生育子女数量呈现正相关关系。研究结果在一定程度上支持了政府环境治理投入在构建生育友好型社会上的正向溢出效应，同时提醒我们不仅要关注与生育最直接相关的教育、医疗等政策，还要从整体上考查多种政府决策对生育意愿造成的复合影响。

关键词： 生育意愿　政府环境治理　环境污染　生育友好型社会

一　问题的提出

21世纪以来，生育率持续走低、老龄化和人口衰退已经成为许多经济体普遍面临的严峻问题。我国第七次全国人口普查显示，2020年，大陆地区60岁及以上的老年人口总量为2.64亿人，已占到总人口的18.7%，而人口出生率仅为8.52‰。这意味着我国人口高速增长的时期已渐行渐远，人口零增长乃至负增长的时代即将到来。导致老龄化和人口衰退的直接原因是人口出生率的长期低迷，[①] 因此鼓励生育、提高人口出生率就成为解决人口危机的重要途径。人口生育水平由个人生育行为聚集而成，[②] 实证研究显示，生育意愿是预测个体生育行为和整体生育水平的可靠变量，在低生育率社会尤其如此。[③]

近年来，大量人口学研究深入地探讨了经济、制度和文化等社会结构性因素对生育意愿的影响，却在一定程度上忽视了环境因素的作用。

[①] 吴帆：《生育意愿研究：理论与实证》，《社会学研究》2020年第4期。

[②] 顾宝昌：《生育意愿、生育行为和生育水平》，《人口研究》2011年第2期。

[③] Sarah R. Hayford，"The Evolution of Fertility Expectations over the Life Course," *Demography*, vol. 46, no. 4, 2009, pp. 765 – 783；Tomáš Sobotka, "Sub – Replacement Fertility Intentions in Austria," *European Journal of Population / Revue Européenne de Démographie*, vol. 25, no. 4, 2009, pp. 387 – 412.

事实上，早期研究者曾将环境视作影响生育的关键要素。在农业社会中，自然环境通过作用于作物产量直接影响了当地的人口规模。著名的人口学家马尔萨斯就曾担忧人口的几何级增长与自然环境中生活资料的算术级增长无法匹配，因此呼吁控制生育。虽然科学技术的发展在很大程度上解决了这一担忧，但来到工业社会，环境因素仍然会对人口增长发挥作用。一方面，良好的自然环境和居住环境能够有效提高人们的幸福感和生活满意度，[①] 提升个体的健康水平，[②] 使人们对于未来的预期更加积极，[③] 进而愿意生育；另一方面，恶劣的自然环境则可能危害后代的福祉。[④] 现代生活方式所带来的污染暴露不仅会损害个体的生殖能力，甚至可能通过表观遗传机制发挥作用，对几代人产生不可预料的负面影响。[⑤] 对环境问题的治理可以在一定程度上遏制生态破坏和环境污染，推动政府治理方式转型，进而产生积极的溢出效应，带动社会福祉的整体提升，推动生育意愿的提高。[⑥]

在我国，面对生育率持续下降的现实，2016 年开始实施的全面二孩政策的收效并不明显，2016 年至今，人口出生率依旧以不可挽回之势持续下降。这意味着低迷的人口出生率在很大程度上并非"想生不

① Christopher L. Ambrey and Christopher M. Fleming, "Valuing Scenic Amenity Using Life Satisfaction Data," *Ecological Economics*, vol. 72, 2011, pp. 106 – 115；陈叶秀、宁艳杰：《社区环境对居民主观幸福感的影响》，《城市问题》2015 年第 5 期。

② 宋德勇、杨秋月、程星：《环境规制提高了居民主观幸福感吗？——来自中国的经验证据》，《现代经济探讨》2019 年第 1 期。

③ Daniele Vignoli et al., "Uncertainty and Narratives of the Future：A Theoretical Framework for Contemporary Fertility," in R. Schoe, eds., *Analyzing Contemporary Fertility*, Berlin：Springer, 2020, pp. 25 – 47.

④ Steven Arnocky, Darcy Dupuis, and Mirella L. Stroink, "Environmental Concern and Fertility Intentions among Canadian University Students," *Population and Environment*, vol. 34, no. 2, 2012, pp. 279 – 292.

⑤ Niels E. Skakkebaek et al., "Male Reproductive Disorders and Fertility Trends：Influences of Environment and Genetic Susceptibility," *Physiological Reviews*, vol. 96, no. 1, 2016, pp. 55 – 97.

⑥ Maria C. Lemos and Arun Agrawal, "Environmental Governance," *Annual Review of Environment and Resources*, vol. 31, no. 1, 2006, pp. 297 – 325；Arthur P. J. Mol, "Ecological Modernization and the Global Economy," *Global Environmental Politics*, vol. 2, no. 2, 2002, pp. 92 – 115.

能生"的政策限制问题，而是"能生不想生"的生育意愿问题，因此如何提高育龄人口的生育意愿就成为学界和政策决定者共同关心的重要议题。本研究在回顾已有的生育意愿理论与实证研究的基础上，将"环境"这一被近来研究忽视的重要因素重新纳入分析框架之中，探究客观环境质量和环境污染治理投资如何影响期望生育子女数量，以此进一步完善关于生育意愿的学术研究，回应人口问题的现实关切。

二　生育意愿的主要影响因素

从传统社会过渡到现代社会，相比数量，孩子的"质量"上升到更加重要的地位。遵循成本－产出的经济学思路，高质量往往意味着高投入，现代社会中养育孩子所投入的时间、精力、财力等成本是个体和家庭做出生育决策之前需要慎重考虑的因素。[1] 在我国，一线和二线城市生育二孩的成本超过 70 万元，中小城市中生育二孩成本也超过 50 万元。[2] 通过实证研究发现，由于购置房产会挤占家庭为生育子女所储备的经济资源，与租房的流动人口相比，在目的地城市拥有自己房屋的移民更不愿意生二胎。[3] 在经济发达地区，对生活质量的追求和对子女教育成就的期望造成了更高的生育成本。对 1980～2011 年开展的 227 项关于中国人生育意愿调查的元分析表明，地区经济发展水平与理想子女数呈现显著的负相关关系。[4]

第二次人口转变理论认为，除了经济因素，还应到文化系统中寻找

---

① 宋亚旭、于凌云：《我国生育意愿及其影响因素研究综述：1980—2015》，《西北人口》2017 年第 1 期。

② 王志章、刘天元：《生育"二孩"基本成本测算及社会分摊机制研究》，《人口学刊》2017 年第 4 期。

③ Min Zhou and Wei Guo, "Fertility Intentions of Having a Second Child among the Floating Population in China: Effects of Socioeconomic Factors and Home Ownership," *Population*, *Space and Place*, vol. 26, no. 2, 2020, e2289.

④ 侯佳伟、黄四林、辛自强、孙铃、张红川、窦东徽：《中国人口生育意愿变迁：1980—2011》，《中国社会科学》2014 年第 4 期。

低生育意愿和低生育率的原因，[①] 即我们应当更加关注个人主义和女性主义的兴起，以及性别角色和婚姻家庭观念的转变对个体生育意愿的影响。[②] 传统社会多子多福、养儿防老的观念使得生儿育女成为当时的社会惯性。父母在子女身上寄予了传承家族血脉的希望，在这种继替原则下，社会得以延续。[③] 现代社会中，价值观念体系向世俗个人主义的转变淡化了生育行为的神圣性，家庭也不再是经济生产的主要单位，年轻一代更加关注自我实现。虽然如宗教等传统价值观的拥趸仍然通过强调为人父母的好处来鼓励其追随者生育子女，[④] 但受教育水平的提高可以显著弱化传统主义对个体生育意愿的影响。[⑤] 教育一方面通过时间成本的约束推迟个体的生育行为，[⑥] 另一方面通过改变人们的文化认知观念，进而降低生育意愿。[⑦] 从女性主义的视角出发，教育是女性赋权的重要方面，它使女性更加关注个体的发展与完善，因此可能放弃传统的生育"责任"。[⑧] 性别角色态度的现代化也是导致生育意愿降低的因素，引发女性对传统性别角色观念的质疑。

生育意愿的形成与改变也嵌入社会结构与制度背景当中。促进生育是政府解决当前老龄化程度加深和人口衰退问题的基本思路，具体到家庭内部，生育成本走高、托育服务短缺和家庭工作难以平衡等是育龄人群必须面对的现实问题。仅仅依靠家庭无法真正解决上述问题，因此，

---

① 吴帆：《生育意愿研究：理论与实证》，《社会学研究》2020 年第 4 期。

② Ron Lesthaeghe, "A Century of Demographic and Cultural Change in Western Europe," *Population and Development Review*, vol. 9, no. 3, 1983, pp. 411 – 435.

③ 费孝通：《生育制度》，北京：商务印书馆，1999 年，第 13 页。

④ Christoph Bein, Monika Mynarska, and Anne H. Gauthier, "Do Costs and Benefits of Children Matter for Religious People? Perceived Consequences of Parenthood and Fertility Intentions in Poland," *Journal of Biosocial Science*, vol. 53, no. 3, 2021, pp. 419 – 435.

⑤ 刘爱玉：《流动人口生育意愿的变迁及其影响》，《江苏行政学院学报》2008 年第 5 期。

⑥ Tomáš Sobotka, "Sub – Replacement Fertility Intentions in Austria," *European Journal of Population / Revue Européenne de Démographie*, vol. 25, no. 4, 2009, pp. 387 – 412.

⑦ 刘章生、刘桂海、周建丰、范丽琴：《教育如何影响中国人的"二孩"意愿？——来自 CGSS（2013）的证据》，《公共管理学报》2018 年第 2 期。

⑧ Peter McDonald, "Gender Equity in Theories of Fertility Decline," *Population and Development Review*, vol. 26, no. 3, 2000, pp. 427 – 439.

国家需要通过完善配套措施、促进家庭发展和基本公共卫生计生服务均等化等措施从根本上解决家庭的后顾之忧，构建生育友好的社会环境。[①]

政府公共服务可能从多个面向影响居民生育意愿。首先是"收入效应"，即政府能够通过推动教育、医疗等公共资源普及化和均等化来分担家庭的养育压力，通过增加投资治理环境污染改善居民的健康状况，[②] 提升他们的幸福感，缩小不同收入人群之间的福利差距，促进社会公平，[③] 通过增加家庭的"收入"来降低其生育成本，进而达到鼓励生育的效果。对新生代农民工的研究证明基本公共服务的可及性提升能够显著提高新生代农民工期望生育子女数。[④] 还有学者深入探究了公共服务水平作用于居民生育意愿的机制，综合了 CGSS 2013 和 CGSS 2015 的数据后发现公共服务满意度通过影响居民幸福感进而作用于生育意愿，[⑤] 以改善民生和提高居民幸福感为目标的经济增长方式转变不仅能够促进经济结构转型，还有助于增强居民的生育意愿，缓解我国当前面临的较低生育水平难题。[⑥] 此外，教育费用的增加使家庭负担加重，可能会影响生育二孩的意愿。因此，政府教育服务水平，特别是学前教育水平，能否满足社会需求，降低家庭养育负担，也会影响生育意愿。[⑦] 有学者分析了居民的公共教育满意度对二孩生育意愿的影响，发

[①] 杨利春、陈远：《建设生育友好型社会是中国人口发展的战略选择——"全面两孩政策与生育友好型社会建设"专题研讨会综述》，《中国人口科学》2017 年第 4 期。

[②] 宋德勇、杨秋月、程星：《环境规制提高了居民主观幸福感吗？——来自中国的经验证据》，《现代经济探讨》2019 年第 1 期。

[③] 陈刚、李树：《政府如何能够让人幸福？——政府质量影响居民幸福感的实证研究》，《管理世界》2012 年第 8 期。

[④] 梁土坤：《二律背反：新生代农民工生育意愿的变化趋势及其政策启示》，《北京理工大学学报》（社会科学版）2019 年第 3 期。

[⑤] 梁城城、王鹏：《公共服务满意度如何影响生育意愿和二胎意愿——基于 CGSS 数据的实证研究》，《山西财经大学学报》2019 年第 2 期。

[⑥] 朱明宝、杨云彦：《幸福感与居民的生育意愿——基于 CGSS 2013 数据的经验研究》，《经济学动态》2017 年第 3 期。

[⑦] 陈秀红：《影响城市女性二孩生育意愿的社会福利因素之考察》，《妇女研究论丛》2017 年第 1 期；韩振燕、王中汉：《妇女福利政策对城市女性二孩生育意愿的影响研究——基于全国十地区城市育龄女性的调查》，《中国人力资源开发》2017 年第 9 期。

现居民对公共教育的满意度越高，越愿意生育二孩。① 陈秀红通过对城市女性的访谈发现，学前教育"入园难、入园贵"的问题显著加重了家庭的育儿负担，降低了生育意愿。② 对我国十地区城市育龄女性的调查也发现，学前教育缺乏普惠性引发低龄儿童的照料和教育问题，严重限制了二孩生育意愿。③

公共服务和社会保障水平的提高并不一定都能够达到促进生育的效果，实证研究还发现了"挤出效应"的存在。"养儿防老"是传统观念对于生育目的的一种功利性总结，而"挤出效应"则是指在公共服务和社会保障日益普及的现代社会，个体可以不再将养老的责任寄托于子女。完善的公共服务和社会保障拓宽了个体的养老渠道，分担了他们年老时的生存风险，转移了潜在子女的养老责任，意味着老年人在失去劳动能力的情况下可以不依靠子女而生存，在一定意义上消解了子女的"养老"功能。对中国健康与营养调查 2000～2009 年数据的分析表明，参加新农合使居民想再要孩子的意愿降低了 3%～10%。④ 还有研究发现，社会养老保险能够显著降低居民选择生育的概率和居民生育子女的数量。⑤

三 生态文明视域下的生育意愿研究

（一）环境质量的影响

关于自然环境对生育意愿的影响，学界目前有两种持对立思路的

① 魏炜、林丽梅、卢海阳、郑思宁：《主观幸福感、公共教育满意度对居民二孩生育意愿的影响——基于 CGSS 实证分析》，《社会发展研究》2019 年第 3 期。

② 陈秀红：《影响城市女性二孩生育意愿的社会福利因素之考察》，《妇女研究论丛》2017 年第 1 期。

③ 韩振燕、王中汉：《妇女福利政策对城市女性二孩生育意愿的影响研究——基于全国十地区城市育龄女性的调查》，《中国人力资源开发》2017 年第 9 期。

④ 王天宇、彭晓博：《社会保障对生育意愿的影响：来自新型农村合作医疗的证据》，《经济研究》2015 年第 2 期。

⑤ 刘一伟：《社会养老保险、养老期望与生育意愿》，《人口与发展》2017 年第 4 期。

理论，分别是生育需求理论（Demand Theories of Fertility）和恶性循环理论（the Vicious Circle Argument）。

生育需求理论认为环境质量与生育态度及行为之间存在正相关关系。马尔萨斯主义者认为无节制的生育将导致自然生态的崩溃，应当通过禁欲和晚婚等手段来遏制生育，实现可持续发展。类似地，生育需求理论的出发点是，更好的环境质量意味着拥有丰富的自然资源来支持更多的人口，环境恶化则意味着生产力下降，难以养活大量人口。[1] 空气质量下降、水体污染、极端天气、突发性灾害……环境污染的后果给人类的未来制造了越来越多的不稳定性和不安全感，也使得个体对于未来的想象充斥着担忧。实证研究发现，环境恶化加剧了土地贫瘠，缩小了农场规模，减少了粮食产量，降低了人们的生育意愿，增加了避孕工具的使用。[2] 结合对有关气候变化的新闻报道的读者评论的内容分析，以及对 24 名年龄在 18～35 岁的受访者进行的访谈，Helm 等发现人们对当今世界人口过剩、资源枯竭和气候变化所带来的不确定性的担忧消极地影响了他们的生育意愿。[3]

研究假设 1a：控制其他变量后，环境质量与期望生育子女数量呈正相关关系，环境质量越好，期望生育子女数量越多。

恶性循环理论挑战了上述理论逻辑，该理论认为对儿童的需求或渴望取决于他们对家庭劳动的贡献，这种需求会激发生育行为。[4] 环境

---

① Dirgha J. Ghimire and Paul Mohai, "Environmentalism and Contraceptive Use: How People in Less Developed Settings Approach Environmental Issues," *Population and Environment*, vol. 27, no. 1, 2005, pp. 29 – 61.

② Karina M. Shreffler and F. Nii – Amoo Dodoo, "The Role of Intergenerational Transfers, Land, and Education in Fertility Transition in Rural Kenya: The Case of Nyeri District," *Population and Environment*, vol. 30, no. 3, 2009, pp. 75 – 92.

③ Sabrina Helm, Joya A. Kemper, and Samantha K. White, "No Future, No Kids – No Kids, No Future? An Exploration of Motivations to Remain Childfree in Times of Climate Change," *Population and Environment*, vol. 43, no. 1, 2021, pp. 108 – 129.

④ Deon Filmer and Lant H. Pritchett, "Environmental Degradation and the Demand for Children: Searching for the Vicious Circle in Pakistan," *Environment and Development Economics*, vol. 7, no. 1, 2002, pp. 123 – 146.

恶化所导致的自然资源可用性和农业生产力下降不仅不会使人们节制
生育，反而会导致对劳动力的更大的需求，通过增加生育子女的数量来
获取更多的食物和生活资源，第三世界的很多国家因此陷入了"人口
增多—粮食缺乏—环境危机"的恶性循环的泥淖。[①] 森林砍伐、荒漠
化、湿地破坏以及空气、水和土地的有毒污染等形式的大量生态破坏是
为养活快速增长的人口而奋斗的直接后果。Biddlecom 等调查了尼泊尔
环境退化与当地的家庭规模偏好和随后的生殖行为之间的关系，发现
当家庭依赖农业的方式从土地获取生活资源时，随着环境条件的恶化，
男性和女性都希望拥有更大的家庭规模来补充劳动力。[②]

研究假设 1b：控制其他变量后，环境质量与期望生育子女数量呈
负相关关系，环境质量越差，期望生育子女数量越多。

（二）环境治理的社会溢出效应

环境治理是生态现代化的关键环节，也是衡量政府从"以经济建设
为中心"向社会 - 生态 - 经济可持续发展转型的重要指标。[③] 相比单纯
强调经济建设，在政府加大环境治理力度、向综合治理转型的过程中，
对自然资源的耗费更小，动员和参与的社会主体更加多元。[④] 政府部门
虽然仍占据核心地位，但治理方式更加开放灵活，通过公私合作（public-

---

① Ann E. Biddlecom, William G. Axinn, and Jennifer S. Barber, "Natural Resource Collection and Desired Family Size: A Longitudinal Test of Environment – Population Theories," *Population and Environment*, vol. 38, no. 4, 2017, pp. 381 – 406; Shah M. A. Haq, Tom Vanwing, and Luc Hens, "Perception, Environmental Degradation and Family Size Preference: A Context of Developing Countries," *Journal of Sustainable Development*, vol. 3, no. 4, 2010, pp. 102 – 108.

② Ann E. Biddlecom, William G. Axinn, and Jennifer S. Barber, "Environmental Effects on Family Size Preferences and Subsequent Reproductive Behavior in Nepal," *Population and Environment*, vol. 26, no. 3, 2005, pp. 583 – 621.

③ Maria C. Lemos and Arun Agrawal, "Environmental Governance," *Annual Review of Environment and Resources*, vol. 31, no. 1, 2006, pp. 297 – 325; Arthur P. J. Mol, "Ecological Modernization and the Global Economy," *Global Environmental Politics*, vol. 2, no. 2, 2002, pp. 92 – 115.

④ Harriet Bulkeley, "Reconfiguring Environmental Governance: Towards a Politics of Scales and Networks," *Political Geography*, vol. 24, no. 8, 2005, pp. 875 – 902; Maria C. Lemos and Arun Agrawal, "Environmental Governance," pp. 297 – 325.

private partnership）、社区共管（community-based co-management）、信息公开等手段提升治理效果，私营部门则通过强化企业社会责任感、技术革新、生态标签认证等手段参与到治理过程中。除了机构行动者，环境治理也重视公民个体的作用，强调在治理过程中激发公民的主人翁意识和环境能动性，孕育社会资本，营造地方公共文化和社会规范。[①]

环境治理致力于解决环境外部性的问题，因此在实施过程中体现了社会公正的原则。[②] 环境公正研究发现，生态破坏和环境污染在结果分配上呈现不平等性，精英阶层往往在破坏环境过程中获益，而社会边缘群体则不公正地承担了环境风险。[③] 环境问题与健康、社会风险等多个民众关注的领域息息相关，环境治理的推进也有助于塑造更加公正安全的社会氛围。

可见，环境治理不仅会带来生态环境的改善，还会带来正向的溢出效应，增加地方福祉。前文论述表明，大多数发现自然环境对生育意愿产生直接影响的研究都集中在不发达国家的贫困乡村地区。考虑到环境因素的复杂性及其影响的长期性和全局性，在社会发展到一定程度、人们的生计对自然的直接依赖性降低时，环境的优劣不会对每个家庭的生育意愿产生直接影响，而是通过作用于政府的宏观决策，进而影响个体生育意愿。我们认为，相比传统单一的政策刺激，环境治理过程带动了生态文明建设，伴随着更为全面的社会进步，与生育友好型社会的宗旨不谋而合，因此会对生育意愿产生积极作用。

研究假设2：控制其他变量后，环境治理与期望生育子女数量呈正

---

① Arthur P. J. Mol, "Urban Environmental Governance Innovations in China," *Current Opinion in Environmental Sustainability*, vol. 1, no. 1, 2009, pp. 96 - 100；张平淡、朱松、朱艳春：《我国环保投资的技术溢出效应——基于省级面板数据的实证分析》，《北京师范大学学报》（社会科学版）2012 年第 3 期。

② Jouni Paavola, "Institutions and Environmental Governance：A Reconceptualization," *Ecological Economics*, vol. 63, no. 1, 2007, pp. 93 - 103.

③ Robert D. Bullard, *Dumping in Dixie, Race, Class, and Environmental Quality*, Boulder, CO：Westview, 1990；洪大用、龚文娟：《环境公正研究的理论与方法述评》，《中国人民大学学报》2008 年第 6 期。

相关关系，环境治理投入越多，期望生育子女数量越多。

四 数据和研究方法

本研究省份层次数据来源于国家统计局和年鉴数据，其中政府环境治理数据和客观污染指标数据取自《中国环境统计年鉴》，幼儿园数量来自《中国教育统计年鉴》，其他省份层次数据来源于国家统计局官方网站上的分省份年鉴数据。所有省份层次数据均为 2017 年数据，与个体层次数据时间相对应。个体层次数据来源于中国综合社会调查 2017 年数据（以下简称 CGSS 2017），原始数据中共包含 12582 名被访者，鉴于本研究重点关注生育意愿情况，因此只纳入了 50 岁及以下的 5997 名育龄人口，去除缺失值后，实际进入样本个案数为 5241 人。

遵循研究惯例，我们使用期望生育子女数量测量因变量生育意愿，[①] CGSS 2017 中的问题表述为"如果没有政策限制的话，您希望有几个孩子"[②]。由于 97% 以上的被访者的期望生育子女数量在 3 个以下，为了避免少数极端值的干扰，我们对该变量进行了最高标准化处理（top - coding），将取值在 3 个及以上的个案编码为 3，最后取值为从 0 到 3 的整数。

本研究的核心自变量为环境治理，基于已有研究，我们使用环境污

---

① 侯佳伟、黄四林、辛自强、孙铃、张红川、窦东徽：《中国人口生育意愿变迁：1980—2011》，《中国社会科学》2014 年第 4 期；风笑天：《当代中国人的生育意愿：我们实际上知道多少？》，《社会科学》2017 年第 8 期；庄亚儿、姜玉、王志理、李成福、齐嘉楠、王晖、刘鸿雁、李伯华、覃民：《当前我国城乡居民的生育意愿——基于 2013 年全国生育意愿调查》，《人口研究》2014 年第 3 期；郑真真：《生育意愿的测量与应用》，《中国人口科学》2014 年第 6 期。

② 对于生育意愿的测量方式，现有研究比较了"理想子女数"和"期望生育子女数"等测量方法，认为"理想子女数"更倾向于测量一般性的生育规范，"期望生育子女数"相对来说测量效度更好，更加贴近真实的生育意愿。本研究使用的测量问题严格来说属于"假设条件下的意愿生育子女数"，为遵循一般表述习惯，避免用词冗余，本文使用了"期望生育子女数量"。详见风笑天《当代中国人的生育意愿：我们实际上知道多少？》，《社会科学》2017 年第 8 期；郑真真《生育意愿的测量与应用》，《中国人口科学》2014 年第 6 期。

染治理投资占 GDP 比重对该变量进行操作化。[①] 在对环境状况的测量上，考虑到相比其他污染类型，水体污染和空气污染更容易被民众直观感觉到，[②] 我们在分析中使用四个变量对二者进行测量，即化学需氧量排放量、氨氮排放量、颗粒物排放量和氮氧化物排放量，其中前两个测量了水体污染程度，后两个测量了空气污染程度。已有研究发现，学前教育和医疗卫生状况是影响生育意愿的重要社会指标，[③] 因此，模型中纳入了该省的幼儿园数量、医疗卫生机构个数和每万人拥有卫生技术人员数对二者的影响进行检验。

在个体层次，我们依据现有文献，控制了性别、年龄、民族、户口、受教育年限、收入、社会保障参与、性别态度和主观幸福感等变量。其中，性别（1 = 女性）、民族（1 = 少数民族）和户口（1 = 城市）被设置为虚拟变量。年龄、受教育年限、收入（对数）和主观幸福感按回答情况编码为连续变量。CGSS 2017 中，被访者被询问是否参与了以下社会保障和商业保险项目：（1）城镇职工基本医疗保险/城乡居民基本医疗保险/公费医疗；（2）城镇职工基本养老保险/城乡居民基本养老保险；（3）商业性医疗保险；（4）商业性养老保险。我们将其进行加总处理，得到社会保障参与变量，得分越高说明保障越全面。在性别态度上，被访者就下面五个陈述表达赞同程度：（1）男人以事业为重，女人以家庭为重；（2）男性能力天生比女性强；（3）干得好不如嫁得好；（4）在经济不景气时，应该先解雇女性员工；（5）夫妻应该均等分摊家务。回答按照五等分李克特量表赋值（1 = 完全不同意，

---

① 李春米：《经济增长、环境规制与产业结构——基于陕西省环境库兹涅茨曲线的分析》，《兰州大学学报》（社会科学版）2010 年第 5 期；黄菁、陈霜华：《环境污染治理与经济增长：模型与中国的经验研究》，《南开经济研究》2011 年第 1 期。

② 卢春天、洪大用：《公众评价政府环保工作的影响因素模型探索》，《社会科学研究》2015 年第 2 期；洪大用：《环境社会学：事实、理论与价值》，《思想战线》2017 年第 1 期。

③ 王志章、刘天元：《生育"二孩"基本成本测算及社会分摊机制研究》，《人口学刊》2017 年第 4 期；陈秀红：《影响城市女性二孩生育意愿的社会福利因素之考察》，《妇女研究论丛》2017 年第 1 期；韩振燕、王中汉：《妇女福利政策对城市女性二孩生育意愿的影响研究——基于全国十地区城市育龄女性的调查》，《中国人力资源开发》2017 年第 9 期。

5 = 完全同意）。我们将前四项反向编码，然后加总取均值得到性别态度指标（α = 0.65），得分越高表示性别态度越平等。在省份层次，考虑到经济发展状况和人口数量对生育意愿的影响，[①] 我们分别使用人均 GDP 和人口数量对两个变量加以控制。所有变量的描述性统计结果如表 1 所示。

表 1 描述性统计结果（CGSS 2017, *n* = 5241, *N* = 28）

	均值	标准差	最小值	最大值
个体层次				
期望生育子女数量	1.813	0.616	0	3
性别（1 = 女性）	0.537	——	0	1
年龄（岁）	36.664	8.988	18	50
民族（1 = 少数民族）	0.077	——	0	1
户口（1 = 城市）	0.363	——	0	1
受教育年限（年）	11.008	4.287	0	16
收入（对数）	8.667	3.991	0	14.509
社会保障参与	1.844	0.922	0	4
性别态度	3.475	0.751	1	5
主观幸福感	3.853	0.812	1	5
省份层次				
环境污染治理投资占 GDP 比重（%）	1.229	0.608	0.380	2.610
化学需氧量排放量（万吨）	20.795	15.665	2.023	67.477
氨氮排放量（万吨）	1.712	1.218	0.103	5.115
颗粒物排放量（万吨）	43.632	24.514	1.995	106.089
氮氧化物排放量（万吨）	46.301	30.087	8.771	122.793
幼儿园数量（百所）	87.009	54.570	11.300	206.130
医疗卫生机构个数（万）	3.231	2.158	0.397	7.821
每万人拥有卫生技术人员数	66.321	11.864	50	113
人均 GDP（万元）	6.059	2.906	2.803	13.760
人口数量（千万）	4.798	2.759	0.593	10.999

---

① 侯佳伟、黄四林、辛自强、孙铃、张红川、窦东徽：《中国人口生育意愿变迁：1980—2011》，《中国社会科学》2014 年第 4 期。

由于本研究希望考察省份层次的环境变量对个体生育意愿的影响，研究同时使用了省份层次和个体层次的数据，个体层次的数据嵌套于省份层次的数据当中。为了更好地描述这种数据结构，同时鉴于因变量为定序变量，本研究采用了多层次有序逻辑回归模型对数据进行分析，为保证解释的有效性，所有连续变量进行了对中处理。[①] 研究预设各自变量与因变量的关系在各省份内部是一致的，因此具体的模型选择为随机截距模型。模型使用最大似然方法估计，分析软件为 Stata（15.1 版本）。

五　研究结果

表 2 展示了回归模型分析结果。模型 1 分析了个体层次和省份层次的控制变量对期望生育子女数量的影响。在个体层次，平均来看，年龄（$b = 0.019$，$p < 0.001$）越大、农业户口（$b = -0.334$，$p < 0.001$）、受教育年限（$b = -0.019$，$p < 0.05$）越短、社会保障参与（$b = 0.121$，$p < 0.001$）越全面、性别态度（$b = -0.234$，$p < 0.001$）越传统和主观幸福感（$b = 0.238$，$p < 0.001$）越强的人群，生育意愿越强。控制了其他变量后，性别、民族、收入没有显著影响。在省份层次，人均 GDP 和人口数量与生育意愿没有显著的相关性。在后续模型中，控制变量的作用基本一致，不再赘述。

表 2　预测期望生育子女数量的多层次有序逻辑回归模型
（CGSS 2017，$n = 5241$，$N = 28$）

	模型 1	模型 2	模型 3	模型 4
省份层次				
幼儿园数量		0.013*	0.011*	0.010*
		(0.006)	(0.005)	(0.004)

---

① Stephen W. Raudenbush and Anthony S. Bryk, *Hierarchical Linear Models*：*Applications and Data Analysis Methods*, 2nd ed., Thousand Oaks：Sage Publications, 2002.

续表

	模型 1	模型 2	模型 3	模型 4
化学需氧量排放量			0.050	0.016
医疗卫生机构个数		-0.129	0.010	-0.049
		(0.127)	(0.152)	(0.126)
每万人拥有卫生技术人员数		0.012	0.021	-0.000
		(0.015)	(0.014)	(0.013)
			(0.036)	(0.031)
氨氮排放量			-0.082	0.386
			(0.496)	(0.428)
颗粒物排放量			-0.009	-0.010
			(0.007)	(0.006)
氮氧化物排放量			0.003	-0.002
			(0.008)	(0.007)
环境污染治理投资占 GDP 比重				0.698 ***
				(0.200)
人均 GDP	-0.078	-0.069	-0.122	-0.066
	(0.045)	(0.070)	(0.069)	(0.059)
人口数量	-0.011	-0.138	-0.406 **	-0.298 *
	(0.048)	(0.114)	(0.154)	(0.130)
个体层次				
性别（1 = 女性）	-0.012	-0.012	-0.012	-0.012
	(0.062)	(0.062)	(0.062)	(0.062)
年龄	0.019 ***	0.019 ***	0.019 ***	0.019 ***
	(0.004)	(0.004)	(0.004)	(0.004)
民族（1 = 少数民族）	-0.116	-0.106	-0.106	-0.088
	(0.128)	(0.128)	(0.128)	(0.128)
户口（1 = 城市）	-0.334 ***	-0.337 ***	-0.339 ***	-0.335 ***
	(0.071)	(0.071)	(0.071)	(0.071)
受教育年限	-0.019 *	-0.019 *	-0.019 *	-0.019 *
	(0.010)	(0.010)	(0.010)	(0.010)
收入（对数）	0.010	0.010	0.009	0.010
	(0.008)	(0.008)	(0.008)	(0.008)
社会保障参与	0.121 ***	0.121 ***	0.122 ***	0.122 ***
	(0.035)	(0.035)	(0.035)	(0.035)

续表

	模型 1	模型 2	模型 3	模型 4
性别态度	− 0.234 ***	− 0.234 ***	− 0.235 ***	− 0.233 ***
	(0.043)	(0.043)	(0.043)	(0.043)
主观幸福感	0.238 ***	0.239 ***	0.240 ***	0.240 ***
	(0.037)	(0.037)	(0.037)	(0.037)
分割点				
分割点 1	− 4.049 ***	− 4.080 ***	− 4.068 ***	− 4.060 ***
	(0.166)	(0.157)	(0.146)	(0.132)
分割点 2	− 1.384 ***	− 1.414 ***	− 1.402 ***	− 1.394 ***
	(0.143)	(0.133)	(0.120)	(0.102)
分割点 3	2.380 ***	2.350 ***	2.361 ***	2.368 ***
	(0.147)	(0.137)	(0.124)	(0.107)
省份层次随机效应	0.431 ***	0.351 **	0.266 **	0.170 **
	(0.129)	(0.109)	(0.085)	(0.059)
Log Likelihood	− 4548.370	− 4545.960	− 4542.488	− 4537.412

*** $p < 0.001$, ** $p < 0.01$, * $p < 0.05$。

注：括号内为标准误。

模型 2 加入了测量教育和医疗的省份层次变量。现有研究发现，教育和医疗水平一直是影响生育意愿的重要因素。研究结果表明，省份层次的学前教育状况的改善确实能够显著提高生育意愿，但医疗水平没有显著作用。具体来看，各省幼儿园数量每增加一百所，个体期望生育子女数量增加一个的概率提高 1.01 倍（$e^{0.013}$）。相比模型 1，省份层次消减方差比例为 19%，说明教育和医疗对省份平均生育意愿水平差异具有一定的解释力。

模型 3 进一步加入衡量空气和水体质量的指标，以估计客观环境状况对生育意愿的影响。其中化学需氧量排放量和氨氮排放量主要用于反映水体污染情况，颗粒物排放量和氮氧化物排放量主要用于反映空气污染情况。在控制了其他变量后，四个变量都没有通过显著性检验，说明在我国，客观环境状况对生育意愿没有显著影响，结果和文献预测的方向基本一致，研究假设 1a 和 1b 没有得到支持。

　　最后，我们在模型 4 中加入了政府环境治理变量。为了更清晰地展示出变量的作用强度，图 1 展示了各变量对生育意愿影响的优势比。从图 1 中可以清晰地看到政府环境治理对生育意愿的正向作用，政府环境治理显著提高了个体生育意愿，环境治理的单位提升带动个体期望子女数量增加一个的概率提高了两倍。与此同时，省份层次随机效应从模型 3 的 0.266 下降为 0.170，消减方差比例为 36%，再次验证了各省环境治理状况可以在很大程度上解释生育意愿水平的差异，为研究假设 2 提供了经验支持。

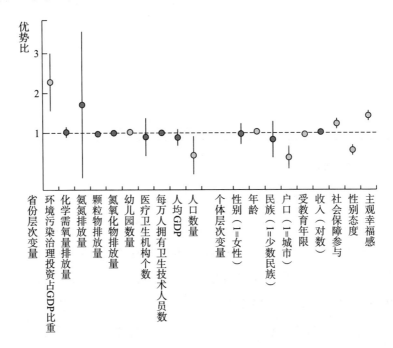

图 1　预测个体期望生育子女数量的变量优势比

说明：基于模型 4 结果，浅色标记了通过显著性检验的结果，深色为没有通过显著性检验的结果，线段表示 95% 的置信区间。

　　在稳健性检验中，首先，我们对模型进行了多重共线性检验，平均方差膨胀因子为 8.94，其中氨氮排放量、化学需氧量排放量、人口数量、医疗卫生机构个数和氮氧化物排放量的方差膨胀因子较大，根据判断的经验性原则，[①] 模型确实存在多重共线性问题。我们采取了两种方式对此问题进行处理，第一种方式是直接排除了上述变量，排除后平均方差膨胀因子为 1.36，最大值为 2.05，此时模型中不存在多重共线性问题，同时，两个核心自变量环境污染治理投资占 GDP 比重和颗粒物排放量的优势比分别为 1.729（$p < 0.01$）和 0.991（$p > 0.1$），与正文汇报的结果基本一致。第二种方式是，几个客观环境变量之间存在较高的相关性，导致了多重共线性问题，笔者将四个变量通过因子分析的方式合成一个指标（特征根 = 2.96，方差比例 = 74.03），此时两个核心自变量环境污染治理投资占 GDP 比重和客观环境质量因子的优势比分别为 1.709（$p < 0.05$）和 1.039（$p > 0.1$），仍然与现有结果一致。此外，由于多重共线性仅仅影响相关自变量，本文最为关注的环境污染治理投资占 GDP 比重变量并不在其中。综合以上检验，虽然研究存在多重共线性问题，但对最后的结论基本没有影响。

其次，考虑到部分研究者将生育年龄设定在 49 岁及以下，我们剔除了年龄为 50 岁的被访者，研究结果与现有结果基本一致。

再次，我们分别使用小学、初中和高中数量作为教育状况的操作化变量，原结果保持不变，此外，在加入环境治理变量后，上述三个变量都没有通过显著性检验，说明环境治理的作用效果更加明显。

最后，为了体现各地区更加综合全面的健康医疗状况，我们使用各省份人类发展指数中的健康指数，即标准化的预期寿命[②]作为替代指标，结果仍然与已有结果一致。

六　结论和讨论

当前社会面临严峻的老龄化趋势和生育率低迷的人口危机，作为

---

① 谢宇：《回归分析》，北京：社会科学文献出版社，2010 年，第 190 页。
② 《中国人类发展报告特别版》，北京：中国出版集团、中译出版社，2019 年。

生育行为的前导性因素，对生育意愿的研究具有重要的理论意义和实践价值。现有人口学研究对生育意愿进行了广泛而深入的分析，详细地探讨了性别、年龄、代际、教育、经济、文化、生育政策等诸多因素的影响。遗憾的是，虽然早期研究者充分认识到环境在约束生育意愿上的重要作用，但近年来研究重心主要放在对经济、文化因素的剖析上，在一定程度上忽视了环境因素的影响。为弥补现有文献的不足，基于对我国全国性代表数据的多层次模型分析，本研究将客观环境质量和政府环境治理纳入分析框架，以环境污染数据和环境污染治理投资占 GDP 比重为操作化指标，考查二者对期望生育子女数量的影响。

已有文献提出，环境质量可能对生育意愿存在矛盾的作用。恶性循环理论认为，自然环境的恶化会造成资源稀缺和农业产出下降，从而提升对劳动力的需求，对生育意愿产生积极影响。生育需求理论则提出相反的论断，认为环境污染意味着环境承载力的下降和不确定性的提高，进而降低生育意愿。本研究选取了更容易被人们感知到的水体和空气污染数据对客观环境质量的作用进行分析，结果表明，控制了人口学变量和宏观层次的教育医疗状况后，客观环境状况对生育意愿没有显著影响，没有为上述理论提供支持。考虑到现有文献中发现环境作用的实证研究大多来自发展中国家的乡村地区，这一研究结果说明，在我国，经济文化等因素的作用可能远超出自然环境的影响，也从侧面支持了我国人口学者对相关社会结构性特征的重视。

政府环境治理是本文的另外一个研究重点，研究结果显示，控制了其他变量后，环境治理与生育意愿呈正相关关系，环境污染治理投资占 GDP 比重越高，个体期望生育子女数量越多。环境污染治理投资是政府解决和缓解资源浪费、环境污染、生态系统退化、气候变化和臭氧消耗等客观环境问题的重要手段，在相当程度上体现了政府的环保偏好，然而需要注意的是，从客观环境状况对生育意愿没有显著影响的结果中可以发现，环境污染治理投资并不完全是通过改善环境质量来提高生育意愿的。事实上，环境污染治理投资更重要的意义在于治理过程带来的积极的外部效应。政府在加大环保投入的过程中通过转变行政思路、鼓励多元社会主体参与、推动社会公正等方式逐步实现治理方式从"唯GDP"向经济社会生态综合发展转型，使人民群众享有更高的获得感，推动生育友好型社会的构建。我国作为世界上人口最多的国家，个体生育意愿和生育行为都受到政府决策的深刻影响。本研究提示我们，在分析生育意愿的影响因素时，不仅要关注与生育最直接相关的教育、医疗等政策，还要从整体上更加全面地看待多种政府决策的作用。生态文明强调人、自然和社会的协调发展，力图建设一个更加平衡公正的社会系统，与生育意愿存在密切关系，因此，很多看似与生育没有直接关系的环境治理实践也可以消除人们的后顾之忧，使人们愿意生育，充分享受孩子带来的天伦之乐。

　　总体来看，现代社会中生产、消费和垃圾处理过程之间过长的产业和技术链条催生了鲍曼意义上的"道德盲视"，人们因此可能很难意识到环境污染的实际严重程度，缺乏建立自身关于环境污染的真实体验的情境，因而也就难以做出相应的行为改变。但政府作为制定政策与监督实施的客观存在，其行动会影响到个体生活的方方面面，在中国尤其如此。近年来在生态文明建设的浪潮之下，各级政府都将关注焦点不同程度地投放在环境治理上。随处可见的宣传话语、逐渐推广的垃圾分类，还有从限号到税收等影响我们日常生活的种种或小或大的改变，这些都显示了政府贯彻生态文明建设目标和改善我们赖以生存的自然环境的决心。更重要的是，政府的这些行为为生活在充满风险和不确定性的当下的个体勾画了一个关于山更青、水更秀、社会更进步的美好未来的愿景，这种积极的想象对于个体抵抗对不确定未来的迷茫有着重要的意义。我们当然更加希望自己的后代生活在一个环境优美、社会文明的可持续发展的社会之中。本文的研究结果为此提供了一定的实证支持，在控制了其他因素的影响后，政府的环保努力被个体看到并接纳，进而积极地影响了他们的生育意愿。

　　本研究还存在一些不足。首先，本研究实质上检验了客观环境质量和环境污染治理投资与期望生育子女数量的相关关系而非因果关系。研究是在控制了其他可能相关的因素后，或者说在其他因素同等的前提下，发现环境污染治理投资占 GDP 比重越高，个体期望生育子女数量越多，但政府的环保投入行为具体是以怎样的途径和逻辑转化为个体的生育意愿的，本文尚不清楚其真正的作用机制。生育意愿是宏观因素和微观因素共同作用的结果，客观环境质量和环境污染治理投资仅仅是其中一个方面的宏观因素，从社会层面的环境治理到微观层面的生育意愿变迁需要综合考虑环境治理的直接影响，以及社会氛围、价值观、城市化水平、对个体生育资源和能力的评估等多个层面因素的间接影响。其次，本研究使用了中国综合社会调查最新发布的数据，时间节点是 2017 年，此时距离"单独二孩"生育政策的正式实施刚刚过去三年，而距离"全面二孩"政策的正式实施仅一年有余。考虑到生育行为的政策敏感性，此时还处于二孩累积效应的释放期，对期望生育子女数量的测量在一定程度上反映了这一特殊时期的生育意愿，在释放期结束后，期望生育子女数量可能存在下降趋势。此外，现代社会当中，生育行为逐渐摆脱了传统文化的巨大影响，不再被视为个体一生中不假思索的必经历程，越来越多的个体在做出生育决策之前会慎重考虑各种因素的影响，因此，不同收入水平、受教育程度和身份社会地位的人群对多种政府决策的反应是否存在差异，也是一个值得探究的问题。未来的研究可以从以上这些方面入手，丰富环境影响个体生育意愿及行为的研究层次，拓展学界对于其作用机制的研究深度，为从宏观政策入手建立生育友好型的社会提供新的思路。

"绿纽带"的力量：中国公众的社会资本与环境关心

范叶超　刘俊言[*]

摘　要：相当多研究证据表明，社会成员间的联系在环境关心的社会扩散过程中扮演了关键角色。利用全国性调查数据，本研究考察了社会资本对中国公众环境关心的影响。主要研究发现有：个体社会关系和社区社会关系对环境关心都具有显著的正向影响；社会信任对环境关心的影响具有复杂性，表现为总体信任和人际信任对环境关心具有一定的积极影响，但组织信任对环境关心的影响方向则不确定；社会资本可以通过影响环境知识间接影响环境关心。进一步，本研究还讨论了社会资本作为"绿纽带"对环境关心社会扩散的积极作用及其主要制约因素。

关键词：环境关心　社会资本　环境知识　"绿纽带"

环境关心的社会扩散（the social diffusion of environmental concern）可理解为：随着时间推移，一个社会中越来越多人倾向于关注环境问

---

* 范叶超，中央民族大学民族学与社会学学院讲师；刘俊言，中央民族大学社会学系硕士研究生。

题、支持环境保护的过程。在一些先驱环境社会学家的认知里，对这一整体性社会转变过程的记录、解释和预测应当构成当代环境社会学的重要学科使命。[①] 回到 20 世纪 60 年代，彼时环境运动作为一类新的社会运动在欧美国家兴起，环境保护的价值理念也自此得以在世界范围内传播。几乎与此同时，越来越多社会调查项目开始专门设计公众环境关心的测量项目，这为量化地考察环境关心的社会扩散提供了坚实的数据基础。基于不同的调查数据，研究者们至今已先后比较了性别、年龄、教育、收入、居住地、政治倾向、国别等不同社会人口特征的人群其环境关心水平的差异，这些相当丰富的研究成果为我们动态绘制出了环境关心社会扩散的阶段性结果，即环境关心的社会基础（the social bases of environmental concern）。[②]

那么，环境关心又是如何深入不同人群、奠定其社会基础的呢？除了对环境问题的亲身体验外，环境社会科学家们认为，教育部门、大众媒介、科研机构、环保组织等不同主体在激发、塑造与传播环境关心的过程中扮演着关键角色。[③] 在此基础上，近年来一些国外研究开始致力于探索社会资本之于环境关心社会扩散的意义。受这些研究启发，本研究拟进一步澄清社会资本与环境关心二者间的理论关联，并利用全国性调查数据尝试在中国语境下探索社会资本对环境关心的

---

① William R. Catton Jr. and Riley E. Dunlap, "Environmental Sociology: A New Paradigm," *The American Sociologist*, vol. 13, no. 1, 1978, pp. 41 – 49；洪大用：《西方环境社会学研究》，《社会学研究》1999 年第 2 期。

② Chenyang Xiao and Aaron M. McCright, "Environmental Concern and Sociodemographic Variables: A Study of Statistical Models," *The Journal of Environmental Education*, vol. 38, no. 2, 2007, pp. 3 – 14；Raphael J. Nawrotzki and Fred C. Pampel, "Cohort Change and the Diffusion of Environmental Concern: A Cross – National Analysis," *Population and Environment*, vol. 35, no. 1, 2013, pp. 1 – 25；洪大用、肖晨阳：《环境友好的社会基础：中国市民环境关心与行为的实证研究》，北京：中国人民大学出版社，2012 年。

③ Steven R. Brechin, "Objective Problems, Subjective Values, and Global Environmentalism: Evaluating the Postmaterialist Argument and Challenging a New Explanation," *Social Science Quarterly*, vol. 80, no. 4, 1999, pp. 793 – 809；Anders Hansen, "The Media and the Social Construction of the Environment," *Media, Culture & Society*, vol. 13, no. 4, 1991, pp. 443 – 458；John Hannigan, *Environmental Sociology* (3rd ed.), London: Routledge, 2014.

实际影响及相关机制。

一　社会资本与环境关心的文献回顾

社会资本是一个经典社会学概念。根据一个广泛引用的定义，社会资本是指"个体之间的联系，包括从他们当中形成的社会网络、互惠性规范和信任"①。过去几十年间，既有研究分别揭示了社会资本在教育、求职、安家、婚姻、健康等诸多社会生活领域对个体以及社群的正面效用。② 尽管从社会资本的角度探讨环境议题的直接研究起步较晚，但关于社会资本对个体环境关心可能具有的显著影响，在一些先前的经验研究中早已有迹可循。

首先是来自环境关心研究领域的证据。在环境关心的社会基础研究中，相当一部分文献致力于探讨以城乡划分的居住地类型与个体环境关心的关联。国内外的研究发现一致表明，相较于乡村地区的居民，城市居民的环境关心水平整体要更高，这一发现被称作环境关心的"居住地假设"（the Residence Hypothesis）。③ 在居住地假设的若干解释中，差别职业理论较有影响力。该理论的核心观点认为，与城市居民相

① Robert Putnam, *Bowling Alone: The Collapse and Revival of American Community*, New York: Simon & Schuster, 2000, p. 19.

② 赵延东、洪岩璧：《社会资本与教育获得——网络资源与社会闭合的视角》，《社会学研究》2012 年第 5 期；Mark S. Granovetter, "The Strength of Weak Ties," *American Journal of Sociology*, vol. 78, no. 6, 1973, pp. 1360 – 1380；Susan Saegert and Gary Winkel, "Social Capital and the Revitalization of New York City's Distressed Inner – City Housing," *Housing Policy Debate*, vol. 9, no. 1, 1998, pp. 17 – 60；Robert Crosnoe, "Social Capital and the Interplay of Families and Schools," *Journal of Marriage and Family*, vol. 66, no. 2, 2004, pp. 267 – 280；Penelope Hawe and Alan Shiell, "Social Capital and Health Promotion: A Review," *Social Science & Medicine*, vol. 51, no. 6, 2000, pp. 871 – 885.

③ 范叶超、洪大用：《差别暴露、差别职业和差别体验——中国城乡居民环境关心差异的实证分析》，《社会》2015 年第 3 期；Robert Emmet Jones and Riley E. Dunlap, "The Social Bases of Environmental Concern: Have They Changed over Time?," *Rural Sociology*, vol. 57, no. 1, 1992, pp. 28 – 47；Chenyang Xiao et al., "The Nature and Bases of Environmental Concern among Chinese Citizens," *Social Science Quarterly*, vol. 94, no. 3, 2013, pp. 672 – 690.

比，乡村居民更多地从事农业、矿业、采伐业等资源攫取性质的职业，这使得他们更倾向于接纳"自然环境就是被利用的"这样一种功利主义价值观，表现为对环境质量退化的漠不关心。[①] 在差别职业理论的基础上，一些研究者进一步提出了"社会邻近性假设"（Social Proximity Hypothesis），以补充解释从事非农生产的那些乡村居民为什么同样接纳了这种对自然环境的功利主义态度。该假设得到了经验研究的证实：某位从事攫取性质职业乡村居民的环境态度会透过其社会联系传递给其亲朋好友，结果导致功利主义的环境观念在整个乡村地区扩散。[②] 尽管社会资本在上述研究文献中扮演了传递负面环境观念的角色，但也提示我们：如果将社会资本单纯看作一种观念分享机制，或许亦能够促进环境关心的扩散。

环境行动主义的有关研究同样关注到了社会资本的作用。相当多研究表明，社会资本能够提供资源和信息，塑造社会成员的公共参与精神与合作意识，因此在一些集体行动的社会动员中发挥了至关重要的作用。[③] 社会资本的这种动员能力在环境保护的集体行动中也得到了证实。例如，卢贝尔（M. Lubell）等在美国的一项调查研究发现，通过与身边的人探讨气候变化议题，公众对气候变化政策的支持度以及参与相应政治行动的意愿可以得到有效提升。[④] 再如，廷德尔（D. B.

① Kenneth R. Tremblay and Riley E. Dunlap, "Rural – Urban Residence and Concern with Environmental Quality: A Replication and Extension," *Rural Sociology*, vol. 43, no. 3, 1978, pp. 474 – 491.

② Jeff Sharp and Lazarus Adua, "The Social Basis of Agro – Environmental Concern: Physical Versus Social Proximity," *Rural Sociology*, vol. 74, no. 1, 2009, pp. 56 – 85; Cheryl J. Wachenheim and Richard Rathge, "Residence and Farm Experience Influence Perception of Agriculture: A Survey of North Central Residents," *Rural America/Rural Development Perspectives*, vol. 16, no. 4, 2002, pp. 18 – 29.

③ Larissa Larsen et al., "Bonding and Bridging: Understanding the Relationship Between Social Capital and Civic Action," *Journal of Planning Education and Research*, vol. 24, no. 1, 2004, pp. 64 – 77; Joonmo Son and Nan Lin, "Social Capital and Civic Action: A Network – Based Approach," *Social Science Research*, vol. 37, no. 1, 2008, pp. 330 – 349.

④ Mark Lubell et al., "Collective Action and Citizen Responses to Global Warming," *Political Behavior*, vol. 29, no. 3, 2007, pp. 391 – 413.

Tindall）通过分析加拿大的调查数据发现，个人的社会网络及其属性会持续影响其参加环境运动的相关意愿。[1] 来自中国的经验证据也与之相似。周志家对厦门市民参加反 PX 项目的研究表明，市民感知到的群体性压力（亲戚、朋友、同事的影响）是他们选择参与环境抗争的首要动机。[2] 冯仕政的研究则提供了一个反向例证：由于缺乏社会资本，中国城市居民在遭遇环境危害时倾向于不采取抗争行动，而是选择做"沉默的大多数"。[3] 如果承认环境行动主义在某种程度上是环境关心的外显结果，那么有理由相信社会资本对环境关心也可能具有类似显著影响。

根据我们掌握的文献，近十多年来，一些国外的定量研究开始直接考察社会资本与环境关心的关系，且绝大多数研究报告了社会资本对个体环境关心的正向影响。韦克菲尔德（S. E. L. Wakefield）等通过分析在加拿大汉密尔顿市的电话调查数据，发现相较于社会人口变量和居住社区条件，社会资本对个体采取环境行动（特别是公共领域的环境行动）的积极影响要更大且更为稳定。[4] 马西亚斯和威廉姆斯（T. Macias and K. Williams）利用美国综合社会调查数据考察了社会资本与美国公众亲环境行为、环境贡献意愿的关系，研究发现：关系性社会资本对环境友好行为存在显著正向影响，而社区社会关系和社会信任则能够正向预测环境贡献意愿。[5] 利用多层次结构方程模型，赵成哲与姜亨植（S. Cho and H. Kang）对韩国的一项调查数据进行分析，发现社区层次的社会资本对公域和私域的环境行为均具有显著正向影响，且

① David B. Tindall, "Social Movement Participation over Time: An Ego – Network Approach to Mi-cro – Mobilization," *Sociological Focus*, vol. 37, no. 2, 2004, pp. 163 – 184.

② 周志家：《环境保护、群体压力还是利益波及——厦门居民 PX 环境运动参与行为的动机分析》，《社会》2011 年第 1 期。

③ 冯仕政：《沉默的大多数：差序格局与环境抗争》，《中国人民大学学报》2007 年第 1 期。

④ Sarah E. L. Wakefield et al., "Taking Environmental Action: The Role of Local Composition, Context, and Collective," *Environmental Management*, vol. 37, no. 1, 2006, pp. 40 – 53.

⑤ Thomas Macias and Kristin Williams, "Know Your Neighbors, Save the Planet: Social Capital and the Widening Wedge of Pro-Environmental Outcomes," *Environment and Behavior*, vol. 48, no. 3, 2016, pp. 391 – 420.

个体层次的社区纽带也对私域环境行为具有显著正向影响。① 基于 2015 年在美国奥斯汀地区六个县的电话调查数据，阿塔山（S. Atshan）等人的研究发现，包括社区参与、社会信任和强纽带测量的社会资本不同面向均对环境关心有着显著正向影响，并连带会促进环境友好行为。② 亚梅奥果（T. B. Yaméogo）等对布基纳法索小农户的调查也表明，社会资本对农民们在农业生产中选择利于水土保持的技艺具有显著正向影响。③

尽管大多数研究支持社会资本有助于增进环境关心的结论，但也有两项研究报告了一些不一致的发现。马西亚斯和纳尔逊（T. Macias and E. Nelson）对美国三个州居民的电话调查结果显示，受访者的关系社会资本（特别是弱关系纽带数量和社会纽带的平均职业声望）可以显著增加其环境关心，但以"上个月朋友来家做客的频率"为指标测定的社区社会关系对环境关心存在负向影响。④ 米勒和拜斯（E. Miller and L. Buys）对澳大利亚昆士兰州黄金海岸地区居民的调查研究表明，尽管社会资本可以促进居民选择实施相对节水的洗车行动，但也会导致他们在园艺活动中选择使用除草剂、杀虫剂等对环境有害的行动。⑤ 仔细检视这两项研究所使用的测量工具，不难发现：在它们选用的全部社会资本指标中，对环境关心具有负向影响的都只有单个指标，其余指标要么不显著，要么是正向影响。就此而言，这些不规律的数据分析结果似乎并不稳健。综合来看，现有经验研究的证据整体上更加支持"社会资本能够增进环境关心"的结论。

---

① Sungchul Cho and Hyeongsik Kang, "Putting Behavior into Context: Exploring the Contours of Social Capital Influences on Environmental Behavior," *Environment and Behavior*, vol. 49, no. 3, 2017, pp. 283 – 313.

② Samer Atshan et al., "Pathways to Urban Sustainability Through Individual Behaviors: The Role of Social Capital," *Environmental Science & Policy*, vol. 112, 2020, pp. 330 – 339.

③ Thomas B. Yaméogo et al., "Can Social Capital Influence Smallholder Farmers' Climate – Change Adaptation Decisions? Evidence from Three Semi – Arid Communities in Burkina Faso, West Africa," *Social Sciences*, vol. 7, no. 3, 2018, pp. 1 – 20.

④ Thomas Macias and Elysia Nelson, "A Social Capital Basis for Environmental Concern: Evidence from Northern New England," *Rural Sociology*, vol. 76, no. 4, 2011, pp. 562 – 581.

⑤ Evonne Miller and Laurie Buys, "The Impact of Social Capital on Residential Water – Affecting Behaviors in a Drought – Prone Australian Community," *Society and Natural Resources*, vol. 21, no. 3, 2008, pp. 244 – 257.

那么，为什么社会资本能够带来环境关心的增长呢？在2011年发表的一篇文章中，基于奥斯特罗姆（E. Ostrom）对集体行动困境的分析框架，托伊尔（A. Thoyre）探讨了社会资本促进环境关心（特别是亲环境行动）的四种可能机制：第一，社会资本能够将个人利益与集体利益调整为一致，使得反映集体环境利益的行动也是对个体最有益的选择，或者违反集体环境利益的行动其个人成本最高；第二，透过"榜样角色""集体生活"等社会化过程，社会资本能够向个体灌输亲社会的价值观念，包括亲环境的价值；第三，社会资本能够传递关于共同体需求和议题的相关信息，有助于与环境问题有关的信息传播；第四，社会网络能够处理信息和资源的流动，加上个体参与社会组织能够习得一些技能和习惯，这些社会资本的效果也有助于增强个体开展亲环境行动的能力。[①] 马西亚斯和纳尔逊则分析认为，社会资本中的弱纽带（weak ties）作为一种新鲜信息来源机制会对环境关心产生重要影响：现今美国的主流社会范式还是倾向于贬低环境保护的价值，所以一个人社会关系中强纽带的数量越多，其人类中心主义的观念越会得到加强，因而越倾向于不关心环境；对比之下，具有较多弱关系纽带的个体可能会遭遇主流价值之外更加丰富的观点，更有可能具有高水平的环境关心。[②]

我们注意到，已有一些研究先于本文基于中国的调查数据探讨过社会资本与环境关心的关系。[③] 从研究发现来看，这些研究整体上都支持社会资本能够增进环境关心的结论。但从研究设计来看，这些研究要么使

---

① Autumn Thoyre, "Social Capital as a Facilitator of Pro-Environmental Actions in the USA: A Preliminary Examination of Mechanisms," *Local Environment*, vol. 16, no. 1, 2011, pp. 37 – 49.

② Thomas Macias and Elysia Nelson, "A Social Capital Basis for Environmental Concern: Evidence from Northern New England," *Rural Sociology*, vol. 76, no. 4, 2011, pp. 562 – 581.

③ 李秋成、周玲强：《社会资本对旅游者环境友好行为意愿的影响》，《旅游学刊》2014年第9期；郝文斌、张会来：《社会资本对大学生环境友好行为意愿的影响》，《思想教育研究》2016年第10期；龚梦玲、刘月平：《社会资本对居民环境关心的影响路径和作用机制——基于CSS 2013数据分析》，《老区建设》2020年第14期；Feng Hao et al., "Social Capital's Influence on Environmental Concern in China: An Analysis of the 2010 Chinese General Social Survey," *Sociological Perspectives*, vol. 62, no. 6, 2019, pp. 844 – 864.

用的是不具代表性的立意抽样调查数据，要么存在对社会资本、环境关心等关键变量的测量质量欠佳等问题，这都会在一定程度上削弱研究结论的可靠性。更重要的一点是，这些研究无一例外都未能将社会资本对环境关心的影响机制纳入分析模型。利用全国性抽样调查数据，通过建构更为全面的变量测量工具，本文拟对中国公众的社会资本与环境关心进行更为精细的考察，并尝试探索社会资本影响环境关心的具体机制。

二 研究设计

（一）研究数据及缺失值处理

本研究所用数据来自 CGSS 2010，此次调查范围覆盖了中国大陆全部 31 个省、自治区、直辖市（不含港澳台地区），调查对象为 17 岁以上的居民，问卷完成方式以面对面访谈为主。CGSS 2010 的全部有效样本为 11785 个，应答率为 71.3%。在 CGSS 2010 的访谈问卷中，环境模块为选答模块，所有受访者通过随机数均有 1/3 的概率回答此模块，该模块有效样本为 3716 个。观察样本虽减少了，但仍具有全国范围的代表性，故数据结果仍可进行统计推论。在剔除缺失回答较多的少量样本后，最终进入分析的有效样本为 3663 个。

本研究涉及的大多数变量在研究数据中均存在不同程度的项目缺失数据问题。以"个人年收入"这一变量为例，其数据缺失占比最高，缺失比重达 14.2%。在充分理解项目缺失数据不同成因的基础上，我们采用多重插补（multipleimputation）的技术统一处理缺失数据。[①] 本

[①] 多重插补的理念由鲁宾（D. B. Rubin）提出，多重插补提供的插补模型包括一般线性回归、Logistic 回归、预测平均值匹配（predictive mean matching）、多元正态回归（multivariate normal regression）、链式方程（chained equations）等。与单一插补、列删法等传统缺失数据处理技术相比，多重插补可以理解为对执行多次热卡插补或回归插补结果的综合，能够更好地反映缺失数据固有的不确定性，数据处理结果更加稳健。参见 Donald B. Rubin, "Inference and Missing Data," *Biometrika*, vol. 63, no. 3, 1976, pp. 581–592.

研究选择蒙特卡洛方法（MCMC）以及预测平均值匹配模型（PMM）对个人年收入、受教育水平等相关变量进行插补。为检验间接效应的统计显著性，在该研究中使用拔靴法（bootstrap）设计（进行了 1000 次）去生成偏误纠正后的标准误。

（二）变量测量

1. 因变量

本研究的因变量是环境关心。当前，学界普遍使用的环境关心测量工具是由邓拉普等所提出的 NEP 量表及其修订版。[①] 实质上，NEP 量表及其修订版测量的是一种狭义层面的环境关心，即新生态范式的生态世界观。由于环境关心概念的复杂性，一些学者尝试拓展出诸如环境关注感知、经济生态权衡、环境政策支持、环境贡献意愿、日常环保行为等多面向的环境关心测量工具。[②] 根据 CGSS 2010 问卷设计内容，本研究在测量模型中尽可能多地引入更多关于环境关心面向的相关测量项目。利用 Mplus 8.0 统计分析软件进行验证性因子分析（CFA），我们在不同测量面向下对诸多测量项目的组合信度进行统计检验和模型拟合，最终确定了 5 个环境关心面向。基于对中国特殊国情的考量，测量项目使用中国版环境关心量表（CNEP 量表）中 10 个项目测量的新生态范式，还包括 3 个项目构成的环境关注程度、3 个项目构成的环境风险认知、3 个项目构成的环境贡献意愿以及 3 个项目构成的环境友好行为。从 Cronbach's α 信度系数来看，各面向所辖指标的内部一致性都较好（见表 1）。

---

① Riley E. Dunlap and Kent D. Van Liere, "The 'New Environmental Paradigm'," *The Journal of Environmental Education*, vol. 9, no. 4, 1978, pp. 10 – 19; Riley Dunlap et al., "Measuring Endorsement of the New Ecological Paradigm: A Revised NEP Scale," *Journal of Social Issues*, vol. 56, no. 3, 2000, pp. 425 – 442.

② Chenyang Xiao and Riley E. Dunlap, "Validating a Comprehensive Model of Environmental Concern Cross – nationally: A US – Canadian Comparison," *Social Science Quarterly*, vol. 88, no. 2, 2007, pp. 471 – 493；卢春天、洪大用：《建构环境关心的测量模型——基于 2003 中国综合社会调查数据》，《社会》2011 年第 1 期。

表 1　环境关心的多面向测量

面向	指标	项目描述	编码
新生态范式 （Cronbach's α = 0.778）	NEP1	目前的人口总量正在接近地球能够承受的极限	1（完全不同意）～5（完全同意）
	NEP2	人类对于自然的破坏常常导致灾难性后果	1（完全不同意）～5（完全同意）
	NEP3	目前人类正在滥用和破坏环境	1（完全不同意）～5（完全同意）
	NEP4	动植物与人类有着一样的生存权	1（完全不同意）～5（完全同意）
	NEP5	自然界的自我平衡能力足够强，完全可以应付现代工业社会的冲击	1（完全同意）～5（完全不同意）
	NEP6	尽管人类有着特殊能力，但是仍然受自然规律的支配	1（完全同意）～5（完全不同意）
	NEP7	所谓人类正在面临"环境危机"，是一种过分夸大的说法	1（完全同意）～5（完全不同意）
	NEP8	地球就像宇宙飞船，只有很有限的空间和资源	1（完全不同意）～5（完全同意）
	NEP9	自然界的平衡是很脆弱的，很容易被打乱	1（完全不同意）～5（完全同意）
	NEP10	如果一切按照目前的样子继续，我们很快将遭受严重的环境灾难	1（完全不同意）～5（完全同意）
环境关注程度 （Cronbach's α = 0.666）	EIA1	总体上说，您对环境问题有多关注	1（完全不关心）～5（非常关心）
	EIA2	您对造成上述各种环境问题的原因有多了解	1（完全不了解）～5（非常了解）
	EIA3	您对解决上述各种问题的办法有多了解	1（完全不了解）～5（非常了解）
环境风险认知 （Cronbach's α = 0.711）	ERP1	汽车尾气造成的空气污染对环境的危害	1（完全没有危害）～5（极其有害）
	ERP2	工业排放废气造成的空气污染对环境的危害	1（完全没有危害）～5（极其有害）
	ERP3	农业生产中使用的农药和化肥对环境的危害	1（完全没有危害）～5（极其有害）

面向	指标	项目描述	编码
环境贡献意愿 （Cronbach's α = 0.836）	EPW1	为了环保支付更高的价格	1（非常不愿意）～5（非 常愿意）
	EPW2	为了环保缴纳更高的税	1（非常不愿意）～5（非 常愿意）
	EPW3	为了环保降低生活水平	1（非常不愿意）～5（非 常愿意）
环境友好行为 （Cronbach's α = 0.801）	EPB1	为了环保减少居家能源或燃料的消耗量	1（从不）～4（总是）
	EPB2	为了环保节约用水或对水进行再利用	1（从不）～4（总是）
	EPB3	为了环保而不去购买某些产品	1（从不）～4（总是）

　　我们利用数据对环境关心上述五个相互关联面向构成的测量模型进行了验证性因子分析。首先，从模型拟合指标结果来看，虽然卡方检验的结果是显著的，但其他所有的拟合指标都达到了可接受标准。[①] 其次，分析结果表明，如果以 0.3 作为潜变量因子的负载标准，各面向所辖项目的因子负载全部达标。[②] 综合来看，环境关心五个面向的测量模型得到了数据的有效支持，因此可以作为中国居民环境关心研究的一种有效工具。

2. 解释变量和控制变量

　　本研究的解释变量是社会资本。参照帕特南（R. D. Putnam）对社会资本的研究[③]，我们对于社会资本的测量具体分为社会关系网络和社会信任两个向度。首先，从社会关系网络的角度来看，包括个体层次的

---

① 在结构方程模型的分析中，卡方检验容易受到样本规模的影响（"卡方膨胀"），并不能作为模型拟合情况评估的绝对标准。有学者认为，比较拟合指数（CFI）、非规范拟合指数（TLI）大于 0.9，近似误差均方根（RMSEA）小于 0.06，标准化的均方根残余（SRMR）小于 0.08 是证明模型拟合较好的有利证据。参见 Li – tze Hu and Peter M. Bentler，"Cutoff Criteria for Fit Indexes in Covariance Structure Analysis：Conventional Criteria Versus New Alternatives，" *Structural Equation Modeling：A Multidisciplinary Journal*，vol. 6，no. 1，1999，pp. 1 – 55.

② 验证性因子分析的结果限于文章篇幅未能完整呈现，欢迎有兴趣的读者来信了解。

③ Robert D. Putnam，"Tuning in，Tuning out：The Strange Disappearance of Social Capital in America，" *PS：Political Science & Politics*，vol. 28，no. 4，1995，pp. 664 – 683；Robert D. Putnam，*Bowling Alone：The Collapse and Revival of American Community*，New York：Simon and schuster，2000.

社会关系（简称"个体社会关系"）和社区层次的社会关系（简称"社区社会关系"）的测量。个体社会关系的测量主要通过 3 个测量项目。（1）在过去一年中，您是否经常在您的空闲时间做下面的事情？——社交。在这一设问中，将回答为"从不""很少""有时""经常""总是"的选项分别赋值为"0""1""2""3""4"。（2）过去一年，您是否经常在空闲时间从事以下活动——与不住在一起的亲戚聚会。（3）过去一年，您是否经常在空闲时间从事以下活动——与朋友聚会。以上两项设问，将回答为"从不""一年数次或更少""一月数次""一周数次""每天"的选项分别赋值为"0""1""2""3""4"。对以上 3 个测量项目进行信度分析后发现，其 Cronbach's α 信度系数为 0.668，表明各题项的内部一致性较好，符合统计分析要求。将 3 个项目的分值累加，得到个体社会关系的连续变量，分值越高代表拥有的个体社会关系越多。

社区社会关系的测量主要通过 2 个测量项目：（1）参加村委会、居委会、业委会工作；（2）向村委会、居委会、业委会提建议或意见。在这两个测量项目中，将回答为"有""没有"分别赋值为"1""0"。将两个项目的回答分值进行累加得到社区社会关系的连续变量，分值越高代表拥有的社区社会关系越多。

社会信任的测量包括总体信任、人际信任以及组织信任三个面向。总体信任的测量问题是："总的来说，您同不同意在这个社会上，绝大多数人是可以信任的？"可供选择的回答包括"完全不同意""比较不同意""无所谓同意不同意""比较同意""完全同意"，分别赋值为"0""1""2""3""4"，得到总体信任的连续变量，分值越高代表总体信任水平越高。人际信任的测量在问卷中的设问是："对于下面几类人，您的信任度怎么样？"这一设问共包括 9 个测量项目，分别是对自己家里人、同事、生意人等群体的信任度的回答，将"完全不可信""比较不可信""居于可信与不可信之间""比较可信""完全可信"分别赋值为"0""1""2""3""4"。对上述 9 个测量项目进行信度分析后发现，其 Cronbach's α 信度系数为 0.786，说明量表的内部一致性较好。将量表的各项目分值进行累加得到人际信任的连续变量，分值越高表示人际信任水平越高。组织信任的测量问题是："您对于下面这些机构的信任度怎么样？"这一设问共包括 12 个测量项目，分别是对法院及司法系统、中央政府、地方媒体、民间组织等机构的信任度的测量，回答编码赋值方法同上。对上述 12 个测量项目进行信度分析后发现，其 Cronbach's α 信度系数高达 0.866，说明量表内部一致性较好。将量表各项分值进行累加得到组织信任的连续变量，分值越高表示组织信任水平越高。

3. 中介变量

为更好地理解和解释社会资本与环境关心的关系，特别是探索二者间的联系机制，本研究还引入"环境知识"作为中介变量。CGSS 2010 中的环境知识量表包括 10 个项目，将每项实际判断正确赋值为 1，实际判断错误或选择"不知道"赋值为 0。由于每个项目均为二分变量，所以并未进行验证性因子分析。对量表进行信度分析后发现，该量表的 Cronbach's α 信度系数为 0.805，表示该量表的内部一致性较好。将量表中各项分值全部累加得到环境知识的连续变量，分值越高代表环境知识水平越高。

最后，我们在模型分析中还引入了一些控制变量。本研究涉及的全部变量情况如表 2 所示。

表 2　研究涉及的变量情况描述

变量名称	变量说明	最小值	最大值	均值	标准差
年龄	连续变量	17	91	47.307	15.730
性别	定类变量；男性 =1，女性 =0	0	1	0.473	0.499
受教育水平	连续变量；0 = 未受过正式教育，6 = 小学、私塾，9 = 初中，12 = 高中（中专、职高、技校），15 = 大专，16 = 本科，19 = 研究生及以上	0	19	8.947	4.590

续表

变量名称	变量说明	最小值	最大值	均值	标准差
城乡类型	定类变量；城市 =1，乡村 =0	0	1	0.639	0.480
党员身份	定类变量；党员 =1，非党员 =0	0	1	0.132	0.338
个人年收入	连续变量；单位：千元	0	2800	18.979	59.077
环境知识	连续变量；分值高表示环境知识水平高	0	10	5.134	2.758
个体社会关系	连续变量；分值高表示个体社会关系多	0	12	4.185	2.122
社区社会关系	连续变量；分值高表示社区社会关系多	0	2	0.225	0.532
社会信任 – 总体信任	连续变量；分值高表示总体信任水平高	0	4	2.491	1.080
社会信任 – 人际信任	连续变量；分值高表示人际信任水平高	0	36	22.788	4.523
社会信任 – 组织信任	连续变量；分值高表示组织信任水平高	0	48	33.039	7.250
环境关心 – 新生态范式	分值越高表示越支持新生态范式	15	50	37.018	5.537
环境关心 – 环境关注程度	分值越高表示对环境问题的关注度越高	3	15	8.733	2.350
环境关心 – 环境风险认知	分值越高表示环境风险认知水平越高	3	15	11.456	1.945
环境关心 – 环境贡献意愿	分值越高表示环境贡献意愿越强	3	15	8.905	2.816
环境关心 – 环境友好行为	分值越高表示越常开展环境友好行为	3	12	6.621	2.367

（三）研究假设与分析模型

根据既有研究发现的主要结论，本研究首先假设社会资本能够促进环境关心，并基于社会资本的不同面向提出如下一组假设。

假设 1：个体社会关系越多，越倾向于支持新生态范式，对环境问题的关注度越高，环境风险认知水平越高，环境贡献意愿越强，且越常开展环境友好行为。

假设 2：社区社会关系越多，越倾向于支持新生态范式，对环境问题的关注度越高，环境风险认知水平越高，环境贡献意愿越强，且越常开展环境友好行为。

假设3：社会信任水平越高，越倾向于支持新生态范式，对环境问题的关注度越高，环境风险认知水平越高，环境贡献意愿越强，且越常开展环境友好行为。

图1描绘了本研究结构方程模型分析的概念路径。在该图中，所有箭头都表示直接影响路径。

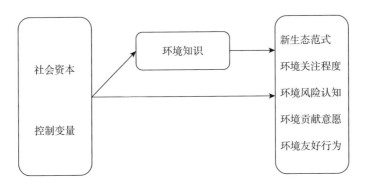

图1　本研究结构方程模型的概念路径

三　研究发现

（一）相关分析结果

本研究关注的是社会资本如何对环境关心产生影响。在进行结构方程模型建模前，我们在不加入任何控制变量的情况下，依据不同维度所测量的社会资本变量，以及与环境关心相关联的各个面向，初步考察解释变量与被解释变量间的关系。通过双变量间的相关分析，得到了相关矩阵（见表3）。

表3　社会资本与环境关心的相关矩阵

	1	2	3	4	5	6	7	8	9	10
1. 新生态范式	1.000									

续表

	1	2	3	4	5	6	7	8	9	10
2. 环境关注程度	0.311*	1.000								
3. 环境风险认知	0.335*	0.224*	1.000							
4. 环境贡献意愿	0.156*	0.312*	0.092*	1.000						
5. 环境友好行为	0.329*	0.338*	0.297*	0.284*	1.000					
6. 个体社会关系	0.193*	0.234*	0.134*	0.117*	0.139*	1.000				
7. 社区社会关系	0.030	0.102*	0.021	0.063*	0.060*	0.081*	1.000			
8. 总体信任	0.009	0.021	-0.051*	0.074*	-0.001	-0.011	0.023	1.000		
9. 人际信任	0.015	0.038*	-0.017	0.068*	-0.004	0.036*	-0.020	0.278*	1.000	
10. 组织信任	-0.116*	-0.078*	-0.086*	0.069*	-0.037*	-0.103*	0.027	0.238*	0.429*	1.000

* $p < 0.05$。

从相关矩阵的系数来看，在环境关心的新生态范式面向等五个面向中，除环境贡献意愿与环境风险认知的相关系数（0.092）较低以外，其他面向彼此间的相关系数均在 0.156 及以上。其中，环境风险认知与新生态范式、环境友好行为与环境关注程度两组变量的相关系数较高，分别达到了 0.335 和 0.338。同时，环境关心五个面向之间的相关系数均具有统计显著性。这些结果从侧面证明，我们依据 CFA 模型结果建构的环境关心测量工具整体上拥有良好的预测效度。

从社会资本的角度来看，除总体信任与个体社会关系、人际信任与社区社会关系、组织信任与个体社会关系三组负相关关系外，其他社会资本变量均为正相关关系。在负相关关系中，仅组织信任与个体社会关系的负相关关系是显著的，相关系数为 -0.103。在正相关关系中，社区社会关系与个体社会关系、人际信任与个体社会关系、人际信任与总体信任、组织信任与总体信任、组织信任与人际信任间的正相关关系均是显著的。其中，组织信任与人际信任间的相关系数最高，达到了 0.429，人际信任与个体社会关系间的相关系数最低，仅有 0.036。

数据分析结果初步表明，社会资本与环境关心之间存在显著相关关系。我们将相关分析结果概括如下：第一，个体社会关系与环境关心全部面向均呈现显著正相关关系，个体社会关系越多，环境关心水平也相应越高；第二，社区社会关系与环境关注程度、环境贡献意愿以及环境友好行为三个环境关心面向呈现显著正相关关系，但与新生态范式、环境风险认知不具有显著相关关系；第三，社会信任与环境关心之间的关系具有复杂性，除总体信任、人际信任和组织信任与环境贡献意愿均呈显著正相关关系，总体信任还与环境风险认知呈显著负相关关系，人际信任与环境关注程度呈显著正相关关系，组织信任则与新生态范式、环境关注程度、环境风险认知、环境友好行为都呈现显著负相关关系。从这些结果来看，假设1得到了数据的初步支持，假设2得到了数据的部分支持，而假设3的预测则与部分数据分析结果相反。接下来，我们将引入控制变量，详细考察社会资本与环境关心的关系。

（二）结构方程模型结果

如上文所述，CFA模型即结构方程模型的测量模型，新生态范式、环境关注程度、环境风险认知、环境贡献意愿以及环境友好行为这五个面向分别从不同维度代表了研究中的"环境关心"，这五个面向构成了本研究的因变量。年龄、性别、受教育水平、城乡类型、党员身份和个人年收入作为控制变量，个体社会关系、社区社会关系、总体信任、人际信任、组织信任作为解释变量，引入环境知识作为中介变量，最终建立环境关心的结构方程模型。

模型分析结果表明，环境关心的不同面向均得到了较好的解释，各变量对新生态范式、环境关注程度、环境风险认知、环境贡献意愿、环境友好行为的解释效力（R^2）分别达到了33.9%、22.3%、17.3%、5.6%以及20.3%。除卡方检验依然显著之外，CFI、TLI和RMSEA等其他模型拟合指标全部达到可接受标准，总体来看，该模型的拟合度较高（见表4）。

表 4 结构方程模型的估计结果

	新生态范式			环境关注程度			环境风险认知			环境贡献意愿			环境友好行为		
	直接影响	间接影响	总影响	直接影响	间接影响	总影响	直接影响	间接影响	总影响	直接影响	间接影响	总影响	直接影响	间接影响	总影响
控制变量															
年龄	-0.054*	-0.032*	-0.086*	-0.022	-0.015*	-0.037*	0.012	-0.022*	-0.010*	-0.007	-0.008*	-0.015*	0.100*	-0.020*	0.080*
性别	0.033	0.020*	0.053*	0.072*	0.009*	0.081*	-0.034	0.013*	-0.021*	0.004	0.005*	0.009*	-0.034	0.012*	-0.022*
受教育水平	0.285*	0.150*	0.435*	0.263*	0.072*	0.335*	0.224*	0.102*	0.326*	0.087*	0.036*	0.123*	0.221*	0.094*	0.315*
城乡类型	0.160*	0.063*	0.223*	0.090*	0.030*	0.120*	0.129*	0.043*	0.172*	0.027	0.015*	0.042*	0.239*	0.039*	0.278*
党员身份	0.041*	0.022*	0.063*	0.063*	0.011*	0.074*	0.020	0.015*	0.035*	0.065*	0.005*	0.070*	0.015	0.014*	0.029*
个人年收入	0.021	0.006	0.027	0.011	0.003	0.014	0.040*	0.004	0.044*	0.013	0.001	0.014	0.005	0.004	0.009
解释变量															
个体社会关系	0.051*	0.027*	0.078*	0.114*	0.013*	0.127*	0.036	0.018*	0.054*	0.084*	0.006*	0.090*	0.050*	0.017*	0.067*
社区社会关系	0.047*	0.018*	0.065*	0.093*	0.009*	0.102*	0.028	0.012*	0.040*	0.055*	0.004*	0.059*	0.065*	0.011*	0.076*
社会信任															
总体信任	0.053*	0.001	0.054*	0.022	0.000	0.022	-0.035	0.000	-0.035	0.064*	0.000	0.064*	0.009	0.000	0.009
人际信任	0.031	0.023*	0.054*	0.051*	0.011*	0.062*	0.004	0.016*	0.020*	0.018	0.005*	0.023*	-0.017	0.014*	-0.003*
组织信任	-0.049*	-0.014*	-0.063*	-0.048*	-0.007*	-0.055*	-0.023	-0.010*	-0.033*	0.086*	-0.003	0.083*	0.037	-0.009*	0.028*
中介变量															
环境知识	0.424*	—	0.424*	0.204*	—	0.204*	0.287*	—	0.287*	0.101*	—	0.101*	0.264*	—	0.264*
R^2	0.339			0.223			0.173			0.056			0.203		

模型拟合指标	Chi-Square/df	p	RMSEA	CFI	TLI	SRMR
	2229.224/403	0.000	0.035	0.929	0.910	0.037

* $p < 0.05$。

注：表格内为标准化回归系数。

首先，我们来简单描述下各控制变量对环境关心的影响。从标准化回归系数的绝对值来判断，受教育水平和城乡类型对环境关心的影响规模最大，受教育水平越高的人其环境关心水平也相应越高，城市居民要比乡村居民更关心环境；年龄越大的人，其总体环境关心水平可能越低，但可能较年轻人更多地开展环境友好行为；相较于非党员而言，党员更为接纳新生态范式世界观，其对环境的关注程度以及贡献意愿更加明显；性别、个人年收入对环境关心大多数面向的直接影响不具备统计意义上的显著性。上述数据发现与既有研究的结论基本一致。①

其次，社会资本同环境知识、环境关心间的关系是本研究考察的重点，下面做具体分析。

一是个体社会关系对环境关心的影响。在控制其他变量不变的情况下，除环境风险认知以外，个体社会关系对环境关心的其余面向均有显著的正向直接影响：拥有更多个体社会关系的人，其环境关心水平整体上更高。至此，假设1得到了数据的充分支持。随着环境知识变量的加入，个体社会关系对环境关心不同面向的总影响规模也都有不同幅度的增大，说明环境知识在社会资本对环境关心的影响中具有显著的中介作用。②

二是社区社会关系对环境关心的影响。从数据分析结果来看，在控制其他变量不变的情况下，社区社会关系对新生态范式、环境关注程度、环境贡献意愿和环境友好行为均具有显著的正向直接影响：拥有更多社区社会关系的人，其更可能持有新生态范式世界观，其环境

①　洪大用、肖晨阳：《环境关心的性别差异分析》，《社会学研究》2007年第2期；范叶超、洪大用：《差别暴露、差别职业和差别体验——中国城乡居民环境关心差异的实证分析》，《社会》2015年第3期；洪大用、范叶超、邓霞秋、曲天词：《中国公众环境关心的年龄差异分析》，《青年研究》2015年第1期。
②　需要说明的是，任何一个自变量，只要其对环境关心的直接影响与间接影响中有一种是显著的，那么该变量对环境关心的总影响也显著。将各自变量通过环境知识对环境关心的直接影响和间接影响相加，便可得到各自变量对环境关心的总影响（见表4）。

关注程度和环境贡献意愿更高，并更常开展环境友好行为。引入环境知识的中介变量后，社区社会关系不仅对上述环境关心的四个面向的影响规模均有提高（表现为总影响规模大于直接影响规模），而且社区社会关系对环境风险认知的影响也变得显著，说明社区社会关系可以通过增进环境知识来提升个体的环境风险认知水平。至此，假设 2 得到了证实。

再来看一下社会信任对环境关心的影响。与相关分析的发现类似，这一组结果较为复杂。首先，总体信任对新生态范式、环境贡献意愿有显著的正向直接影响：对社会中绝大多数人感到信任的人，其更有可能认同新生态范式世界观，其环境贡献意愿可能也更强。环境知识作为中介变量，其对总体信任与环境关心二者间关系的影响却微乎其微。换言之，总体信任对环境关心的影响，似乎更多的是独立的直接影响。

其次，人际信任仅对环境关注程度有显著的直接影响：在社会人际交往过程中，个人如果对他人抱有更多的信任，其对环境的关注程度可能就更高。人际信任对环境关心的各个面向均具有显著的间接影响，这说明其对环境关心的影响主要是通过环境知识这一中介发生的，人际信任可以通过增加环境知识来提升不同面向的环境关心水平。

最后，组织信任对新生态范式、环境关注程度以及环境贡献意愿有显著的直接影响，但影响方向并不一致：组织信任水平较高的人，其环境贡献意愿更高，但却更可能不接纳新生态范式世界观，对环境的关注程度也偏低。与研究预期不同的是，环境知识的引入，进一步放大了组织信任与环境关心之间的负相关关系（表现为总影响规模的绝对值大于直接影响的绝对值）：组织信任水平越高的人，有可能拥有越多的环境知识，但对环境也越倾向于漠不关心。换言之，组织信任对环境关心的抑制作用要大于促进作用，这与我们先前相关分析所观察到的结果相一致。综合来看，假设 3 仅得到部分数据支持，一些发现甚至与该假设的预测完全相反。

四　结论与讨论

利用全国性调查数据，本研究考察了中国公众的社会资本对环境关心的影响。研究的主要发现可以概括如下：第一，个体社会关系对环境关心具有显著的正向影响，环境关心会随着个体社会关系的增加而提升；第二，社区社会关系对环境关心具有显著的正向影响，社区社会关系越多的人整体上也越关心环境；第三，社会信任对环境关心的影响具有复杂性，总体信任和人际信任对环境关心具有一定的积极影响，但组织信任对环境关心的影响具有不确定性；第四，环境知识是社会资本影响环境关心的重要中介变量，社会资本可以通过影响环境知识间接影响环境关心。

数据分析结果整体上证实了社会资本对于提升环境关心的积极作用。在 1973 年发表的《弱纽带的力量》一文中，美国社会学家格兰诺维特（M. S. Granovetter）发现了社会资本中的"弱纽带"在求职中起到的积极作用。[1] 对社会资本与环境关心关系的探讨进一步拓展了我们对社会资本效用的认识。加鲁（B. J. Gareau）等在考察美国马萨诸塞州蔓越莓种植户的气候变化意识时发现，对蔓越莓行业协会重要性的认知以及与其他种植户的联系可以显著提升种植者对全球变暖威胁的认知水平，并增加他们对全球变暖后果的担忧。加鲁等据此将这种能够放大气候变化威胁和担忧的社会联系称为"绿纽带"（green ties），认为这种纽带蕴藏着在地方层面应对气候变化的潜力。[2] 本研究的相关经验发现证实了中国语境下"绿纽带"在增进环境关心方面能够发挥的力量：与亲朋好友的社会交往频率（个体社会关系）以及社区公共事

---

[1] Mark S. Granovetter, "The Strength of Weak Ties," *American Journal of Sociology*, vol. 78, no. 6, 1973, pp. 1360 – 1380.

[2] Brian J. Gareau et al., "The Strength of Green Ties: Massachusetts Cranberry Grower Social Networks and Effects on Climate Change Attitudes and Action," *Climatic Change*, vol. 162, 2020, pp. 1613 – 1636.

务的参与情况（社区社会关系）都能够显著增进中国公众的环境关心。考虑到社会资本对环境关心兼具直接影响和间接影响，我们可将"绿纽带"的力量进一步澄清如下：一方面，社会资本可以直接增加公众的环境关心；另一方面，社会资本充当了环境知识的一种传递渠道，公众从社会资本中可以获得更多环境信息与知识，进而提升自己对环境的关心水平。换言之，与大众媒介、环境教育等一样，社会资本也是环境关心实现社会扩散的重要机制。

本研究的数据发现提示我们，社会资本作为"绿纽带"对环境关心的积极影响也不是绝对的，这首先表现为社会信任（特别是组织信任）对环境关心的复杂影响。尽管总体信任和人际信任对环境关心具有一定的积极作用，组织信任对环境关心的影响却呈现不确定性：更高的组织信任能够催生公众更强的环境贡献意愿、更常开展环境友好行为，但同时也有可能会阻碍公众接纳新生态范式，降低他们对环境的关注程度，并削弱其环境风险认知水平。也就是说，组织信任水平越高的公众，虽然更愿意在行动上支持环境保护，但在观念层面倾向于否定环保的价值。为此，我们又根据环境关心的不同面向建立了 5 个多元回归模型，在控制了其他变量的情况下，将对 12 类组织的信任分别纳入模型详细考察它们的影响，结果发现：对法院及司法系统、本地政府（农村指乡政府）、公安部门、民间组织、公司企业等几类组织的信任会在不同程度上削弱公众的环境关心。囿于研究设计，本研究针对这些数据结果尚不能提供一个合理解释。为此，今后的研究有必要基于更新的调查数据和更精细的研究工具予以进一步考察，以检验该发现的稳健性并积极探索相关的可能解释。鉴于社会信任对环境关心的复杂影响，社会资本对环境关心的促进作用至少不能一概而论。

另一个可能会制约"绿纽带"发挥效用的因素是"绿色文化"在社会层面的流行情况，即环保主义的意识形态在现今社会的影响力。"近朱者赤，近墨者黑"，古人早已认识到社会纽带的特质对个体的影响。只有在一个人所嵌入的社会联系普遍信奉环保主义价值的前提下，社会资本的"绿纽带"力量才有可能得到发挥；倘若其所处的社会纽带更加支持人类中心主义范式，否定环保主义的价值，完全可以预见社会资本对环境关心的消极影响。迈克莱特（A. M. McCright）等的一项研究表明，自 20 世纪 70 年代初以来，美国社会中保守主义运动对环境保护的偏见不断加深，加上共和党越来越旗帜鲜明地支持反环保主张，这导致美国保守派和支持共和党公众的环境关心水平持续下滑。[①] 在极化的意识形态下，社会资本对环境关心的正向影响完全有可能被抵消甚至被扭曲。与美国相比，中国社会对待环境保护的态度整体上要更为连贯且正面。自 20 世纪 70 年代以来，环保主义逐渐被整合进入官方主流意识形态中，同时民间环保主义也茁壮成长，共同推动了"绿色文化"在当代中国社会的兴起。[②] 我们认为，或许只有在这样全社会关注环境保护的浓厚氛围下，社会资本的"绿纽带"效用才能够被发挥并被本研究在经验层次观察到。

---

① Aaron M. McCright et al. ， "Political Polarization on Support for Government Spending on Environmental Protection in the USA, 1974 - 2012," *Social Science Research*， vol. 48， 2014， pp. 251 - 260.

② 洪大用、范叶超等：《迈向绿色社会：当代中国环境治理实践与影响》，北京：中国人民大学出版社，2020 年，第 342～357 页。

环境社会学与西部民族地区生态环境问题研究

——包智明教授访谈录

包智明　颜其松　程鹏立[*]

导读：包智明教授出生在内蒙古，他的研究也与民族地区生态环境问题结下了不解之缘。"沙漠化—生态移民—资源开发—生态文明建设"是他推进民族地区环境社会学研究的主线。由其沙漠化研究引出的内蒙古生态移民研究，揭示了生态移民政策实践偏离生态环境保护目标的社会机理。他对西部民族地区资源开发与社会发展问题的研究，揭示了资源开发过程中所隐含的四个悖论，凸显了其"环境公正"和"绿色发展"的问题意识。进入新时代，包智明教授开始关注不同社会主体的环境行为与其社会文化的关系，探索民族地区生态文明建设的社会文化机制，并将其研究区域从内蒙古拓展到新疆、宁夏、云南、贵州等民族地区。包智明教授的研究具有较强的民族地区特色和家国情怀，他的环境社会学研究脉络清晰，相信访谈录一定会让读者受益匪浅。

* 受访者：包智明，云南民族大学社会学院院长、教授、博士生导师，中国社会学会环境社会学专业委员会会长，主要研究方向为环境社会学、民族社会学。访谈者：颜其松，重庆科技学院法政与经贸学院讲师，主要研究方向为环境社会学；程鹏立，重庆科技学院法政与经贸学院副教授，主要研究方向为环境社会学。

一 环境社会学及其与传统社会学的关系

问：包教授，您好！《环境社会学》集刊决定明年春季出版创刊号，受集刊编辑部委托，请您作为中国社会学会环境社会学专业委员会现任会长接受我们的访谈，也正好补上上一轮因为您太忙而没有接受的"环境社会学是什么"的访谈。我们在准备访谈提纲时，阅读了您以前的学术作品，我们设想把这次的访谈主题定为"环境社会学与西部民族地区生态环境问题研究"。首先，我们想知道，您认为什么是环境社会学？环境社会学在研究的对象、方法和理论方面有什么特点？

答：创办"环境社会学"的学术刊物，对于中国环境社会学的学科发展意义重大。陈阿江教授牵头做这项工作，我们应该大力支持和积极参与。几年前，陈阿江教授在主编《环境社会学是什么——中外学者访谈录》时曾约我访谈，但当时因我工作太忙，没能接受访谈，留下了遗憾。这次借《环境社会学》集刊创刊之际，接受你们的访谈，也算是弥补了上次没能接受访谈的缺憾。

关于我认为的环境社会学是什么，这里涉及两个方面的问题，一个是如何将环境社会学与其他社会学分支学科相区别，另一个是如何将社会学的环境议题研究与其他环境科学，尤其是其他社会科学的环境议题研究相区别。实际上，环境社会学这门学科产生已有四十多年的历史，国内外学者从不同的角度已经对这门学科下了诸多定义，其中一些学者的定义对这门学科的对象和内容的概括很精辟，我也很认同。但这些定义基本上属于上述第一种定义，即体现环境社会学与其他社会学分支学科的不同，比如，饭岛伸子教授的定义就属于此类定义。她说，所谓环境社会学，是研究有关包围人类的物理的、生物的、化学的环境（自然环境）与人类群体、人类社会之间的各种相互关系的学科。[①] 在

[①] 饭岛伸子：《环境社会学》，包智明译，北京：社会科学文献出版社，1999年，第4页。

这里我不想仅从研究对象和内容上定义环境社会学。最近，我读了赵鼎新教授新近出版的《什么是社会学》一书，很受启发。他认为"社会学是一门从结构/机制视角出发对于各种社会现象进行分析和解读的学问"①，以此区分社会学与其他社会科学。这里所指的结构/机制即社会结构和社会机制。我很认同赵鼎新教授从结构/机制的角度认识社会学这门学科。如果我们把对社会学的这种理解应用到环境社会学，可以将环境社会学定义为：一门从结构/机制视角出发对于各种与自然环境相关的社会现象进行分析和解读的社会学分支学科。我们之所以给某种事物下定义，是要区别它与其他事物的不同。环境社会学有"双重身份"，首先是社会学的一门分支学科，其次是环境科学尤其是环境社会科学的组成部分。上述我对环境社会学的定义，从研究对象（与自然环境相关的社会现象）上区分了与其他社会学分支学科的不同，从视角（结构/机制）上区分了与其他环境科学的不同。在环境社会学研究中，我们强调的社会学的问题意识和视角，在我看来，就是"结构/机制"的意识和视角。

至于环境社会学在研究对象、方法和理论方面与其他社会学分支学科不同的特点，上面提到，环境社会学不同于其他社会学分支学科的特点在于以人类社会与自然环境的互动，即上面所说的"与自然环境相关的社会现象"作为研究的对象和内容。这种研究对象和内容的不同，决定了由此形成的理论也与其他社会学分支学科理论有所不同，即其理论都与"环境"相关联，比如受害结构论、生活环境主义、受益圈/受害圈理论、环境控制系统论、社会两难论、公害输出论等日本的环境社会学理论，以及环境建构主义、生态现代化理论、生态马克思主义、生产跑步机理论、后物质主义等欧美环境社会学理论均为与环境、环境问题、环境意识、环境行为等相关联的理论。至于方法上的不同特点，环境社会学与其他社会学分支学科没有什么两样，都是根据不同研

① 赵鼎新：《什么是社会学》，北京：生活·读书·新知三联书店，2021 年，第 9 页。

究议题，采用定量或定性的方法。比如，当以个体为分析单位研究环境意识、环境行为和环境知识等时多采用定量的方法，而环境问题和环境事件等涉及探究其现象的来龙去脉和过程的议题，往往采用定性的个案研究方法。洪大用教授认为，环境问题的产生及其社会影响应当是环境社会学的真正主题。① 事实上，作为社会问题的环境问题一直是国内外环境社会学的主流研究领域。因此，在国内外环境社会学研究中所采用的方法，定性远远多于定量。

问：环境社会学作为社会学的分支学科，在国外和国内起步都较晚，您如何看待环境社会学与传统社会学的关系？

答：是的。无论在欧美还是在国内，与农村社会学、城市社会学、经济社会学、宗教社会学等社会学的其他分支学科相比，环境社会学的确起步较晚。不说国内，在欧美和日本，环境社会学的学科化和制度化发展也只有四十多年的历史。虽说环境社会学相关的经验研究可以追溯到更早的时期，甚至在古典社会学的研究当中也涉及人类社会与自然环境关系的研究，但"环境社会学"这一学科名称的普遍使用、相关学会组织的成立，以及大学里"环境社会学"课程的开设，是在20世纪70年代末期以后的事情。实际上，环境社会学正是在反思传统社会学研究范式的基础上形成的。1978年，卡顿（W. R. Catton）和邓拉普（R. E. Dunlap）在《美国社会学家》杂志第13卷上发表了题为《环境社会学：一个新范式》的文章。② 他们认为，各种社会学理论尽管表面上分歧对立，但都具有人类中心主义这一共同点。这种涂尔干式的社会学研究范式在强调以社会事实解释社会事实的同时，忽视了自然环境对社会事实的影响，是一种"人类例外论范式"（Human Exceptionalism Paradigm，HEP）。为此，他们提出以"新生态范式"（New Ecological Paradigm，NEP）取代"人类例外论范式"，从而试图实现社

---

① 洪大用：《西方环境社会学研究》，《社会学研究》1999年第2期。

② W. R. Catton and R. E. Dunlap, "Environmental Sociology: A New Paradigm," *The American Sociologist*, vol. 13, no. 1, 1978, pp. 41 – 49.

会学的范式转换。虽然最终没能实现社会学的范式转换，但由此产生了研究人类社会与自然环境关系和互动的环境社会学这一社会学新的分支学科。之所以没能实现社会学的范式转换，在我看来，环境社会学与传统社会学及其他社会学分支学科，在本质上没有两样，仍然是以社会事实解释社会事实。环境社会学虽然把自然环境纳入研究范畴，但这个"自然"并非没有受人类活动影响的"原始"的"自然"，而是在人类活动影响下发生了变化的"自然"，甚至常常是发生了生态环境问题的"自然"。因此，在这个意义上，环境社会学研究涉及的"自然环境"仍然是一种"社会事实"。饭岛伸子教授根据研究主题，把环境社会学分为四个研究领域：环境问题的社会学；环境共存的社会学；环境行动的社会学；环境意识、环境文化的社会学。① 不必说"环境共存""环境行动""环境意识""环境文化"是社会事实，这里所说的"环境问题"，也不是作为纯粹自然现象的"环境问题"，而是由人类的生产生活所产生的"环境问题"或影响人类生产生活的"环境问题"。所以，这种"环境问题"毫无疑问是一种"社会事实"。在这里我想强调的是，环境社会学并没有跳出传统社会学和其他社会学分支学科"以社会事实解释社会事实"的研究框架，仍然延续了传统社会学的研究范式。如果说环境社会学与传统社会学及其他社会学分支学科有什么不同，就是把长期忽视的自然环境因素纳入社会学研究领域，并把人类社会与自然环境互动中产生的各种社会现象作为专门的研究内容。

二　日本环境社会学研究的经验、理论与启示

问：您刚刚提到日本的环境社会学理论，我们知道，您在日本留学和访问研究多年，并和日本的环境社会学者做过合作研究，您能否和我们谈谈这些经历？

---

① 飯島伸子：《講座環境社会学第 1 巻》，東京：有斐閣，2001 年，第 18～20 頁。

答：我第一次赴日本留学是在 1991 年。当时我在北京大学社会学研究所（1992 年更名为"社会学人类学研究所"）师从费孝通先生在职攻读博士学位。1990 年我获得日本政府奖学金作为中日联合培养博士研究生赴日本留学。在北京召开的一次学术会议上，费孝通先生把我介绍给日本著名社会人类学家中根千枝先生，她推荐并帮我联系了日本文化人类学研究中心——日本国立民族学博物馆。费孝通先生之所以建议我去日本学习人类学，一方面希望我在博士研究生阶段不仅要学习社会学的理论和方法，也要学习和掌握人类学的知识；另一方面希望我借助赴日本留学机会完成费孝通先生交给我的博士学位论文的研究选题，即比较社会学的研究，以便将来在北京大学开设比较社会学的课程，弥补社会学重建之时费孝通先生提出的"五脏六腑"的"六腑"课程开设不全的缺憾。

因此，我第一次留学日本的那两年间，学习和研究的内容没有涉及环境社会学相关知识。虽然旁听了一些在日本国立民族学博物馆举办的与生态人类学相关的学术研讨会，但由于博士学位论文研究的"沉重"任务，当时研究兴趣并没有转移到生态环境研究的相关议题上来。我与环境社会学的结缘，实属偶然。1995 年，由当时的日本环境社会学会会长、日本东京都立大学饭岛伸子教授率领的访华团访问北京大学社会学人类学研究所。由于我有在日本留学的经历，所里派我接待"饭岛访华团"，并担任他们访华期间的翻译。第一次见面，饭岛伸子教授送给我两本书，一本是她主编的环境社会学的教材，另一本是她自己写的环境社会学的入门书。当天晚上我就如饥似渴地开始阅读这两本书。第二天晚上吃饭时，我跟饭岛伸子教授说起对她这两本书的读书体会，我说书中涉及的环境问题都是工业化、现代化过程中产生的问题，但在我的家乡存在不同于在日本产生的，并非由工业化、城市化直接引起的土地沙漠化等生态环境问题。她听了之后非常感兴趣，希望与我合作对我家乡的生态环境问题展开研究。当时，我以为她只是说说而已，并没有当回事。但她回国后不久给我发来邮件，找我要材料申报东京都的一个研究项目。饭岛伸子教授牵头申报的这个项目获批立项后，从 1996 年开始一直到 2001 年她去世，我们每年都在我的家乡做一两次实地调查。以与饭岛伸子教授的合作为契机，我开始了长达二十余年延续至今的环境社会学的学习和研究。1996 年，我与饭岛伸子教授合作研究的同时，也开始翻译上面提到的她那本环境社会学入门书。1999 年，这本书的中文版由社会科学文献出版社出版。① 这本书也成了国内最早出版的环境社会学教材之一。

问：您接触并进入环境社会学研究领域非常有趣，对我们也很有启发意义。您能否从比较的角度谈谈日本环境社会学的研究和发展对中国的启示？

答：我去日本留学和访问研究共四次，在日本长达七年时间。除了上面提到的第一次留学与环境社会学无关之外，后面的几次访学都与环境社会学研究有关。因此，我对日本环境社会学的研究和发展还比较熟悉，愿意回答你们提出的问题。日本与中国一样，很多社会科学及其分支学科是由欧美传入并受到欧美学术潮流的强烈影响。但有一点不同，日本的环境社会学是一门在日本本土独立发展起来的社会学的分支学科。日本几乎与美国同时建立了环境社会学的学科体系。但日本与美国的发展路径有所不同，美国的环境社会学是以环境运动的研究作为开端发展起来的，而日本的环境社会学是在公害、环境问题的研究基础上建立起来的。

日本环境社会学始于 20 世纪 50 年代中期的日本公害、环境问题的社会学研究。到 80 年代中期，已经积累了丰富的公害、环境问题的社会学经验研究成果，由此形成了诸多日本本土的环境社会学理论。尤其是 70 年代中期到 80 年代中期的日本社会学者的一系列相关研究，对日本环境社会学的形成和制度化产生了直接影响。从 1988 年开始在每年的日本社会学会年会上设立"环境分会"，并以此为基础，于 1990 年

---

① 饭岛伸子:《环境社会学》，包智明译，北京：社会科学文献出版社，1999 年。

成立了环境社会学研究会，1992 年改组为日本环境社会学会。在中国，成立真正意义上的环境社会学学会组织只有十三年。2008 年洪大用、陈阿江、包智明等环境社会学者牵头，对原来的"中国社会学会人口与环境社会学专业委员会"进行了改组，并于 2009 年将专业委员会更名为"环境社会学专业委员会"。由此，中国的环境社会学进入了制度化建设的轨道。近十几年，中国的环境社会学研究得到了快速发展，积累了大量经验研究的成果，但与日本环境社会学发展相比，还有一定的差距，尤其是在中国还没有形成像日本环境社会学那样具有国际影响的本土理论。今天中国正经历着日本曾经经历过的经济高速发展期，也产生了与当年日本类似的公害和环境问题。因此，基于日本经济高速发展期的公害、环境问题研究所形成的受害结构论、生活环境主义、受益圈/受害圈理论等日本环境社会学理论，对于分析当前中国所面临的生态环境问题具有一定的解释力和启示意义。我曾写过一篇题为《环境问题研究的社会学理论——日本学者的研究》的文章，专门介绍了日本的环境社会学理论，希望这篇文章对国内学者了解和借鉴日本环境社会学理论有所帮助。①

三　跨领域、跨学科的生态环境问题研究

问：在以前的访谈里，您提到您早期的研究方向是民族社会学，之后转向环境社会学。为什么会有这样的转变？

答：1988 年我到北京大学社会学研究所工作时，所里有两个研究方向：一个是城乡发展研究，另一个是边区开发研究。相应地也设了"城乡发展研究室"和"边区开发研究室"两个研究室。这里所谓的"边区"实际上就是边疆少数民族地区。由于本人是少数民族，而且在研究生阶段有在少数民族地区做过田野调查的经历，所以我被分配到

---

①　包智明：《环境问题研究的社会学理论——日本学者的研究》，《学海》2010 年第 2 期。

边区开发研究室工作，也因此在北京大学工作期间主要在西藏和内蒙古做课题研究。虽然（狭义的）民族社会学有专门的研究对象和内容，但在广义上也可以把民族地区的社会学研究归入民族社会学的范畴。因此，我把自己早期在民族地区的研究称为民族社会学研究，但这种广义的民族社会学研究与马戎教授以民族关系、民族问题等作为主要研究内容的民族社会学研究是不同的。

前面提到过，我进入环境社会学研究领域纯属偶然。20 世纪 90 年代中期因接待饭岛伸子教授并应邀与她合作在内蒙古进行沙漠化问题的调查和研究开始了我的环境社会学研究。如果没有认识饭岛伸子教授并与她合作，我的学术生涯可能有很大的不同。虽可以说从与饭岛伸子教授的合作开始，我的研究方向由民族社会学转向了环境社会学，但研究地区仍然在民族地区。所以，在这个意义上，我仍然没有跳出广义的民族社会学的研究范畴。当然，从那时起我在民族地区的研究主题发生了很大的变化，由原来的社会文化及其变迁议题转为生态环境相关议题的研究。

问：所以，我们是否可以理解为，您从民族社会学向环境社会学的转变，有"变"也有"不变"？这种转变是自然而然发生的吗？我们想知道，您早期的民族社会学研究的经历对之后的环境社会学研究有怎样的影响？

答：是的，可以这么理解。至于之前的民族社会学研究对后来的环境社会学研究有什么影响，影响肯定是有的，主要体现在以下两个方面。一是在民族地区进行任何议题的研究都需要了解目标民族和当地的历史和文化，而我在之前的研究中积累的"民族知识"为后来在民族地区进行环境议题的研究打下了基础。二是在民族地区产生的生态环境问题有其特殊性，只有将其放在民族的社会文化背景下才能更深入地分析和理解。因此，我在民族社会文化方面的研究积累，成为我在民族地区尤其是蒙古族地区开展环境社会学研究的基础和优势。

问：您也提到过，您学过社会学、人类学，还做过民族学的博士后，那您认为在开展环境社会学研究的过程中，您是如何把这些不同的学科视角、问题意识和研究方法进行交叉运用的？

答：的确，我在北京大学学习社会学，留学日本学了文化人类学，在中央民族大学做过民族学的博士后。可以说，社会学、人类学（这里指社会/文化人类学，以下同）和民族学这三个学科贯穿我的学术研究生涯。在我国的学科分类体系中，这三个学科归属于社会学、民族学两个一级学科下的不同的二级学科。然而，在国外，人类学与民族学基本上属于同一门学科，即都是以"文化"作为主要研究对象和内容的学科，只是不同的国家采用了不同的学科名称而已。但在国内，尤其是20世纪50年代初的学科调整之后，中国的民族学走了自己独特的道路，形成了不同于国外社会/文化人类学的独特的中国民族学，即发展成为"着重于少数民族研究"的"以民族为研究对象的学科"。① 因此，在中国，社会学、人类学和民族学是三个不同的二级学科。其中，前两个学科归属于社会学一级学科之下，后者归属于民族学一级学科之下。

具体到生态环境研究领域，如同社会学，不同学科都有自己相关的分支学科，比如，经济学有环境经济学，法学有环境法学等。人类学和民族学也不例外，有生态人类学、生态民族学等分支学科。作为社会学、人类学和民族学三个不同学科的分支学科，环境社会学、生态人类学、生态民族学在研究生态环境议题时，其关注点还是有区别的。环境社会学更关注与生态环境问题相关联的社会结构和社会机制；生态人类学更关注文化与生态的关系；而生态民族学则更强调生态环境研究中的"民族"因素，侧重于研究生态环境对特定民族的文化、生活和语言等的影响。从理论上讲，不同学者可以分别做学科界限明确的研究。但具体到特定人和特定区域的研究，有时很难做出学科界限明确的研究。比如，在我对民族地区生态环境问题及其治理的研究中，既涉及"民族"因素，也关联到文化，所以，很难说我的研究是完全不同于生

---

① 林耀华：《民族学通论》，北京：中央民族大学出版社，1997年，第10页。

态人类学和生态民族学的"纯粹"的环境社会学研究。当然，我事先并没有把不同的学科视角、问题意识和研究方法进行交叉运用的意识。如果说在我的研究中，有不同学科交叉的成分，那是研究问题的需要，以及在我身上的不同学科经历在无意识当中发挥作用的结果。在这里需要强调的是，我在研究民族地区的生态环境问题时，在主观上更关注与现象或问题相关联的社会结构和社会机制。所以，如果要给我自己的研究加个学科标签的话，我更愿意把自己的研究定位为"环境社会学"的研究。

四 西部民族地区生态环境问题及其治理研究

问：您的环境社会学经验研究大多和您家乡内蒙古草原的生态环境有关，而且我们也发现不同时期您的研究主题有所不同，是什么引发了您对内蒙古草原生态环境的关注和研究主题的转变？您在这些研究中如何体现了社会学的问题意识和研究视角？

答：其实，我的课题研究也涉及其他民族地区生态环境问题及其治理的研究，但如同你们所说，我个人的田野点基本上都在内蒙古，而且不同时期我的研究主题确实有所变化。如果说当初进入环境社会学的研究领域是偶然的，在我的研究中有社会学、人类学和民族学的学科交叉成分也是无意识的，我选择家乡内蒙古作为我的田野调查地区，以及不同时期转变研究主题却是有意而为之。前面我说过，我的环境社会学研究是从与饭岛伸子教授的合作研究开始的。我与她合作，前后做了三个课题，都是日方资助的课题。我们的研究主题是沙漠化问题，研究地区就选在我的家乡内蒙古。之所以选我的家乡作为调查地区，一是当时内蒙古的沙漠化问题比较严重，最适合这个主题的研究；二是我对内蒙古的历史、文化和语言都很熟悉，尤其是我的母语就是蒙古语，在蒙古族地区做调查没有语言障碍。正是由于我在内蒙古做研究有这种优势，所以后来无论研究主题如何变化，我个人的主要田野点始终都在内蒙古。

2000 年前后，我跟日本学者合作在内蒙古做实地调查时发现，作为沙漠化问题的一种对策，地方政府把沙漠化严重地区的居民搬迁出来，以恢复迁出地的生态环境，即实施通常所说的"生态移民"工程。当时，我就对生态移民的问题产生了浓厚的兴趣。因此，2002 年与日本学者的合作研究结束后，我马上申请了教育部人文社会科学重点研究基地的重大项目，计划对内蒙古生态移民的相关议题进行深入的调查研究。虽然获批立项的项目名称为"内蒙古生态环境状况、问题、对策研究"，但由于内蒙古的生态移民是针对其"生态环境状况、问题"的一种对策，所以课题组的研究实际上是以"生态移民"为主题展开的。因此，后来结项时，项目名称中加了"以生态移民为中心的实地研究"的副标题。2000 年后，随着生态移民工程在我国西部民族地区广泛实施，生态移民逐渐成为学术界关注的一个热点，不同学者从各自学科的角度对生态移民相关议题进行了探讨。关于生态移民的早期研究，就像我们在 2004 年发表的《生态移民研究综述》一文[1]中总结的那样，主要就生态移民的必要性、可行性和有效性，以及移民搬迁过程中产生的一些问题进行宏观的理论探讨，缺少从社会学视角基于深入的实地调查所进行的经验研究。基于这样的研究现状，我们课题组从最开始就力求在研究中体现社会学的问题意识和学科视角。比如，2007 年我和我的学生荀丽丽在《中国社会科学》上发表的题为《政府动员型环境政策及其地方实践》一文[2]就体现了我们在这方面所做的努力和探索。为了强调社会学的学科视角，我们为这篇文章加了"关于内蒙古 S 旗生态移民的社会学分析"的副标题。与之前的生态移民研究不同，在我们的研究中，并没有对地方政府实施的生态移民工程的必要性、可行性和有效性等进行论证，更没有对其好还是坏、成功还是失败做出

---

[1]　孟琳琳、包智明：《生态移民研究综述》，《中央民族大学学报》（哲学社会科学版）2004 年第 6 期。

[2]　荀丽丽、包智明：《政府动员型环境政策及其地方实践——关于内蒙古 S 旗生态移民的社会学分析》，《中国社会科学》2007 年第 5 期。

价值判断，而是把生态移民作为已经发生的"社会事实"，把生态移民政策从出台到规划实施，再到最后的实施结果看成一个"社会过程"，探讨在这个过程中哪些社会主体参与其中，每个主体都扮演了什么样的角色，它们之间如何互动，形成了什么样的关系网络，最后导致了什么样的结果等。通过对内蒙古 S 旗一个生态移民村的实地研究，我们发现生态移民政策的实践过程是一个由中央政府、地方政府、市场精英、农牧民等多元社会行动主体共同参与的社会过程。在这复杂互动关系的背后是由政府力量、市场力量以及地方民众所形成的权力和利益网络。在这个自上而下的生态治理脉络中，地方政府处于各种关系的连接点上，其集"代理型政权经营者"与"谋利型政权经营者"于一身的"双重角色"，使生态移民工程偏离了最初的生态环境保护目标。在这项研究中，我们力求阐明围绕生态移民形成的"关系网络"以及不同行动主体之间互动的影响机制。如果没有明确的社会学的问题意识和研究视角，我们做不出这样的研究。2011 年，我们把课题组的主要研究成果编辑成《内蒙古生态移民研究》一书出版。① 至此，我和我的团队长达十年的内蒙古生态移民研究告一段落。

如上所述，在内蒙古生态移民的研究中，我们发现，地方政府在生态治理项目中同时扮演着"代理型政权经营者"与"谋利型政权经营者"两种角色，即不仅要完成中央政府和上级地方政府下达的生态治理的项目任务，更要通过这些项目谋求地方经济的发展。可以说，对地方政府来说，发展经济始终是地方政府工作的重中之重。内蒙古等西部民族地区，虽然经济发展落后，但拥有丰富的自然资源。所以，资源开发成为西部民族地区大力发展经济的最有效途径。然而，在民族地区资源开发中始终隐含着一系列的矛盾，我们将其称为开发"悖论"或"关系性难题"。总结起来，主要有以下四个悖论。② 第一个是"保护"

① 包智明、任国英：《内蒙古生态移民研究》，北京：中央民族大学出版社，2011 年。
② 王旭辉、包智明：《脱嵌型资源开发与民族地区的跨越式发展困境——基于四个关系性难题的探讨》，《云南民族大学学报》（哲学社会科学版）2013 年第 5 期。

与"开发"之间的悖论。虽然我们从宏观战略、政策到实际项目层面，都非常重视这两者之间的平衡，但无论在理论还是实践层面，保护和开发之间都存在明显张力。以西部大开发战略为例，我们在实际执行该战略的过程中，往往重视其产业转移和资源开发维度，而轻视甚至忽视其环境保护诉求。

第二个是整体利益格局、宏观政策要求与局部利益、地方自主发展需求之间的悖论。这一方面与国家政策从宏观到微观的细化和执行问题相关，另一方面又与从中央到地方不同层次主体的利益和主体参与相关。例如，从全国格局来讲，特定民族地区属于生态保护区或生态屏蔽区，应限制甚至禁止其资源开发行为，但从地方层面来讲，由于生态补偿机制尚不健全，它们自身又有自己的主体利益和发展需求，这两者之间就容易形成一种悖论关系，并容易导致政策执行过程偏离预期目标、地方资源开发失序等问题。

第三个是环境保护、资源开发过程中的"内外关系"问题。在当前民族地区的开发过程中，一直存在外来开发主体与当地居民、组织之间的关系协调和利益均衡问题，一方面我们要求地方严格保护生态环境、减少掠夺性开发行为，另一方面外来主体又不断进入民族地区进行大规模开发，这就容易产生因民族地区相关主体参与不足或开发获益分配不公而导致的内外关系冲突甚至是民族矛盾。

第四个是资源开发、经济发展与社会建设、社会发展之间的悖论。长期以来，我们把经济发展作为解决民族问题的核心，强调通过经济发展来缩小"民族地区"与"非民族地区"之间的发展差距，而较为轻视生态环境保护和社会建设。然而实际上，我国民族地区的资源开发和经济发展成果在转化为人民群众生活质量和社会秩序的过程中也遭遇过困难。

我们认为，在民族地区资源开发中所隐含的上述"悖论"恰好是我们社会学值得研究的问题。因此，2011 年将生态移民的研究告一段落之后，2012 年由我牵头以"民族地区的环境、开发与社会发展问题研究"为题申报国家社科基金的"自选"重点项目并获批立项。我们这个课题，主要以民族地区的资源开发项目和政策作为切入点，将"开发"视为特定自然环境和社会发展条件下的社会行动和社会过程，系统调查了我国民族地区与资源开发有关的生态环境问题和社会发展问题，分析了不同问题产生的原因和生态环境条件，尤其重点关注了每个开发项目中上述四个悖论的具体表现形式，探讨了处理好开发和生态环境保护以及社会发展之间协调发展的机制和策略。这项研究在以内蒙古为主要研究区域的基础上，把研究区域扩展到了新疆。在研究过程中，我们逐渐认识到上述一系列问题最终可归结到资源开发中的"环境公正"和"绿色发展"的问题上。2020 年将课题研究的主要成果编辑成《环境公正与绿色发展——民族地区环境、开发与社会发展问题研究》一书出版，① 我和我的团队对于"资源开发"的研究也算告一段落。

　　2012 年申请到上述课题不久，在党的十八大会议上，把生态文明建设纳入中国特色社会主义事业总体布局，融入经济建设、政治建设、文化建设和社会建设各方面和全过程。可以说，国家对生态文明建设的重视提升到了前所未有的高度。作为环境社会学者，我开始关注与生态文明建设相关的问题，并以《社会学视野中的生态文明建设》为题发表论文，② 从社会学的视角对生态文明建设的相关问题进行了理论探讨。但由于上一个国家社科基金的课题一直没有结项，所以有关生态文明建设的经验研究一直没有展开。2019 年上述课题结项后，就开始计划以生态文明建设为主题申报新的课题。很幸运，2020 年我申报的题为"民族地区生态文明建设的社会文化机制研究"的国家社科基金重点项目获批立项。

　　通过对我国近些年生态文明建设的实践分析，我们认识到，全面

---

① 包智明、石腾飞等：《环境公正与绿色发展——民族地区环境、开发与社会发展问题研究》，北京：中央民族大学出版社，2020 年。
② 包智明：《社会学视野中的生态文明建设》，《内蒙古社会科学》（汉文版）2014 年第 1 期。

推进生态文明建设，不仅需要国家宏观层面自上而下的生态文明体制改革和制度设计，更要构建社会主体自下而上的"尊重自然、顺应自然、保护自然"的社会行动和文化环境。我国民族地区大多地处生态脆弱地区、边疆地区与贫困地区，面临经济发展和环境保护的双重压力，生态文明建设的任务更加艰巨，更需要从社会和文化层面加强建设。

基于这种认识，我们这个课题聚焦我国民族地区，探讨民众、社区、企业、基层政府等不同社会主体的环境行动及其社会文化影响因素，探索我国民族地区生态文明建设的社会文化机制。作为我们这个课题研究的核心概念，社会文化机制是指影响不同社会主体生态文明建设的社会文化因素及其影响方式。对于民众来说，主要指影响其环境意识和环境行为的社会性、文化性因素及其作用方式；对于基层社区来说，主要指在其生计方式和传统文化中有利于生态文明建设的社会文化资源和"生态智慧"；对于企业来说，主要指政府引导、媒体舆论和周边居民环境行动对企业产业转型升级、实现清洁生产的影响机制；对于基层政府来说，主要指其在生态环境治理中与上级政府、社区和企业的关系和互动方式。我们的这项课题研究，已在内蒙古、宁夏、云南、贵州等民族地区选点展开调查，希望 2023 年如期结项。

如前所述，我的环境社会学的经验研究，从 20 世纪 90 年代中期依托日本课题的沙漠化研究到 2002 年开始的生态移民研究，再到后来的资源开发研究和最近的生态文明建设研究，我的田野调查点始终没有离开过民族地区尤其是我的家乡内蒙古。从沙漠化到生态移民，再到资源开发和生态文明建设，都是在研究中发现新的问题，然后对其展开研究。虽然研究主题前后有所变化，但如上所述，不同主题之间存在内在关联性和延续性，课题研究都围绕民族地区生态环境问题及其治理展开，始终带着社会学的问题意识，从社会学的视角，以发现现象背后的"结构性"因素和影响"机制"作为研究的目标。

五　中国环境社会学的制度化建设

问：作为中国社会学会环境社会学专业委员会现任会长，您对中国环境社会学的学科发展和制度化建设有什么感想？

答：既然针对专业委员会会长身份提出这个问题，那我就聚焦专业委员会的工作来谈谈我的感想。2008 年对原来的"人口与环境社会学专业委员会"进行改组，洪大用教授担任改组后"环境社会学专业委员会"（以下简称"专委会"）的第一任会长。2016 年进行换届，陈阿江教授担任第二任会长。2020 年换届后我担任第三任会长。专委会在前两任会长的领导下，在推动中国环境社会学学科建设和学术研究方面做了很多工作。尤其是 2012 年 6 月在中央民族大学举办"第三届中国环境社会学学术研讨会"期间，召开专委会会长、副会长会议，就专委会若干重要工作做出决议，并将其写入后来修订的《中国社会学会环境社会学专业委员会管理办法》（以下简称《管理办法》）中。从此，中国环境社会学的制度化建设迈入了快车道。写入《管理办法》的决议，包括以下三项内容：第一，每逢奇数年与日本、韩国和中国台湾地区相关机构合作，在中、日、韩三国联合举办"东亚环境社会学国际学术研讨会"；第二，每逢偶数年，专委会联合国内相关大学举办"中国环境社会学学术研讨会"；第三，由每届"中国环境社会学学术研讨会"的承办单位组织出版一辑《中国环境社会学》文集，选编在中国学术期刊上公开发表的论文，并在文集末尾收录相关高校和科研机构在文集编选期内通过答辩的有关环境社会学研究的博士和硕士学位论文的作者、题目、指导老师和答辩时间等信息。目前为止，"东亚环境社会学国际学术研讨会"已举办了七届，第八届将于今年 11 月 5 日至 8 日在云南民族大学召开；"中国环境社会学学术研讨会"也已举办了七届；《中国环境社会学》文集已出版五辑。除了在《管理办法》中规定的工作，专委会还依托每年的中国社会学会学术年会举办两个论坛：

一个是每逢奇数年举办的"中国环境社会学青年论坛",目前为止已经举办了五届;另一个是每逢偶数年举办的"水与社会"论坛,目前为止已经举办了三届。如上所述,专委会通过改组学会组织、完善管理制度和举办各项学术活动,大力推动了中国环境社会学的学科发展,提升了学术研究水平。作为新一届专委会会长,我将带领专委会工作团队,把上述专委会的各项工作做好,并在前两届专委会领导班子卓有成效的工作基础上,把学术研讨会和论坛的规模和水平,以及《中国环境社会学》文集的编选质量再进一步提升,发挥好专委会作为中国环境社会学学术交流平台的作用。

书　讯

《保卫绿水青山——中国农村环境问题研究》

童志锋著，人民出版社，2019 年 1 月。

内容简介： 20 世纪 90 年代以来，在中国的工业化与城市化不断向前推进的同时，由此造成的环境问题也越发严重。尤其对于农村地区而言，不但在农村工业化的过程中受到污染，而且还要承担城市污染的转移。在此背景下，一些村庄的农民已经开始通过集体抗争表达对环境污染的不满。本书稿在实地访谈的基础上，从国家中心论的视角，对我国农村环境污染及由此引起的农民不满情绪的生成和发展进行了探讨，对国家建设、环境污染、农民抗争三者之间的关系进行了分析，并提出了较好的解决办法，具有一定的现实指导性。

《面源污染的社会成因及其应对——太湖流域、巢湖流域农村地区的经验研究》

陈阿江、罗亚娟等著，中国社会科学出版社，2020 年 4 月。

内容简介： 太湖、巢湖是国家重点治理的湖泊，但是多年的高强度治理并没有有效解决湖泊的富营养化问题。这是因为湖泊的问题在流域，流域的问题在社会。因此，需要从社会系统的视角去理解面源污染。本书以实地观察、深度访谈为主，辅以问卷调查、水质测量，通过对种植业与化肥减量、养殖业生产模式与水体关系、村民生活方式演变及其环境效应的讨论，呈现农村面源污染形成的社会机理以及解决面源污染的可能的方向。

《环境公正与绿色发展——民族地区环境、开发与社会发展问题研究》

包智明、石腾飞等著，中央民族大学出版社，2020 年 7 月。

内容简介：通过对内蒙古、新疆两地四个研究点的矿产资源、水资源、土地资源等开发过程中社会与环境问题的研究，课题组发现在很长一段时间里，民族地区以"发展"为名的大规模资源开发和快速工业化忽视了对"环境公正"这一维度的关注，造成资源开发、环境保护与社会发展之间的结构性张力，引发环境公正问题。这不仅成为制约民族地区经济社会发展的重要因素，也给国家生态文明建设和民族地区长治久安带来严峻挑战。

《迈向绿色社会：当代中国环境治理实践与影响》

洪大用、范叶超等著，中国人民大学出版社，2020 年 8 月。

内容简介：基于客观问题、主观认知与社会建构的分析框架，本书重点研究当代中国环境治理实践与社会转型的互构共变，着力分析了客观环境质量的改善进程、公众环境关心与行为发展以及由此促进的环境治理模式转型和社会建设变化。

Chinese "Cancer Villages": Rural Development, Environmental Change and Public Health

陈阿江、程鹏立、罗亚娟等著，Amsterdam University Press，2020 年 8 月。

内容简介：中国农村多地出现"癌症村"现象，虽然污染和疾病之间的关系往往很难认定，但"癌症村"作为"社会事实"影响着村民的社会生活。基于对多个具有不同社会和经济结构的"癌症村"案例的深入调查，作者对癌症发病率与环境污染、村民生活方式之间的关系进行了综合的、历史性的分析。作者将"癌症村"现象置于中国社会、经济和文化变化的背景下，追踪了二十多年来这一问题的演变，对经济增长、环境变化和公共卫生之间的复杂互动和权衡提供了深刻的见解。

《环境社会学》

主编：洪大用，副主编：卢春天、陈涛，中国人民大学出版社，2021 年 1 月。

内容简介：本教材主要采用社会学的视角，从探讨当代环境问题产生的社会原因、造成的社会影响以及引发的社会应对及其效果入手，揭示环境与社会密切联系、相互作用的复杂规律。全书共分 11 章，分别阐述了环境社会学的产生与发展、主要理论流派、环境问题及其社会影响、环境关心及测量、环境行为以及现代社会的绿色转型等内容。本教材适用于社会学、环境科学等相关学科专业的本科课程教学，也可为一般读者了解环境社会学提供参考。

会　讯

【本刊讯】2020 年 10 月 24～25 日，"2020 中国人文社会科学环境论坛"在南京召开。"中国人文社会科学环境论坛"以聚焦环境问题、跨学科研究为特色。本届论坛以"生物多样性衰减与生物安全"为主题，由南京大学人文社会科学高级研究院、华智全球治理研究院与南京工业大学社会科学处和学术期刊编辑部共同主办。论坛邀请多家高校、科研院所及 NGO，哲学、法学、社会学、人类学、生态学、环境学、动物学、遗传学等多个专业背景的数十位专家学者参会，就生物多样性保护和生物安全问题展开研讨交流。

【本刊讯】2020 年 11 月 6～8 日，第七届中国环境社会学学术研讨会暨中国社会学会环境社会学专业委员会理事会换届会议在昆明召开。本次会议由云南民族大学、中国人民大学社会学理论与方法研究中心、河海大学环境与社会研究中心以及中国社会学会环境社会学专业委员会联合主办，云南民族大学社会学院承办。来自 50 多所高校与科研机构的学者、师生共计 100 余人参会。大会召开了"环境社会学理论与方法""生态文明与绿色发展"等 8 个论坛的环境议题讨论。专委会第六次代表大会选举产生了第六届理事会。

【本刊讯】2021 年 7 月 17 日，第六届中国环境社会学青年论坛在重庆召开。本论坛由中国社会学会环境社会学专业委员会、中国人民大学环境社会学研究所、河海大学环境与社会研究中心、云南民族大学社会学院联合承办。来自国内外多家高校与科研机构的学者、师生共计 40 余人参加了本论坛。本论坛以"绿色转型与建设美丽中国"为主题，30 多位学者做了学术报告，内容涉及基层政府环境治理、垃圾分类治理、环境态度与行为、绿色农业运行、低碳生产、低碳城市建设、水土流失治理等重要环境议题。

《环境社会学》征稿启事

　　《环境社会学》是由河海大学环境与社会研究中心、河海大学社会科学院与中国社会学会环境社会学专业委员会主办的学术集刊。本集刊致力于为环境社会学界搭建探索真知、交流共进的学术平台，推进中国环境社会学话语体系、理论体系建设。本刊注重刊发立足中国经验、具有理论自觉的环境社会学研究成果，同时欢迎社会科学领域一切面向环境与社会议题，富有学术创新、方法应用适当的学术文章。

　　本集刊每年出版两期，春季和秋季各出一期。每期容量为 25 万～30 万字，设有"环境社会学理论与方法""水与社会""环境治理""生态文明建设""学术访谈"等栏目。本刊坚持赐稿的唯一性，不刊登国内外已公开发表的文章。

　　请在投稿前仔细阅读文章格式要求。

　　1. 投稿请提供 Word 格式的电子文本。每篇学术论文篇幅一般为 1 万～1.5 万字，最长不超过 2 万字。

　　2. 稿件应当包括以下信息：文章标题、作者姓名、作者单位、作者职称、摘要（300 字左右）、3～5 个关键词、正文、参考文献、英文标题、英文摘要、英文关键词等。获得基金资助的文章，请在标题上加脚注依次注明基金项目来源、名称及项目编号。

　　3. 文稿凡引用他人资料或观点，务必明确出处。文献引证方式采用注释体例，注释放置于当页下（脚注）。注释序号用①，②……标识，每页单独排序。正文中的注释序号统一置于包含引文的句子、词组或段落标点符号之后。注释的标注格式，示例如下：

（1）著作

费孝通：《乡土中国　生育制度》，北京：北京大学出版社，1998 年，第 27 页。

饭岛伸子：《环境社会学》，包智明译，北京：社会科学文献出版社，1999 年，第 4 页。

（2）析出文献

王小章：《现代性与环境衰退》，载洪大用编《中国环境社会学：一门建构中的学科》，北京：社会科学文献出版社，2007 年，第 70～93 页。

（3）著作、文集的序言、引论、前言、后记

伊懋可：《大象的退却：一部中国环境史》，梅雪芹等译，南京：江苏人民出版社，2014 年，"序言"，第 1 页。

（4）期刊

尹绍亭：《云南的刀耕火种——民族地理学的考察》，《思想战线》1990 年第 2 期。

（5）报纸文章

黄磊、吴传清：《深化长江经济带生态环境治理》，《中国社会科学报》2021 年 3 月 3 日，第 3 版。

（6）学位论文、会议论文等

孙静：《群体性事件的情感社会学分析——以什邡钼铜项目事件为例》，博士学位论文，华东理工大学社会学系，2013 年，第 67 页。

张继泽：《在发展中低碳》，转型期的中国未来——中国未来研究会 2011 年学术年会论文集，北京，2011 年 6 月，第 13～19 页。

（7）外文著作

Allan Schnaiberg, *The Environment*: *From Surplus to Scarcity*, New York: Oxford University Press, 1980, pp. 19 – 28.

（8）外文期刊

Maria C. Lemos and Arun Agrawal，"Environmental Governance，"*Annual Review of Environment and Resources*，vol. 31，no. 1，2006，pp. 297 – 325.

4. 图表格式应尽可能采用三线表，必要时可加辅助线。

5. 来稿正文层次最多为 3 级，标题序号依次采用一、（一）、1。

6. 本刊实行匿名审稿制度，来稿均由编辑部安排专家审阅。对未录用的稿件本刊将会于 2 个月内告知作者。

7. 本刊不收取任何费用。本刊加入数字化期刊网络系统，如来稿时不特别注明，视为默许。

8. 投稿办法：请将稿件发送至编辑部投稿邮箱 *hjshxjk*@ 163. *com*。

《环境社会学》编辑部

2021 年 10 月

ENVIRONMENTAL SOCIOLOGY RESEARCH

Vol. 1 （2022）

Table of Contents & Abstracts

Abstract: On the basis of rapid growth, Chinese environmental sociology is on the threshold of a new era. This is not only an era of major changes in the discipline environment, but also an era of discipline connotation towards high-quality development. Chinese environmental sociology should be more deeply rooted in the practice of China's ecological civilization construction, strengthen problem consciousness, theoretical thinking and practice orientation, constantly improve scientific research and personnel training, and continuously enhance the ability to serve and support China's ecological civilization construction.

Keywords: Environmental Sociology; Problem Consciousness; Theoretical Thinking; Practice Orientation

The Construction of Environmental Sociology System: The Perspective of Social Problems

Chen Ajiang / 13

Abstract: Environmental sociology has gradually been accepted since Catton and Dunlap put forward it in 1978, and a variety of knowledge systems about this discipline have been established, but it is still necessary to construct a knowledge system that is more in line with the logic of discipline development. The origin of environmental sociology is largely attributed to the explosive increase of environmental pollution problems, and the discipline system of environmental sociology is constructed based on social impact, social causes and social response or social governance of environmental problems, that is, social problems as the main line. The destruction of environment directly affects the normal order of human life, and even threatens the safety of people's lives, which is precisely the logical starting point of environmental sociology. The social causes of environmental problems can be explored from the perspectives of social actions, social systems and mechanisms, historical culture, etc. In response to environmental problems, diversified solutions have been presented under different social systems and cultural backgrounds. The social complexity of environmental issues in reality is posing new challenges to the study of environmental sociology.

Keywords: Environmental Problems; Environmental Sociology; Social Impacts; Social Causes; Environmental Governance

Agriculture: Environment and Society

Wang Xiaoyi / 36

Abstract: Agriculture as an industry, is most closely related to the environment. Through agriculture, human beings transform the environment and turn the nature of the wilderness into the nature of the society. At the same time, the changed natural environment will also affect the society and have an important impact on the way the society survives. After entering the agricultural society, the state, as the most important force, exerts an important influence on agriculture. This article attempts to illustrate how the emergence and popularization of a new way of agriculture occurred under the dual effects of state power and natural environment through three historical stories: Early settled agriculture, the spread of corn in the mountainous regions of southwest China, and the conversion of planting and pastoral animal husbandry in semi-arid areas. The new way of agriculture is essentially a new way of using resources. In human history, it is common for agricultural production methods to become unsustainable and give way to new resource utilization methods due to excessive consumption of natural resources. In order to adjust the relationship between human beings and the environment, agricultural production methods have to be constantly changing. In the long development of agriculture, the relationship between society and environment has always been a main line.

Keywords: Agriculture and Environment; Early Agriculture; American Crops; Agro-pastoral Conversion

The Theory of Social Structure of Victimization and Japanese Environmental Sociology: Origin, Significance and Future Prospect

Atsushi Hamamoto / 53

Abstract: This article deeply discusses Nobuko Iijima's theory of the social structure of victimization, involving its birth, connotation, academic significance and future development. The social structure of victimization emerged in the context of Japan's rapid economic growth and environmental pollution in the 1960s and 1970s. Iijima constructed a model of victimization structure based on the key concepts of victim level and victim degree according to the actual social problems in Japan. The level of victim is manifested as life or health damage, adverse impact on living, personality problem within the scope of individuals and families, as well as regional social conflict outside the scope of families. Discrimination in local communities is a typical form. The degree of victim depends on internal factors such as the victim's role and position in the family and a variety of external factors. On the basis of the theory of victimization structure, Iijima, Funabashi and following some sociologists developed a series of research achievements on victimizer structure. Although there are few criticisms on Iijima'stheory, it still has some limitations due to not fully include the understanding of victim dynamics. At present, the social structure of victimization has been applied to analyze many fields such as the Fukushima nuclear power plant accident and global environmental issues, and it still has a broad prospect for future development.

Keywords: Nobuko Iijima; Pollution; Victimizer Structure; the Great east Japan Earthquake; Fukushima Nuclear Power Plant Accident

Water and Society

State-society Relations and Institutional Bricolage in Irrigation Governance: A Comparative Analysis of 30 Administrative Villages in the Qingtongxia Irrigation District

Wang Yu / 78

Abstract: As one of the core agrarian issues, irrigation governance not only encapsulates complex power relations among state, community, social organizations, and villagers, but also derives diverse patterns of irrigation institutions. Against the background of socio-political reforms including marketization, urbanization, and agricultural modernization, the changes of state-society relations and their mutual shaping with irrigation institutions have become an important lens through which state power and water governance can be examined. Based on the fieldwork of 30 administrative villages in the

Qingtongxia Irrigation District, this paper identifies that monocentric, polycentric, bureaucratic, and individualized institutional modality co-exist in the irrigation district. Moreover, the emergence and the development of each institutional modality are embedded in different organizations, tasks, and governance structures, which jointly contribute to a diversified institutional landscape. From the perspective of critical institutionalism, this paper argues that irrigation institutions are not human-crafted products *perse*, but are consciously or unconsciously bricolaged by multiple bricoleurs in changing state-society relations. This conclusion challenges the western-centric interpretation of institution by mainstream institutional scholars. It also provides alternative interpretations and theoretical demonstrations concerning institutional diversity, complexity, and novelty in the Chinese context.

Keywords: Irrigation; State-society Relations; Institutional Bricolage; Water Governance; Critical Institutionalism

A Preliminary Study of "Policy-related Lakes" from the Perspective of Water Rights: Taking Halanuoer Lake and Beihai Lake in the Hexi Corridor as Cases

Wang Ruixue   Zhang Jingping / 94

Abstract: With the deepening of the government-led ecological governance in arid regions of China, several depleted lakes in inland river basins had been restored, which were publicized as achievements of ecological civilization construction. These lakes can be called "policy-related lakes" as their restorations are led to a great extent by ecological policy interventions. However, not all of such lakes can sustain the state once restored from drought. Halanuoer Lake in Dunhuang city and Beihaizi Lake in Jinta county are two lakes in the Hexi Corridor. Both lakes experienced distinct restoration in recent years. By analyzing their historical development and the process of depletion and restoration, it was found that issues related to water rights in the inland river basin play key roles in determining the fate of these "policy-related lakes". As a result, more attention needs to be paid to complex social phenomena that include water rights system in inland river basins for studies on changes in lakes in arid regions of China from the ecological perspective.

Keywords: Policy-related Lakes; Water Rights; Arid Regions; the Hexi Corridor

Environmental Governance

The Evolution and Prospect of China's Natural Resources Governance Models from the Perspective of Sociology

Lu Chuntian   Ma Yichen / 107

Abstract: This study reviews the evolution of the natural resource governance models from the perspective of sociology, and integrates them into the process of social transformation and analyzes the impact of different social foundations on natural resource governance models and their evolution. Since the founding of the People's Republic of China, it has successively experienced four natural resource governance models: command, constrained, supervision and overall-coordinated mode. Each of which corresponds to different governance entities, mode, means and institutions. In this process, the social foundations represented by social value orientation, social power structure and social risk structure jointly shaped the natural resource governance model and its evolution. In order to modernize the natural resources governance system and governance capacity, China must adhere to the party committee leadership and government-led overall governance as the basic premise, implement a multi-subject collaborative governance mechanism, actively explore community governance practices, and finally form a natural resources governance model with Chinese characteristics.

Keywords: Natural Resource Governance; Transformation of Social

Structure；Social Foundation

Practice and Logic of the Subject Reconstruction of Rural Environmental Governance：A Case Study

Chen Tao   Guo Xueping / 126

Abstract：Social participation in environmental governance often focuses on organizational social forces, and ignores or weakens the functional perform-ance of the general public. The research on the practice of environmental governance in Xinqiao Village found that the territorial management rules that the fish farmers should be responsible for management and protection of the river and the waste recycling rules of exchanging waste for household goods stimulated the endogenous motivation of social forces to participate in environ-mental governance and promoted the reconstruction of governance subject from administrative authority to ordinary villagers. This practice strategy depends on the villagers' identification with governance rules. In addition, the rule identity relies on the corresponding organizational mechanism, incentive mechanism and reciprocity mechanism. This kind of local practice improves the motivation of ordinary public participating in environmental governance, and provides a new imagination for innovating the social participation mechanism of rural environmental governance.

Keywords：Activating Society；Constructing Rules；Cultivating Identity；Subject Reconstruction；Rural Environmental Governance

Performance Evaluation of Marine Environmental Governance：A Two-dimensional Review Based on Effectiveness and Efficiency

Wang Gang   Mao Yang / 154

Abstract：Marine environmental governance performance evaluation is a key link in implementing marine environmental governance and an effective way to improve the performance of marine environmental governance. Based on the construction of the empirical connotation of marine environmental governance performance, this paper uses the objective progressive method to measure the effectiveness of marine environmental governance, and uses the super-efficiency SBM model based on the unexpected output to measure the efficiency of marine environmental governance, so as to comprehensively evaluate the performance of marine environmental governance. The results show that the performance of marine environmental governance is in a non-equilibrium state during the study period, and the efficiency of marine environmental governance is generally better than effectiveness of marine environmental governance. Although the overall effectiveness level of marine environmental governance is low, the trend for improvement is obvious. At the same time, the weak decoupling between marine environmental pollution and marine environmental conditions has been preliminarily achieved. The efficiency level of marine environmental governance is good. The spatial distribution of marine environmental governance efficiency presents obvious spatial difference, and there is a certain difference between vertical and horizontal efficiency of marine environmental governance. Marine industrial structure and gross regional product have no significant impact on marine environmental governance efficiency. he level of urbanization and environmental regulation have negative inhibition impact on marine environmental governance performance, and human capital quality has significant positive incentive impact on marine environmental governance performance.

Keywords: Marine Environmental Governance; Performance Evaluation; Marine Environmental Effectiveness; Marine Environmental Efficiency

Environmental Concern and Environmental Behavior

The Environmental Dimension of Fertility Intentions: The Relationship Between Investment in the Treatment of Environmental Pollution and Expected Number of Children

Wang Yan   Zhang Chuchu / 178

Abstract: The current society is facing a severe aging trend and a population crisis of low fertility rate. As a crucial precedent factor for actual fertility behavior, the study of fertility intentions has important theoretical significance and practical value. Although earlier researchers fully acknowledged the key role of the environment in shaping fertility intentions, recent studies mainly focus on the influence of socioeconomic factors, while ignoring the impact of environmental factors to a certain extent. Environmental governance by government is fundamental in the construction of ecological civilization. While repairing environmental problems, the government is committed to building a more balanced and just social system, which promotes the coordinated development of human, nature, and society, and thus is closely related to fertility intentions. This article brings environmental factors back into the research framework. Based on the analyses of the operational indicators of objective environmental quality and investment in the treatment of environ-mental pollution, the current study discusses the impacts of environ-mental pollution and environmental governance on the expected number of children, and therefore provides a more comprehensive analysis of the factors influencing fertility intentions. Multilevel analyses of national representative data suggest that after controlling for individual and macro-level variables, environmental pollution has no significant impact on fertility intentions, whereas investment in the treatment of environmental pollution is positively correlated with the expected number of children. The results lend empirical support to the positive spillover effect of government investment in environmental governance in promoting a fertility-friendly society to a certain extent. The results also imply that in addition to the policies most directly related to fertility intentions, such as education and public health policies, we should also assess the compound influence of multiple government decisions on fertility intentions.

Keywords: Fertility Intentions; Investment in the Treatment of Environmental Pollution; Environmental Pollution; Fertility-friendly Society

The Strength of "Green Ties": Social Capital and Environmental Concern of the Chinese Public

Fan Yechao   Liu Junyan / 199

Abstract: Considerable evidence suggests that the bonds between social members play a key role in the social diffusion of environmental concern in a given society. Drawing on national survey data, this study examines the impact of social capital on the Chinese public's environmental concern. The main findings are summarized as follows: First, both individual and community social relations have significant positive impacts on environmental concern; second, The impact of social trust on environmental concern is complex, which shows that the general trust and interpersonal trust have positive impacts on environmental concern, while the direction of the impact of organizational trust on environmental concern is uncertain; third, social capital can indirectly affect environmental concern through the effect on environmental knowledge. Further, the study discusses the facilitating role of social capital as Green Ties on the social diffusion of environmental concern and its main constraints.

Keywords: Environmental Concern; Social Capital; Environmental Knowledge; "Green Ties"

Academic Interview

图书在版编目（CIP）数据

环境社会学. 2022 年春季号：总第 1 辑 / 陈阿江主
编. -- 北京：社会科学文献出版社，2022.5
ISBN 978 - 7 - 5228 - 0129 - 2

Ⅰ.①环…　Ⅱ.①陈…　Ⅲ.①环境社会学 - 中国 - 文
集　Ⅳ.①X2 - 53

中国版本图书馆 CIP 数据核字（2022）第 083781 号

环境社会学　2022 年春季号（总第 1 辑）

主　　编 / 陈阿江

出 版 人 / 王利民
责任编辑 / 胡庆英
文稿编辑 / 张真真
责任印制 / 王京美

出　　版 / 社会科学文献出版社·群学出版分社（010）59366453
　　　　　　地址：北京市北三环中路甲 29 号院华龙大厦　邮编：100029
　　　　　　网址：www.ssap.com.cn
发　　行 / 社会科学文献出版社（010）59367028
印　　装 / 三河市龙林印务有限公司

规　　格 / 开　本：787mm × 1092mm　1/16
　　　　　　印　张：16.5　字　数：238 千字
版　　次 / 2022 年 5 月第 1 版　2022 年 5 月第 1 次印刷
书　　号 / ISBN 978 - 7 - 5228 - 0129 - 2
定　　价 / 89.00 元

读者服务电话：4008918866